无废城市建设：模式探索与案例

生态环境部固体废物与化学品司
巴塞尔公约亚太区域中心　　编

科学出版社
北　京

内 容 简 介

开展"无废城市"建设是深入落实党中央、国务院决策部署的具体行动，是提升生态文明水平、建设美丽中国的重要举措。自 2019 年以来，生态环境部会同国家发展改革委等 18 个相关部门和单位指导深圳等 11 个城市和雄安新区等 5 个特殊地区（以下简称"11+5"试点）扎实推进"无废城市"建设试点工作，顺利完成改革任务，取得明显成效。两年来，"11+5"试点先行先试，大胆创新，形成 97 项经验模式，为推进固体废物治理体系和治理能力现代化提供了可复制可推广的改革经验。

本书精选了 60 个典型模式，系统阐述了"11+5"试点在推动工业固体废物贮存处置总量趋零增长、推动农业废弃物全量利用、提升生活垃圾减量化和资源水平、强化固体废物环境监管等方面的改革举措和经验做法，以期为我国其他城市开展"无废城市建设"提供借鉴参考。

图书在版编目（CIP）数据

无废城市建设：模式探索与案例 / 生态环境部固体废物与化学品司，巴塞尔公约亚太区域中心编.—北京：科学出版社，2021.12
　　ISBN 978-7-03-070871-7

　　Ⅰ．①无… Ⅱ．①生… ②巴… Ⅲ．①城市-固体废物处理-研究
Ⅳ．①X705

中国版本图书馆 CIP 数据核字（2021）第 254445 号

责任编辑：杨　震　杨新改 / 责任校对：杜子昂
责任印制：吴兆东 / 封面设计：东方人华

科 学 出 版 社 出版
北京东黄城根北街 16 号
邮政编码：100717
http://www.sciencep.com
北京建宏印刷有限公司 印刷
科学出版社发行　各地新华书店经销
*
2021 年 12 月第 一 版　开本：720×1000　B5
2021 年 12 月第一次印刷　印张：24
字数：480 000
定价：138.00 元
（如有印装质量问题，我社负责调换）

《无废城市建设：模式探索与案例》
编委会

序　言

　　固体废物的减量化和资源化利用水平是国家进步和现代化水平的标志，是一个地区生态文明建设水平的指标，也是推进社会治理现代化和提高公民素质的一个具体而有力的抓手。党中央、国务院高度重视固体废物污染防治工作。党的十八大以来，以习近平同志为核心的党中央把生态文明建设和生态环境保护摆在治国理政的突出位置，对固体废物污染防治工作重视程度前所未有。习近平总书记先后多次作出有关重要指示批示，主持召开会议专题研究部署固体废物进口管理制度改革、生活垃圾分类等工作，亲自推动有关改革进程。

　　2017 年我和中国工程院院士钱易、陈勇、郝吉明等联合向党中央、国务院上报院士建议，希望通过"无废城市"试点探索建立固体废物产生强度低、循环利用水平高、填埋处置量少、环境风险小的长效体制机制，推进固体废物领域治理体系和治理能力现代化。该建议得到党中央、国务院的高度重视。2018 年初，中央全面深化改革委员会将"无废城市"建设试点工作列入年度工作要点；6 月，《中共中央　国务院关于全面加强生态环境保护　坚决打好污染防治攻坚战的意见》提出，"开展'无废城市'试点，推动固体废物资源化利用"；12 月，国务院办公厅印发《"无废城市"建设试点工作方案》(以下简称《方案》)，"无废城市"建设试点工作正式启动。

　　按照党中央、国务院决策部署，生态环境部会同国家发展改革委、工业和信息化部、财政部、自然资源部、住房和城乡建设部、交通运输部、农业农村部、商务部、文化和旅游部、国家卫生健康委、人民银行、税务总局、市场监管总局、国家统计局、国管局、银保监会、国家邮政局、全国供销合作总社等 18 个部门和单位，筛选确定广东深圳、内蒙古包头、安徽铜陵、山东威海、重庆市 (主城区)、浙江绍兴、海南三亚、河南许昌、江苏徐州、辽宁盘锦、青海西宁等 11 个城市，以及河北雄安新区、北京经济技术开发区、中新天津生态城、福建光泽、江西瑞金等 5 个特殊地区，作为"无废城市"建设试点 (以下简称"11+5"试点)。

　　两年来，生态环境部会同相关部门和单位成立"无废城市"建设试点部际协调小组，建立技术帮扶工作机制，召开系列推进会、专题座谈会，在政策、技术和资金等方面对试点工作给予积极支持。"11+5"试点党委、政府坚持以习近平生态文明思想为指导，统筹城市发展与固体废物管理，建立政府主导、部门齐抓共管、企业主体、市民践行的运行机制，强化制度、技术、市场、监管等保障体系建设，大力推进减量化、资源化、无害化，"无废城市"建设试点工作取得明显成效。截至2020年年底，试点共完成改革任务850项、工程项目422项，形成一批"无废城市"建设模式和案例，为推进固体废物治理体系和治理能力现代化提供了可复制可推广的改革经验。

试点实践表明，"无废城市"建设为系统解决城乡固体废物管理提供了路径，成为城市层面综合治理、系统治理、源头治理固体废物的有力抓手。2021年11月，《中共中央　国务院关于深入打好污染防治攻坚战的意见》对"无废城市"建设工作作出进一步部署，提出"十四五"时期，推进100个左右地级及以上城市开展"无废城市"建设，鼓励有条件的省份全域推进"无废城市"建设。为充分发挥"无废城市"建设试点的示范带动作用，推广"无废城市"建设试点成功改革举措和好的经验做法，指导城市做好"十四五"时期"无废城市"建设工作，生态环境部从试点形成的"无废城市"建设模式和案例中，精选了60个典型模式和案例，汇编成册并正式出版。

"无废城市"建设需要坚持不懈、坚韧不拔的努力。我相信《无废城市建设：模式探索与案例》的出版会对开展"无废城市"建设的其他地区提供有益的借鉴；同时也希望其他城市在开展"无废城市"建设过程中能够形成更多更好的模式，取得新的成效，为深入打好污染防治攻坚战、推动实现碳达峰碳中和、建设美丽中国作出贡献。

杜祥琬

2021年11月25日

目　　录

第二篇 实施工业绿色生产，推动工业固体废物贮存处置总量趋零增长

4　绿色建筑与建筑垃圾综合治理

第五篇　提升风险防控能力，强化危险废物环境安全管控

第六篇　激发市场活力，培育产业发展新模式

第七篇　培育"无废文化"

第一篇

强化顶层设计引领，
发挥政府宏观指导作用

1 顶层设计

强化顶层设计引领 统筹推进"无废城市"建设
——国家"无废城市"建设试点推进模式

一、基本情况

我国固体废物产生强度高、利用不充分、积存量大，部分地区"垃圾围城"问题突出，固体废物非法转移、倾倒等问题时有发生，与人民日益增长的优美生态环境需要还有较大差距。从城市整体层面深化固体废物综合管理改革，统筹经济社会发展中的固体废物管理，系统推进固体废物减量化、资源化和无害化，最大程度降低对生态环境的影响，已势在必行。

党中央、国务院高度重视固体废物污染环境防治工作，部署持续推进固体废物进口管理制度改革，加快垃圾处理设施建设，实施生活垃圾分类制度，推动固体废物管理工作迈出了坚实步伐。2018 年初，中央全面深化改革委员会（以下简称"中央深改委"）将"无废城市"建设试点工作列入年度工作要点。同年 6 月，中共中央、国务院印发《关于全面加强生态环境保护 坚决打好污染防治攻坚战的意见》，明确提出"开展'无废城市'试点，推动固体废物资源化利用"；12 月，中央深改委审议通过了《"无废城市"建设试点工作方案》，于 2018 年 12 月底由国务院办公厅印发实施，"无废城市"建设试点正式启动。

"无废城市"是一种先进的城市管理理念，"无废"并不是没有固体废物产生，也不意味着固体废物能完全资源化利用，而是指以新发展理念为引领，通过推动形成绿色发展方式和生活方式，持续推进固体废物源头减量和资源化利用，最大限度减少填埋量，将固体废物环境影响降至最低的城市发展模式。开展"无废城市"建设是深入落实党中央、国务院决策部署的具体行动，是提升生态文明水平、建设美丽中国的重要举措，对系统解决城市固体废物管理问题、加快实现减污降碳、推动区域经济高质量发展、提升城市管理水平和人文素养具有重要意义。

二、主要做法

（一）强化顶层设计，择优筛选试点城市

成立"无废城市"建设试点部际协调小组，加强对试点工作的指导、协调和督促。印发《"无废城市"建设试点推进工作方案》，系统谋划试点城市筛选、方案编制、任务推进、成果凝练等工作。结合国家重大发展战略，综合考虑不同领域、不同发展水平及产业特点、地方政府积极性等因素，从各地推荐的 60 个候选城市中择优确定深圳、包头、铜陵、威海、重庆（主城区）、绍兴、三亚、许昌、徐州、盘锦、西宁等 11 个城市，以及河北雄安新区、北京经济技术开发区（以下简称"北京经开区"）、中新天津生态城、福建省光泽县、江西省瑞金市等 5 个特殊地区，作为"无废城市"建设试点（以下简称"试点城市"）。

（二）加强工作推进，做好督促指导帮扶

2019 年 5 月，生态环境部会同部际协调小组成员单位在深圳组织召开全国"无废城市"建设试点启动会，同年 12 月，在三亚组织召开全国"无废城市"建设试点推进会。2020 年 6 月，在徐州组织召开全国"无废城市"建设试点农业现场推进会，同年 9 月，在绍兴组织召开第二次全国"无废城市"建设试点推进会（图 1-1），同年 11 月在北京经开区组织召开"无废城市"建设市场体系专题座谈会，部署"无废城市"建设试点重点任务，听取各方意见建议，扎实推进试点各项工作。印发《"无废城市"建设指标体系（试行）》和《"无废城市"建设试点实施方案编制指南》，开展 2 次试点城市实施方案评审，细化实化试点工作。开展试点

图 1-1 全国"无废城市"建设试点推进会在绍兴召开

城市全覆盖调研，督导试点工作进展，压实地方政府主体责任。实施双月工作调度，形成比学赶超的良好氛围。组建咨询专家委员会，成立 7 个技术帮扶工作组，组织 100 余名专家，累计开展 5 轮、60 余次技术帮扶，解决建设试点工作中出现的问题。组织试点城市代表赴日本开展交流访问、参加相关国际会议，借鉴学习发达国家做法。

（三）集聚要素资源，形成试点改革合力

围绕改革目标，国家和试点城市共同发力，集聚制度、技术、资金等核心要素资源，为试点工作创造良好条件。一是完善法律法规标准体系。生态环境部、交通运输部、国家市场监督管理总局、国家邮政局等部门积极推动《固体废物污染环境防治法》《国家危险废物名录》修订，出台《邮件快件包装管理办法》，完善固体废物利用贮存处置等一系列国家标准。国家统计局指导试点城市完善固体废物统计制度和方法。试点城市因地制宜制修订 280 多项制度，解决固体废物管理中的堵点难点。二是加强技术推广应用。生态环境部建立"无废城市"技术示范推广平台，发布先进适用技术 74 项，其中 8 项技术在试点城市落地。科学技术部在"固废资源化"重点专项中设置并启动 3 项试点相关课题。试点城市选择应用 110 余项固体废物减量化、资源化和无害化技术，有力推动试点城市加快补齐设施短板，疏通高值化利用技术瓶颈。三是加大政策和资金支持力度。国家发展改革委、农业农村部会同有关部门安排中央资金，支持试点城市开展固体废物资源化利用。财政部、国家税务总局调整完善磷石膏、废玻璃资源综合利用增值税优惠政策，对符合条件的从事污染防治的第三方企业减按 15% 的税率征收企业所得税。人民银行、银保监会大力支持试点城市发展绿色金融。工业和信息化部支持试点城市加快推进工业绿色生产，培育 1 个工业资源综合利用基地、16 家绿色供应链管理企业、10 家绿色设计示范企业。自然资源部支持铜陵市、西宁市开展绿色矿山建设。住房和城乡建设部、商务部、文化和旅游部、国管局、国家邮政局、全国供销合作总社指导试点城市开展生活垃圾分类、再生资源回收、快递包装绿色转型。国家卫生健康委指导试点城市开展医疗机构废弃物专项整治工作，提高医疗机构废弃物规范化管理水平。试点城市通过专项债券、政府和社会资本合作（PPP）、设立绿色发展基金等多种渠道筹措资金总计逾 1200 亿元。

（四）加强宣传引导，培育"无废"文化

生态环境部连续两年在固体废物管理与技术国际会议上以"无废城市"为主题分享试点成果。在部网站开设专题专栏，通过"两微"平台等解读政策文件、宣传"无废城市"建设试点进展。各媒体平台累计发布和转载试点新闻报道及文章 2350

余篇，阅读量超过千万人次。中国工程院开展的大数据分析结果显示（图 1-2），"无废城市"宣传呈现多点式、多元化传播特点，外溢效果明显，"无废"理念不断深入人心。

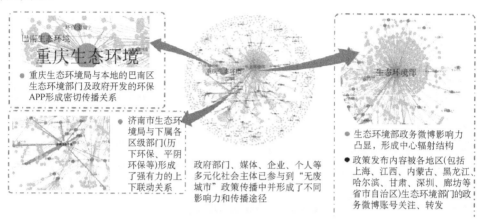

图 1-2 中国工程院开展的"无废城市"宣传大数据分析结果

试点城市将提高"无废城市"知晓度和民众参与度作为重点，努力营造全社会广泛认同、广泛参与的氛围。一是制定"无废城市"建设宣传工作方案，创新宣传方式，开展全方位、多层次宣传。二是充分发挥群团组织作用，针对不同群体，采取多种形式，开展差异化宣传。三是发挥课堂教学主渠道作用，编制"无废城市"生活手册、中小学生"无废城市"教材等。雄安新区率先编制"无废城市"教材，纳入新区 15 年教育体系，植入"无废基因"。四是以"无废"机关、饭店、学校、景区、快递网点等为抓手，制定评价标准，培育各类"无废细胞"7200 余个，有力推动试点工作。

三、取得成效

（一）建立起一套系统的"无废城市"建设指标体系

在试点建设过程中研究形成"无废城市"建设指标体系，从固体废物源头减量、资源化利用、最终处置、保障能力、群众获得感 5 个方面设置了 18 类 59 项指标，系统涵盖固体废物管理重点领域和关键环节，发挥了重要的导向、引领作用。试点城市以指标体系为引领，共安排固体废物源头减量、资源化利用、最终处置工程项目 562 项，完成 422 项；安排有关保障能力的相关任务 956 项，完成 850 项。

（二）形成一批可复制可推广的示范模式

试点城市先行先试、大胆创新，在推动工业固体废物贮存处置总量趋零增长、推动主要农业废弃物全量利用、提升生活垃圾减量化和资源化水平、强化固体废物环境监管等方面形成 97 项改革举措和经验做法，为推进固体废物治理体系和治理能力现代化提供了可复制可推广的改革经验。

（三）"无废城市"理念得到广泛认同

随着试点工作深入，由点及面的示范效应逐渐呈现。浙江省以绍兴为带动，率先在全省推开"无废城市"建设。广东省提出在珠三角所有城市开展"无废试验区"试点。重庆市自 2020 年起将主城区以外区县逐步纳入"无废城市"建设，并与四川省共同推进成渝地区双城经济圈"无废城市"建设。同时，"无废城市"建设的显著成效也得到国际广泛关注，第四届联合国环境大会将"无废城市"建设试点工作写入《废物环境无害化管理》决议。"无废城市"建设成为国际合作的热点，如中新天津生态城与新加坡加强试点建设的深入合作，成为中新两国合作的重要内容。

（四）协同推动城乡高质量发展成效初现

试点城市持续提升固体废物减量化、资源化、无害化水平，推动实现城乡高质量发展。徐州市、盘锦市统筹固体废物设施布局，实现不同类型固体废物协同共治，化"邻避"为"邻利"，增强群众获得感。雄安新区将试点建设作为落实京津冀协同发展战略、打造绿色示范高地的具体举措。威海市将试点建设作为精致城市建设的重要内容推进落实。瑞金市将试点建设与红色旅游、绿色生活和农业、工业等产业深度融合，推动高质量、跨越式发展。光泽县通过做好"无废农业""无废农村""无废农企"三篇"文章"，打造以农业为主的县域样本。

（供稿人：生态环境部固体废物与化学品管理技术中心工程师　王永明，生态环境部固体废物与化学品司固体处处长　温雪峰）

科学设计　高位推动　全民参与　扎实推进
"无废城市"建设

——"11+5""无废城市"建设试点推进

一、基本情况

　　"无废城市"建设试点是一项探索性的系统工程，涉及一般工业固体废物、危险废物、农业废弃物、生活垃圾、建筑垃圾等多个领域，以及生态环境、发展改革委、工业和信息化、农业农村、住建等多个部门。如何科学合理编制实施方案，调动各方积极性，加强相关工作的统筹衔接，形成工作合力，发挥综合效益，是"无废城市"建设试点能否取得实效的关键。针对该问题，"11+5"试点城市和地区将"无废城市"建设作为固体废物领域治理体系和治理能力现代化、城市管理精细化的重要载体，通过问题导向、目标导向，因地制宜科学编制方案；通过统筹各部门职责，重塑管理机制，形成改革合力；通过发动群众，依靠群众，形成全民参与建设试点工作的良好局面（图 1-3）。

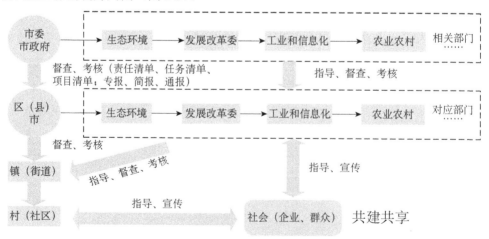

图 1-3　横向到边、纵向到底的推进机制

二、主要做法

（一）立足城市实际，科学设计"无废"蓝图

试点城市和地区坚持系统性、科学性，因地制宜编制实施方案。绍兴市将方案编制工作落实到基层，编制1个总体方案，4个专项子方案，7个区县子方案，通过专项子方案和区县子方案的制定，既充分调动了各部门和各区、县（市）工作积极性，又使实施方案具有可操作性。中新天津生态城借鉴《新加坡无废城市国家总体规划》（*Zero Waste Masterplan Singapore*，又称《新加坡无废城市国家发展蓝图》）经验，与新加坡国家环境局合作，聘请新方专业咨询团队规划编制生态城"无废城市"总蓝图。雄安新区紧扣"建设新时代的生态文明典范城市"的总体定位，提出"存量处理全量化、建设过程无废化、高质发展无废化"的"无废城市"建设基本路径。威海市立足海洋经济大市和滨海旅游城市的实际，在布置国家方案规定的主要任务的同时，新增"海洋经济绿色发展"和"旅游绿色发展"两大任务。光泽县立足南方山区农业县、禽类养殖大县、生态环境优质县的县情特色，将做好"无废农业""无废农村""无废农企"三篇文章作为核心任务。

（二）加强组织领导，高位推动"无废城市"建设

试点城市党委、政府高度重视"无废城市"建设，将试点工作作为一把手工程，均成立了以党委、政府负责同志为组长的"无废城市"建设试点领导小组，并以市委、市政府为核心，建立横向包括市级各职能部门，纵向市、县、镇、村到底的"无废城市"推进机制。其中，深圳、包头、铜陵、威海、许昌、绍兴等城市成立了以书记和市长任双组长的领导小组。徐州、威海、北京经开区等城市和地区抽调优秀年轻干部和主要职能部门精干力量建立实体化运作专班，并建立了每周例会制度和重要事项会商制度。

试点城市均建立工作落实机制，细化责任、任务和项目清单，建立了工作简报、专报、通报制度。试点城市政府负责同志定期召开推进会、协调会、专题会，研究解决重点难点问题。深圳、包头、威海、绍兴、许昌、徐州、西宁、光泽、瑞金等试点城市将"无废城市"建设工作纳入党委、政府绩效考核（表1-1）。深圳市人大常委会设立代表问政会，强化工作监督；政协设立委员议事厅，广泛沟通信息、交流思想。重庆市委将"无废城市"建设列入年度重点改革任务和污染防治攻坚战考核目标。西宁市人大常委会组织各委员、人大代表组成专项视察组，对"无废城市"建设试点工作进展情况进行专项视察，对人大代表关于"无废城市"建设方面的建议进行督办。许昌把"无废城市"建设试点纳入全市重点改革事项、重点民生实事，列入黄河流域生态保护和高质量发展工作要点。绍兴、徐州、包头、盘

锦制定"无废城市"建设试点工作考核办法、评分细则，按年度下发考核任务书，通过倒排时间、挂图作战、定点销号全面抓好落实。

表 1-1 部分试点城市将"无废城市"建设工作纳入党委、政府绩效考核情况

序号	城市	纳入党委、政府绩效考核情况
1	深圳市	纳入生态文明考核，生态文明考核总分 100 分，"无废城市"建设占 5 分，占比 5%。生态文明是党委、政府绩效考核的重要内容
2	包头市	纳入党政考核，总分 1000 分，生态环境占 70 分，其中"无废城市"建设占 10 分，占比 1%
3	铜陵市	2020 年纳入县区政府年度环保目标责任书，2021 年纳入县区污染防治成效统一考核，总分 100 分，"无废城市"建设 3 分，占比 3%
5	威海市	纳入绩效考核，总分 1000 分，"无废城市"建设占 20 分，占比 2%
6	绍兴市	纳入绩效考核，总分 100 分，无废城市建设、大气污染防治、生态环境督察、城市管理合占 3 分，其中"无废城市"建设试点年度重点项目每少完成一项扣 0.1 分
8	许昌市	市无废办印发《许昌市"无废城市"建设试点工作成效考核办法》，考核结果分为优秀、良好、合格、不合格四个等级，考核结果报市委组织部，作为领导班子和领导干部政绩考核的重要参考
9	徐州市	纳入绩效考核，总分 100 分，"无废城市"建设占 2 分，占比 2%
11	西宁市	纳入绩效考核，总分 100 分，按照任务量，"无废城市"建设在县、区、部门绩效考核中分别占 1～2 分、2～3 分、3～5 分
12	光泽县	纳入绩效考核，总分 100 分，"无废城市"建设占 5 分，占比 5%
13	瑞金市	纳入绩效考核。2020 年乡镇绩效考核总分 1000 分，生态文明建设（含"无废城市"建设等 13 项工作，"无废城市"建设未单独考核）占 126 分，占比 12.6%；部门（单位）绩效考核总分 1000 分，生态文明建设（含环境污染治理攻坚、"无废城市"建设、公共机构节能共 3 项工作，"无废城市"建设未单独考核）占 21 分，占比 2.1%

（三）强化要素保障，凝聚形成工作合力

试点城市和地区围绕推进"无废城市"建设的政策、土地、资金、技术等需求，着力抓好要素保障，推动实施方案各项任务落地见效。绍兴市全面梳理各级规章政策，按照"好的实施，不足的修订，空白的制订"原则重点推进，制定了"无废城市""62+X"项制度体系，强化制度供给。重庆市级财政安排 5000 余万元专项资金支持"无废城市"建设。三亚统筹城市基础设施用地，规划建设总用地面积约 3043 亩①的循环经济产业园，全面解决生活垃圾、建筑垃圾、餐厨垃圾、危险废物、医疗废物、再生资源等固体废物利用处置设施用地问题。绍兴市组建由 79 名专家组成的"无废城市"本地专家团队，建立专家帮扶机制，指导区县落实"无废城市"建设各项工作。深圳市成立"无废城市技术产业协会"，吸收 80 余家国内从事固体废物利用处置的骨干企业，与"一带一路"55 个国家 200 多家华侨商会进行对接，推动技术产业交流合作。北京经济技术开发区围绕"无废城市"建设试点

---

① 1 亩≈666.7 m²。

核心任务，安排"无废园区"建设、危险废物豁免管理、餐厨垃圾就地处理、污泥减量等4项课题研究，输出绿色智慧和技术。

（四）加强宣传教育，引导全民共同参与

试点城市和地区通过宣传册、宣传板、报纸、电视、影院、公交、出租车、商业户外电子屏、微信公众号等多渠道宣传"无废城市"建设试点工作，制作主题宣传海报、拍摄宣传片、制作系列科普动画片、组织开展线下主题活动和专家讲座等，全方位、多渠道宣传"无废"理念，努力营造全社会广泛认同、广泛参与的浓厚氛围。试点城市和地区以机关、学校、社区、医院、饭店、景区、快递网点等为重点，制定"无废细胞"建设标准，累计创建各类"无废细胞"7200余个。三亚市以旅游行业为媒介，打造从机场—酒店—景区—商场—海岛的第一印象区，树立绿色旅游品牌形象，打造"无废城市"宣传窗口。绍兴市、铜陵市设计"无废城市"卡通形象（图1-4）。重庆市在市自然博物馆地球厅打造"无废"科普展，面向全市青少年开展生态文明教育。深圳市建立"无废城市"宣传教育基地，开放给全体市民免费参观。河北雄安新区编制"无废城市"系列教材，纳入新区十五年教育体系。瑞金市发挥红色资源优势，将"无废城市"建设理念融入红色培训教育全过程，全方位打造"无废城市"建设理念的宣传高地。

图1-4　绍兴"无废城市"卡通形象——"无废"小师爷（左）；
铜陵"无废城市"卡通形象——豚豚（右）

三、取得成效

一是在推动固体废物综合管理方面，初步形成一套分工明确、权重明晰、协同增效的综合管理体制机制。二是加快补齐了城市固体废物利用处置设施能力不足、邻避效应严重的短板问题。三是加快推动了历史遗留工业固体废物长期贮存难以综

合利用的问题。四是深化改革，在有效防控生态环境风险前提下，促进了固体废物回收利用处置，实现经济、社会和环境效益多赢。五是提升了城市固体废物信息化水平，精细化管理能力。六是充分调动了各方的建设积极性，"无废城市"建设的参与程度和群众满意度显著提升。

四、推广应用条件

"11+5"试点探索形成的"无废城市"建设推进机制模式对城市在开展"无废城市"建设前理清思路、制定计划和后续实际运行具有非常实际的指导作用，可广泛应用于大部分需要开展"无废城市"建设的城市。其他城市在推广应用过程中应注意：一是城市党委、政府要坚决扛起"无废城市"建设工作政治责任，将"无废城市"建设工作作为"一把手"工程高位推动，并建立相应的绩效评价机制；二是根据城市经济社会发展阶段和水平，因地制宜科学编制"无废城市"建设试点实施方案，确保方案能落地；三是建立横向到边、纵向到底的协调联动机制，同时加强政策、土地、资金、技术、人员等要素保障，形成工作合力；四是加强宣传引导，广泛发动群众，形成全民参与、共建共享的良好氛围。

（供稿人：生态环境部固体废物与化学品管理技术中心工程师　王永明，生态环境部固体废物与化学品司固体处处长　温雪峰）

四大体系四轮驱动，系统打造固废治理保障体系

——深圳市超大型城市"无废城市"建设保障体系示范模式

一、基本情况

深圳市位于南海之滨，毗邻港澳，面积约 1997 km²，管理人口 2200 万人，2020 年 GDP 达到 2.767 万亿元，经济总量迈入亚洲城市前五，是一座充满魅力、活力、动力和创新力的超大型城市。深圳市作为中国改革开放的排头兵、先行地、实验区，深入贯彻落实习近平生态文明思想，践行"绿水青山就是金山银山"的理念，随着大气、水污染问题得到基本解决，固体废物管理问题成为制约深圳生态环境发展的一大瓶颈，也是深圳高质量全面建成小康社会的明显短板。深圳市以"无废城市"建设试点为契机，全方位推进固体废物综合治理体制机制改革创新，系统构建依法治废制度体系、多元化市场体系、现代化技术体系、全周期监管体系，形成四轮驱动合力，全面推进固体废物综合治理体系和治理能力现代化建设，形成超大型城市"无废城市"建设保障体系示范模式。

二、主要做法

充分发挥我市地方立法权优势，编制 4 项地方性法规和 3 项地方性规章，出台 77 个政策文件，全面推进依法治废。发挥市场优化资源配置的决定性作用，培育本地固体废物利用处置骨干企业 44 家，建成投产固体废物利用处置设施 189 项，骨干企业和利用处置设施数量位居全国前列。新增 51 项标准规范，创新 25 项科技攻坚技术，打造高新技术引领示范高地。建立市区街道三级巡查执法体系，创新环保主任、环保顾问等管理服务制度，实现制度、市场、技术、监管四大体系四轮驱动（图 1-5），为固体废物治理和城市长治久安提供强有力保障。

图 1-5　四轮驱动体系概况图

（一）完善法规规定，系统构建于法有据、依规治理的制度体系

印发《深圳市"无废城市"建设试点工作制度》，纳入生态文明考核。市"无废城市"建设试点领导小组办公室印发《深圳市"无废城市"建设试点工作制度》（以下简称《工作制度》）。《工作制度》设立组织实施、考核评估、会议、信息报送、检查督办、沟通协调、总结评估、宣传教育、保障等 9 项工作制度，按照"台账化、项目化、数字化、责任化"的要求，严格监督考核，推动工作落实，将方案中的百项任务分解成 169 项重点工作。为充分保障"无废城市"建设试点任务有效完成，加强对各相关责任单位考核监督，将"无废城市"建设试点工作任务纳入全市生态文明建设考核和治污保洁工程平台，考核结果作为各责任单位领导班子和领导干部综合考核评价、奖惩任免的重要依据。其中，112 项任务纳入 2020 年度生态文明建设考核，涉及 18 个市直部门和 11 个辖区政府（新区管委会）；51 项工程项目纳入治污保洁工程平台，涉及 9 个市直部门和 11 个辖区政府（新区管委会）。

创新生态环境保护理念和管理手段。修订《深圳经济特区生态环境保护条例》，深化生产者责任延伸制，将一般工业固体废物申报登记和电子联单管理、塑料污染治理、动力电池梯级利用等纳入法治框架，明确在线监控可作为行政处罚依据，深化环境信用管理制度，为固体废物治理提供强有力的法律保障。

营造绿色金融发展的优良法治环境。出台国内首部绿色金融领域立法《深圳经济特区绿色金融条例》，创新绿色信贷、信托金融、绿色保险产品业务，明确绿色金融标准，创设绿色投资评估制度，强制披露环境信息，扩大"无废城市"建设项目市场融资范围，降低固体废物行业生产成本，提高利用处置企业抗风险能力。

生活垃圾领域，形成 1 项地方性法规和 18 个规范性文件的法规体系。涵盖垃圾分类工作要求、工作标准、技术路线、设施配置、激励机制等方面，为垃圾分类工作的开展提供了有力法治和政策保障，切实助力"无废城市"建设。出台《深圳市生活垃圾分类管理条例》，明确生活垃圾分类标准，明确生活垃圾投放、收运、处理全过程管理要求，创新建立"生活垃圾定时定点投放""住宅区楼层撤桶""生活垃圾计量收费"等制度，设立全国首个垃圾减量日，为垃圾分类管理和执行落实提供有力的法律保障。

建筑废弃物领域，形成 1 部政府规章和 9 个规范性文件。涵盖建筑废弃物源头减排、综合利用、末端设施布局规划、消纳处置、激励办法等方面，构建完善建筑废弃物管理"1+N"政策体系。《深圳经济特区建筑绿色发展条例》从项目设计、建筑节能、绿色建筑、装配式建筑、健康建筑、绿色社区、绿色城区等方面进行建筑废弃物源头减量。明确建筑物全寿命期建设和管理细则，提高建筑物使用寿命，从源头减少建筑物拆除废弃物产生量。《深圳市建筑废弃物管理办法》在全国首次提出新建项目建筑废弃物限额排放管控制度，对工地建筑废弃物实行排放核准、消纳备案管理，实施建筑废弃物收运处置申报登记和电子联单管理，明确综合利用产品认定办法，强化综合利用激励制度措施，推动建筑废弃物源头减排和资源化利用。

出台绿色生活、市政污泥、危险废物、医疗废物等多个领域政策文件。强化绿色制造和绿色生活政策引领，压实塑料污染治理牵头部门责任，保障污泥处理处置设施安全稳定运营，规范危险废物产生和处置单位监督管理，明确疫情期间医疗废物投放、收集和贮存要求，实现对各类固废领域从源头减量到处理处置全方位法治管理。

（二）激发市场活力，系统构建统一开放、竞争有序的市场体系

以政府为主导、企业为主体，发挥我市固体废物利用处置高度市场化的优势，形成国有企业担当兜底、社会资本有序市场化竞争的固体废物收集、运输、利用和处置能力建设体系。新投资 100 亿元完成 46 个固体废物利用处置工程项目建设，全市规模以上固体废物利用处置设施总投资达到 326 亿元，累计建成投产 189 个固体废物利用处置基地。孵化出深圳市能源环保有限公司、东江环保、格林美等一批上市公司，共培育出 44 家本地固体废物利用处置骨干企业，骨干企业和利用处置基地数量位居全国前列。

强化政府宏观经济调控，创新绿色金融服务系列产品。2020 年财政补贴 52 亿元收运处置生活垃圾、市政污泥、医疗废物，投入 6200 万元扶持"无废城市"科学研究，安排 5690 万元对固体废物利用处置产业进行专项资金扶持，带动企业投资 2.27 亿元。强化绿色信贷激励措施，绿色信贷余额 3561 亿元，办理"绿票通"小微绿色企业、绿色项目业务 401 笔，金额达 13.87 亿元，绿色信贷规模再创新高。加大税收优惠政策，2020 年退还 78 户固体废物相关领域纳税人资源综合利用增值税 1.1 亿元。加强环境污染责任保险市场培育，2020 年 671 家企业投保 1700

万元购买环境污染责任保险，保额总额达到 9 亿元，危险废物经营单位和环境公共服务单位全部购买环境污染责任保险。

鼓励社会资本投资，成立深圳市无废城市技术产业协会，每月举办固体废物论坛，推动产业融合与交流。加强粤港澳大湾区城市间协同处置，签订深圳汕头、深圳潮州等政府合作协议，实现城市间固体废物利用处置设施资源共享，推动固体废物处置行业集群化、规模化、产业化发展。批准成立潮商东盟基金，注册资本 10 亿元，募集基金规模可达 1000 亿元，助力深圳将"无废城市"技术项目推广到东盟等"一带一路"国家。

（三）加强科技创新，系统构建国际先进、可靠适宜的技术体系

制定标准规范，明确各类固体废物技术和管理要求。编制 51 项固体废物标准规范，包括 14 项地方性标准，填补了生活垃圾分类工作方式、分类设施设备配置、建筑废弃物限额排放、再生产品应用、疫情防控下医疗废物安全处置等领域的技术空白，破解了不同场所生活垃圾分类复杂、设施设备配置不规范，建筑废弃物源头产量大、综合利用缺乏指引，市政污泥含水率高等，疫情防控下医疗废物安全处置风险大等难题。

提供资金资助，鼓励创新主体加强固体废物研发技术创新。2020 年，深圳投入 6200 万元扶持"无废城市"科学研究，安排 5690 万元对固体废物利用处置产业进行专项资金扶持，提高"无废城市"建设科研经费投入，助力"无废"科技创新。创新 25 项科技攻坚技术，3 项技术荣获 2020 年度广东省环境保护科学技术奖一等奖，5 项技术入选国家"无废城市"建设试点先进适用技术目录。新增发明专利 16 项，新增实用新型专利 17 项，解决了餐厨垃圾与杂质高效分离、废磷酸处理技术链条等难题，在行业内具有示范效应。

坚持创新驱动，支持各大固废处理企业搭建高端科研平台。搭建完成 10 个高端科研平台，生态环境部批准深圳市环保科技集团有限公司成立"国家环境保护危险废物利用与处置工程技术（深圳）中心"，深圳能源环保认定"城市固体废物清洁高效处理与资源化国家企业技术中心"，成立"广东省固体废物危废污染隔离防渗系统工程技术研究中心"等 5 个省级工程中心，创建深圳市能源环保、环保科技集团、深圳高速蓝德环保技术研究设计院有限公司 3 个博士后工作站和创新基地。

（四）创新监管手段，系统构建全程覆盖、精细高效的监管体系

开发大固废智慧监管信息平台，全面统筹各类固体废物智慧监管（图 1-6）。投入 1.58 亿元全面建成智慧环保监管平台，完成危险废物、医疗废物、一般工业固体废物、建筑废弃物、市政污泥等 GPS+视频全覆盖、全过程智慧监控体系。开

发固体废物远程视频执法系统，利用手机、平板电脑等设施，执法人员与企业负责人可进行视频同步，执法人员通过同步视频在线检查企业固体废物管理台账、废物贮存间等规范化管理情况，发现问题实时交办整改，企业整改线上提交执法人员审查确认，形成全链条闭环执法监管，大幅提升执法监管效能，执法人员需求缩减80%，同时提高企业抽检比例，有效提升企业规范化管理水平。

图1-6　固体废物智慧监管系统界面

创新企业监管方式，落实属地生态保护职责。创立环保主任、环保顾问制度，加强环保事前、事中介入，从源头指导企业规范固体废物管理行为。环保顾问制度引进专业环保咨询服务机构，为相关企业、物业业主和管理人、产业园区管理机构及社区等环保责任主体免费提供各类环境问题咨询服务。通过这种关口前移、力量下沉一线的运作模式，从源头指导企业规范自身环保行为，为企业创造直观有效了解最新环保政策和要求的途径，同时精准把脉企业可能存在的环保问题，提供针对性服务，切实有效推动辖区生态环境质量总体改善，为推动生态环境保护领域的治理体系和治理能力现代化建设提供创新范例。

全面实施最严法治，对违法企业"利剑"高悬，对守法企业无事不扰。系统构建"市级督查、区级检查、街道巡查"三级网格化执法监管体系，将环境监管力量延伸到社区基层，实现环境监管执法反应快、全覆盖、无盲区。创立环保主任、环保顾问制度，加强环保事前、事中介入，从源头指导企业规范固体废物管理行为。出台《深圳市环境行政处罚裁量权实施标准（第六版）（修订版）》，规范37项固体废物违法行为行政处罚自由裁量权。持续开展"利剑"系列执法行动。出台监管执法正面清单，对375家企业实施正面监管，实现"散乱污"企业动态清零。出台《深圳市排污单位环境信用评价管理办法》，设立诚信、良好、警示、不良四个企业环保信用等级，将不良企业列入全省生态环境量化监管平台特殊监管对象，暂停企业生态资金补助和荣誉称号授予，信息提交银行、保险、海关、政府审批部门进行联合惩处，高效震慑企业违法行为。

三、取得成效

深圳已构建起包含 4 项地方性法规、3 项地方性规章和 77 个政策文件的"无废城市"政策体系，建立生活垃圾强制分类管理、建筑垃圾限额排放、绿色金融等创新制度，完善各类固体废物全过程监管、申报登记、电子联单等管理制度，改革创新固体废物行政管理政策措施，为固体废物综合治理提供制度引领。

深圳充分发挥高度市场化优势，系统打造绿色金融体系，带动企业投资 2.27 亿元，打造形成社会资本参与有价废物市场化回收利用，国有企业兜底处置的多元运营机制，大大激发固体废物各类市场活力，大幅提升各类固体废物利用处置能力。

深圳发挥企业科技研发优势，搭建高端科研平台，开展关键技术创新攻关，打造体现地方特色的标准规范体系，现已编制 51 项固体废物标准规范，创新 25 项科技攻坚技术，新增专利 33 项，填补固体废物管理领域多项技术空白，在行业内具有示范效应。

同时，深圳利用信息产业高度发达优势，系统构建固体废物智慧化监管平台，实现对主要固体废物类别全过程在线监管和追踪溯源；创立环保顾问企业服务方式，提高政府服务效率，实施最严法治手段，强化环境信用联合惩处，打造"对违法企业"利剑"高悬，对守法企业无事不扰"的环境监管体系。

四、推广应用条件

深圳市超大型城市"无废城市"建设保障体系示范模式，普遍适用于全国各大中城市。结合深圳经验，全国其他同类城市在推广应用过程中应注意以下问题：

一是要坚持全局统筹，管理职能形成合力。深圳在"无废城市"建设过程中，要求深圳市各职能部门完全融入"无废城市"理念，成立统一的"无废"领导小组，整合分散的管理职能，立足深圳市、放眼大湾区、体系化、科学合理地规划整体实施路线图，形成了深圳市固体废物大环保统一监督管理模式，可实现固废管理全程跟踪监督、及时纠正方向、动态调整计划的目标。

二是要加强政企合作，补齐固废处置能力短板。深圳市在"无废城市"建设试点工作中提出 44 个重点工程任务，政府主导，企业为主体，"无害化处置+资源化利用"齐头并进引导 46 个工程项目建成投产，极大程度提高深圳市固体废物无害化处置和资源化利用水平。

三是要完善制度体系，形成各类固废管理制度全覆盖。深圳市固体废物相关法规覆盖面较广，生活垃圾、建筑废弃物领域等早有法律法规或管理办法约束，在"无废城市"建设试点过程中，编制了 4 项地方性法规和 3 项地方性规章，出台 77 个政策文件，全面推进依法治废。

（供稿人：深圳市生态环境局固废处主任科员　甘丽君，深圳市环境科学研究院高工　余波平，深圳市环境科学研究院高工　杨　娜，深圳市环境科学研究院工程师　仪修玲，深圳市环境科学研究院工程师　李芳玲）

探索"数字无废"建设 加快数字化改革创新

——绍兴市"无废城市"信息化平台建设模式

一、基本情况

绍兴市成为全国"无废城市"建设试点城市后,全市按照危险废物、工业固体废物、生活垃圾、建筑垃圾和农业废弃物等五大类固体废物减量化、资源化、无害化的目标,深化固废治理数字化改革,运用数字化、信息化、智能化手段,积极打造"数字无废"新模式,探索固体废物治理体系和治理能力现代化。在试点过程中,绍兴市也发现固废数字化应用存在的一些问题:

政府管理中,五大类固体废物在行政管理上涉及部门众多,部门之间存在信息不对称、分段式管理等问题。全市多个固体废物数字化系统之间没有做到信息共享,一些系统未全市贯通。企业公众服务上,产废单位与用废单位之间缺少信息沟通桥梁,同时,企业与公众对无废城市和固体废物管理的认知需求加大,但缺乏一站式服务中心。

为此,绍兴市坚持"整体智治,高效协同"的系统设计理念,按照"四横三纵"数字化转型框架(图1-7),采用"V"字开发模型,统筹整合五大类固体废物、废水、废气、污染土壤管理系统和重点产废园区、重点固体废物利用处置企业数字化管理系统,服务对象包括政府、部门、企业、公众,形成"纵向到底,横向到边"的监管格局和服务模式,平台列入2020年浙江省政府数字化转型重点项目,入选浙江省"观星台"优秀应用。

二、主要做法

(一)整合数字化应用,实现重点固体废物监管流程再造

推动系统整合集成,对固体废物产生、运输、利用处置等相关环节的监管系统

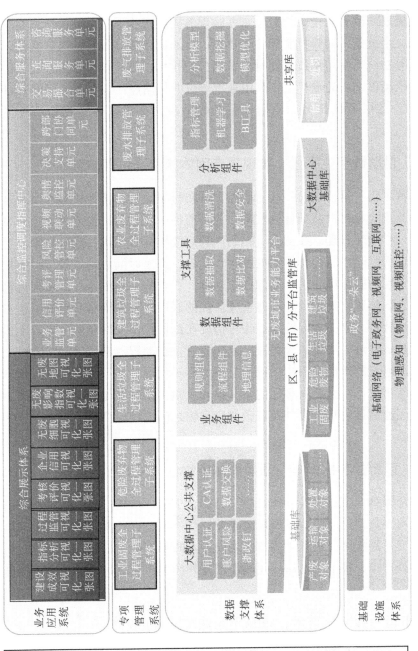

图 1-7　平台总体框架

进行流程梳理，监管职责无缝对接，并实现各固体废物系统之间的信息共享，构建全流程、全链条式监管机制和监管体系。打通固体废物治理的监管系统、执法系统、服务系统、信用系统，通过大数据分析技术，推广信用应用，建立固体废物领域的产废单位、运输单位、利用处置单位的信用库，形成"互联网+信用+监管"模式，运用考核排名、差别化监管等手段，倒逼固体废物相关单位守法经营。

（二）借助数字化手段，实现重点固体废物全过程监管

运用新时代"枫桥经验"联防联控、群防群控、智防智控模式，实现对重点固体废物及危险废物"从摇篮到坟墓"的可监控、可预警、可追溯、可共享、可评估的全过程闭环管理。在源头上扫码溯源：废物处置运用二维码技术，对每项固体废物进行赋码，将固体废物的种类、数量、产生时间、地点等信息固化，根据二维码识别为固体废物的可追溯打下基础。在过程中在线监控：实现运输车辆车载视频、固体废物处理场等设施视频监控的联网，依托视频和轨迹监控对违规倾倒、非法转运、未按规定路线运输等情况在线监控、及时预警，以数字化手段对固体废物运输过程实现风险可控、闭环监管。在处置端信用管理：通过大数据分析技术，研究解决产废用废单位信息不对称等问题，协调处置固废治理不平衡现象及异常情况，一旦产生可能的不一致和风险可及时发出预警，并联动三端同时追溯，还能通过废水、废气及各条线废弃物之间的逻辑联系体现大无废的综合管控。

（三）创新数字化模式，搭建固体废物信息桥梁

建立全国第一个五大类固体废物交易撮合平台，搭建产废、用废单位的信息桥梁，利用大数据为产废企业及用废企业提供信息查询，并精准推送供需信息，积极推动交易撮合，促进各类固体废物就近及时得到利用处置，破解企业和群众固体废物处置难、找不到出路等问题，消除处废单位无废可用的局面，提高固废利用率。

（四）运用数字化技术，跟踪无废城市建设成效

展示无废指标体系和清单，并通过对各区、县（市）进行排名，发现"无废城市"建设过程中的薄弱环节，对完成情况进行考核，并就相关指标与其他地市及历史数据进行对比分析。

（五）建立数字化系统，提升固体废物产业化服务

充分应用"浙里办""浙政钉"用户体系，实现省、市、县、乡镇各政府用户分级管理，为企业、公众提供固体废物业务服务和无废文化宣传。一是提供咨询服务，让固体废物信息普及起来。提供固废治理相关法律法规、政策制度、技术标准查询服务，打通从国家到省、市各级机构，实现专家咨询服务，提升各单位和个人对于固废相关知识的认知，提升群众知晓度。二是扩大公众参与，让固体废物管理有效起来。通过固体废物治理数字化系统，及时公开固体废物污染环境防治信息，提高公众和社会对固体废物污染环境防治工作的认识，扩大公众参与固体废物管理的途径，增强公众参与固体废物环境管理的能力，促进减少固体废物的产生量和危害性、充分合理利用和无害化处置固体废物，将"邻避效应"转化为"邻利效应"，提升群众的获得感。

三、取得成效

截至 2021 年 3 月底，绍兴市把分散在省、市、县三级共 21 套涉及固体废物的系统集成整合，实现对重点固体废物及危险废物的全过程监管，数据来源包括 16 个省级部门、19 个市级部门，汇聚 2343 项数据项、梳理整合相关部门数据资源超过 5.5 T（5.54 亿条数据）；对接"雪亮工程"中 1182 路视频监控信息，并按照五大类固体废物进行分类；完成卫星遥感影像比对 5 期，共发现 3 处固废倾倒场所，全部通过平台派单交办至主管部门处理并反馈，完成风险闭环管理；实现企业无废信用数据库的动态更新，完善涉废企业信用考核体系；展示跟踪"无废城市"建设进度的同时，根据生态环境部文件测算全市无废指数，自动形成指数分析报告 2 期；活跃在平台上的企业已经有 5845 家，累计交易 1394 笔，累计成交量 155 079.5 吨；归集法律法规、各级政策制度、技术标准 600 余项，并链接了国家生态环境科技成果转化综合服务平台，为政府机构、单位和个人提供咨询查询服务。

四、推广应用条件

绍兴市"无废城市"信息化平台按照省级系统进行架构，以绍兴市为重点具体实施，运用数字化技术，对标无废城市建设指标体系，对各类固体废物产生、运输、处置、利用进行全过程监管，着眼于提升对群众及企业的服务能力，在"无废城市"建设推进过程中，具有较普遍的推广价值：

一是应做好顶层设计：加强组织领导，系统调研，做到设计优先，明确平台的功能定位；二是推动系统整合：升级已有的系统，补充没有的系统，对接成熟的系

统，做好不同部门之间、企业之间的信息共享；三是明确数据标准；会同大数据局研究制定各类固体废物数据交换标准，确保数据依托省市两级政务云一个口子进出，为"无废城市"建设深入推进提供持久数据力。

（供稿人：绍兴市固体废物管理中心工程师　吴　铭，绍兴市生态环境局执法队副队长　秦建兵，绍兴市固体废物管理中心副主任　孔维泽，绍兴市固体废物管理中心正高　戚杨健）

高效发挥数智效能 提升城市治理水平

——中新天津生态城基于三级平台的城市固体废物治理模式

一、基本情况

生态城是国家首批智慧城市建设试点，实施"生态+智慧"双轮驱动发展战略，着力打造生态城市升级版和智慧城市创新版，努力成为具有全球影响力的可持续发展示范城市。生态城建成区已实现 5 G 全覆盖，在城市基础配套设施、生活服务和出行服务领域，已有诸多智慧应用投入使用。

固体废物种类繁多，处置方式、监管方式、执法方式也不尽相同，管理工作涉及部门较多，各部门间存在信息不对称、分段式管理等问题，如何以智慧应用、大数据分析、云计算等前沿技术构建联动机制，整合各部门资源，打破部门间信息壁垒，最终形成生态城固体废物管理"一张图"，充实监管力量、提高监管效率，提升城市固体废物治理能力是问题关键所在。

生态城结合自身在城市综合管理职能统筹协同方面的优势，在"1+3+N"（"1"是"智慧城市运营中心"；"3"是设施物联、数据汇聚和用户认证三个平台；"N"是各种智慧应用）的智慧城市架构体系上，快速推动无废信息化管理平台建设，与现有垃圾分类云平台等应用平台，以及数据汇聚平台高效整合，形成三级智慧化平台（图1-8），实现过程监管赋能、智能分析预警、多级评价考核、全民参与共管，切实提升城市固体废物管理水平，为城市建设提供数据基础。

二、主要做法

（一）场景应用，实现数据可视管理

生态城建成垃圾分类云平台（图1-9）、环卫信息化管理等应用平台，通过安装智能物联感应设备，对居民、商户垃圾投放类别、数量、分类质量溯源管理，通过加装 GPS 对运输企业清运车辆轨迹动态跟踪、实时管控，实现对生活垃圾精

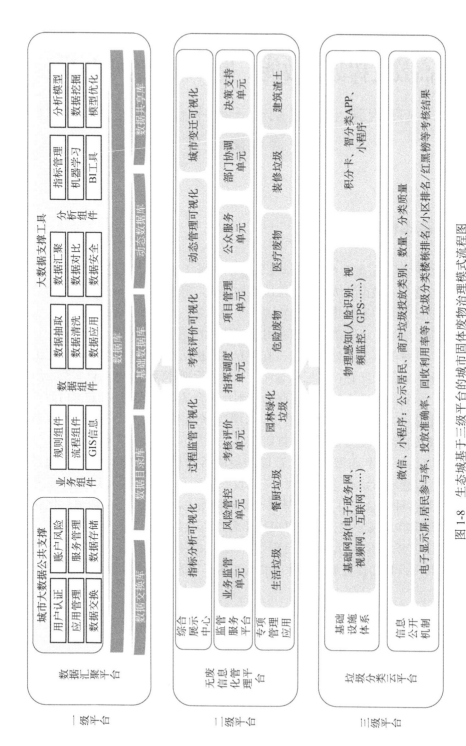

图1-8 生态城基于三级平台的城市固体废物治理模式流程图

细、智能、高效监管。依托垃圾分类云平台配合生态城"智分类"APP和小程序建立信息公开机制，公示各小区垃圾分类参与率、投放准确率、垃圾回收利用率等指标数据以及垃圾分类楼栋排名、小区排名、红黑榜等考核结果，反馈垃圾分类工作进展，通过数据可视化管理与信息公开，促进居民树立共享共建意识，养成垃圾分类习惯。

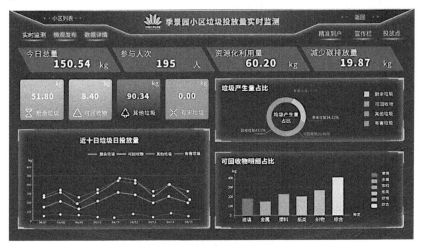

图 1-9 生态城垃圾分类云平台

（二）搭建平台，为固体废物管理护航

生态城无废信息化管理平台是在已有城市智慧化管理平台基础上，集成和嵌入生态城所有固体废物信息数据、实现全过程实时监管的信息化监管平台。生态城按照"横向到边、纵向到底"的原则，对固体废物管理进行全生命周期的考核评价，包括企业准入、固体废物产生、源头申报、转运管控、终端处理等多个环节。

平台按照生活垃圾、餐厨垃圾、园林绿化垃圾、危险废物、医疗废物、建筑渣土、装修垃圾七个类别分类管理。联动生态城各类固体废物监管单位，对生态城内所有涉及固体废物管理的工作及来自居民的投诉建议，进行实时调度监控，第一时间进行高效处理及线上反馈，对各单位工作时间进行规范，极大提升了生态城联合监管执法效率。产生单位、收运单位、处置单位、执法单位通过不同的权限配置，经由同一套小程序，实现各类垃圾前端收集、中端转运、末端处理的全流程、精细化、可溯源管理，全面提高了监管能力，推进了城市固体废物精细化管理。

在处置利用方面，开展固体废物内外协同处置与资源化利用，实时监控区域内有机垃圾的处置与资源化利用去向；做好与区外固体废物利用处置设施的有效衔接，建立联合监管机制，实现对外运固体废物流向的追踪管理，打造精细化、可溯源、智能化闭环管理链条。

（三）汇聚数据，为城市治理提供支撑

生态城的数据汇聚平台（图 1-10）相当于智慧城市的"大脑"，承载了整个生态城最核心的智慧成果。与无废信息化管理平台对接，实时接入城市摄像头、感应器等基础设施的位置信息、状态信息，将相关部门全部互联，汇聚涵盖建设、环境、城管、固体废物等领域数亿条数据，打通部门间信息壁垒。

图 1-10　生态城数据汇聚平台

通过数据汇聚平台的数据分析，对生态城开发建设、经济发展、民计民生、生态环境、智能交通、城市管理六个维度进行全城、全域、全时的运行数据接入、监测和展示，对城市事件进行有效识别研判、分拨流转与协同处置，全面提升城市公共服务和事件的快速协同处置能力，形成主动式、前瞻式、预防式的管理模式，实现城市管理从"被动反馈"到"主动出击"的转变，让城市治理体系和治理能力真正"智慧"起来。目前，可运行 40 余个管理系统，汇集 11 大类业务数据，实时监控城市动态，实现城市管理的实时调度。

三、取得成效

平台将生态城"无废城市"建设指标完成情况、"无废城市"建设成果，通过大屏端进行综合展示；并实时对各类固体废物的产生、运输、处置数据进行更新，对于不分类等行为及时形成整改工单，经由手机端反馈给执法队员进行线下执法，形成固体废物的闭环监管，实现对"无废城市"建设的工作进度和成效进行综合分析、展示、预警。

建成无废信息化管理平台，切实提高了固体废物精细化管理水平，汇总垃圾分类云平台等应用平台的信息数据，并链接至数据汇聚平台，形成生态城固体废物管理"一张图"，实现了执法联动、企业参与、百姓监督的良性互动。为后期固体废

物管理执法、推广计量收费、实施企业考核提供了数据保障，构建形成了基于三级智慧平台的城市固体废物数智治理模式。

四、推广应用条件

适用于在城市日常管理、基础设施建设、生活服务领域方面的智慧化应用领域有良好基础的区域或城市。

结合生态城经验，全国其他同类城市在推广应用过程中还应注意以下问题：①全面调研城市所产生的固体废物种类，明确平台定位，链接城市所有与固体废物分类、收集、转运、处理、资源化、收费等相关的部门、企业和社区，以提升管理部门的工作成效，为城市治理提供数据支撑。②做好城市智慧管理的顶层设计，推动各类平台整合融合。根据城市自身的智慧化平台的建设情况，进行平台功能应用的升级，及时补充缺少的板块，与整个城市的管理平台对接，做好不同部门之间、企业之间的信息共享。

（供稿人：中新天津生态城城市管理综合执法大队市容科副科长　张　同，天津津生环境科技有限公司运营管理部部长　杨永健，天津津生环境科技有限公司运营管理部主管　袁晓明，清华大学/巴塞尔公约亚太区域中心区域废物室主任　董庆银，清华大学/巴塞尔公约亚太区域中心项目助理　朱晓晴）

3 试点建设推动城市高质量发展

清积存控新增　打造无废新城

——雄安新区"无废雄安"建设模式

一、基本情况

2017 年 4 月 1 日，中共中央、国务院印发通知，决定设立国家级新区——河北雄安新区，提出以疏解北京非首都功能为"牛鼻子"推动京津冀协同发展。雄安新区包括雄县、容城县、安新县三县以及周边部分区域，面积 1770 km²。2019 年 6 月，随着雄安新区"1+4+26"规划体系基本形成，雄安新区正式由规划期转入大规模建设期。

雄安新区建设"无废城市"试点面临的主要问题和挑战主要包括以下四个方面。一是历史遗留固体废物积存量大、分布广、种类杂、历史久。据统计，雄安新区设立前有积存生活垃圾 526 万 t，积存铝灰钢渣 71.5 万 m³，工业下脚料约 33 万 t。二是目前正处于大规模建设期，建筑垃圾产生规模大、时间集中。三是传统产业产生的各类固体废物缺乏规范化管理，管理制度不完善。四是对遗存固体废物处置能力不足，资源化利用水平低。

雄安新区以"存量处理全量化"为目标，以全域排查摸底为基本路径，以生活、生产分头抓为基本策略，针对新区遗存固体废物存量大、处置能力弱的问题，充分发挥新建城市的创新优势，从顶层设计入手，推动形成全过程固废管理体系。解决了新区遗存固体废物处置和资源化利用需求，有力推进雄安新区"无废城市"建设。

二、主要做法

按照"存量固废全量处置、增量固废全面规划，政策机制全新构建"的基本思路，以"存量无废化、建设无废化、发展无废化"为目标，通过"走遍雄安"活动，推进人居环境整治，开展铝灰钢渣处置项目，建立农村垃圾管理机制，推广绿色建筑、建设建筑垃圾再生利用设施等工作，逐步实现遗存固体废物全域清理及建筑领域全过程源头减量和资源化利用。

（一）净化城乡环境，历史积存固体废物全域排查、全域清理、全量处置

雄安新区遗存固体废物主要由遗存生活垃圾和工业固废组成。传统产业以塑料、乳胶、制鞋、服装、羽绒、有色金属加工等一般制造业为主，具有生产工艺简单、管理粗放等特点，生产过程中产生大量的工业废物。雄安新区针对全域工业固体废物、生活垃圾堆存量大、堆存点分散、堆存时间长等问题展开了专项治理、系统整治，为雄安新区高标准建设奠定基础。

1. 全域开展"走遍雄安"活动，建立新区环境问题台账

一是充分发挥传统媒体和新媒体传播影响力，进行全方位多角度"走遍雄安"和生态环境保护宣传，统一干部群众思想，营造全民参与生态环境保护的浓厚氛围，使"走遍雄安"活动深入人心。二是建立问题排查机制，形成新区、县、乡镇、村四级联动的制度体系，对新区全域进行全覆盖、无死角"地毯式"排查，全面摸清污染底数、建档造册，坚持边排查边整治。三是开展淀区污水、垃圾、厕所等一体化综合治理工程、"散乱污"企业系统整治工程、固体废物风险隐患排查和农村固体废物集中清理工程（见图1-11），集中解决新区城乡环境中存在的各类固体废物问题。

图1-11　安新县纳污坑塘垃圾清理

（引自"安新宣传"微信公众号）

2. 推进农村人居环境集中整治，全面提升农村村容村貌

一是开展新区三县农村生活垃圾集中清理专项行动，通过自查、互查、抽查的形式，对街道清扫、村庄日常保洁、村庄垃圾收集、运输车辆管理、监管体系运行等方面进行检查，对109处非正规垃圾堆放点进行整治，建立复核台账，基本完成农村垃圾的清理。二是建立生活垃圾收运机制。通过第三方环卫公司收集处置生活垃圾，三县环卫主管部门负责监管的模式，基本建立三县生活垃圾清运城乡一体化管理机制（见表1-2）。所有生活垃圾采用直运或一次转运的方式，统一运至雄县

生活垃圾卫生填埋场或新区外专业生活垃圾处理设施进行无害化处理，基本实现生活垃圾日产日清。三是坚持农村改厕与新区建设、征拆迁、污水治理等工作统筹考虑、整村推进，明确农民和政府各负其责，充分发动群众，大力开展农村户用卫生厕所建设和改造，同步实施厕所粪污无害化治理、资源化利用，倡导健康文明生活方式。四是大力推进"无废细胞"试点建设，开展"无废社区"和"无废乡村"试点。探索组团式城市社群推行生活领域各项"无废"措施的经验，探索积分制管理与提篮购物、垃圾分类、物品再利用等行为挂钩的方式，大力推动城镇和农村生活垃圾源头减量（图 1-12 和图 1-13）。

表 1-2　雄安新区三县生活垃圾一体化项目情况

区域	运营公司	运营范围	处理处置方式
雄县	北京环卫集团	251 个行政村	采用"分村收集、统一转运、集中处理"和"桶对车直运"的两种作业模式，统一收运至雄县垃圾填埋场处理，日均处理垃圾 310 t
	河北天朗环保工程有限公司	39 个行政村	采用闪蒸矿化的处理方式，清运量约为 90 t/d
容城县	启迪桑德公司	114 个行政村	统一收集后外运处理，清运量 185 t/d
	北京轩昂环保科技股份有限公司	13 个城中村	统一收集后外运处理，清运为 32 t/d
安新县	启迪桑德公司	旱区 145 个村	统一收集后外运处理，清理垃圾量约 220 t/d
	北京首创股份有限公司、北京首创环境投资有限公司联合体	白洋淀南片（23 个村）	实施白洋淀农村污水、垃圾、厕所等环境问题一体化综合系统治理，采取特许经营模式，经营期 20 年白洋淀南片、中片分别外运至涿州、霸州进行处置，白洋淀北片外运至辛集进行处置，清运量均为 50 t/d
	长安园林有限责任公司、北京桑德环境工程有限公司、徐州科融环境资源股份有限公司、长沙玉诚环境景观工程有限公司联合体	白洋淀中片（27 个村）	
	北京排水集团、北京城建集团、启迪桑德联合体	白洋淀北片（28 个村）	

　　注：雄县有 12 个乡镇 290 个行政村，容城县有 8 个乡镇 127 个行政村，安新县有 13 个乡镇 223 个行政村（包括 78 个淀中村）。

图 1-12　农村人居环境集中整治前

图 1-13 农村人居环境集中整治后

3. 全面清理白洋淀垃圾，建立淀区沿岸固体废物管理机制

聚焦入淀河流两岸和新区三县村庄各类垃圾，采用无人机航拍和"地毯式"摸排的方式，大力实施河道清洁专项行动。发起环境整治大会战行动，出动挖掘机和铲车，开展清理生活垃圾、建筑垃圾、河道水面垃圾，清理淀区垃圾及漂浮物，治理纳污河塘，清理河道淀区垃圾，整治入淀排污口等工作。对郐州镇、荀各庄镇、七间房乡 197 个季节性坑塘和 88 个干涸坑塘，坑塘内及周边岸带积存的各类固体废物进行清理。对容城县大清河古道，以及尾水渠、大碱场等五条渠道的垃圾进行清理。

4. 全面推进积存铝灰钢渣处置，推进固体废物资源化利用

安新县历史积存废渣主要涉及铝灰、钢渣及其他工业固体废物，主要分布在安新县老河头镇、芦庄乡、安州镇、同口镇等 4 个乡镇，共涉及 24 个村庄。铝灰钢渣处置项目作为全国第一个大规模、全域清理历史遗留工业固体废物的生态治理工程，不到一年的时间将散乱积存了 30 年的工业固体废物进行妥善处置，不仅创造了雄安速度，也为全国清理历史遗存废物等提供了宝贵经验。通过创新历史遗留工业固体废物的鉴别方式，将铝灰钢渣划分为一般工业固体废物和危险废物；建设资源化存贮场，划分不同库区进行分类储存处置；科学制定分类分级、无害化处置技术路线方案，一般工业固体废物贮存于资源化储存场，危险废物外运处置。

（二）坚持绿色发展，全面推进建设过程无废化与资源化

一是加强顶层设计，推动建设全过程绿色、节能、低碳全链条管理。率先践行《河北雄安新区总体规划（2018—2035 年）》，推广超低能耗建筑，新区起步区新建居住建筑全面执行 75% 及以上节能标准，新建公共建筑全面执行 65% 及以上节能标准；新建政府投资及大型公共建筑全面执行三星级绿色建筑标准，积极推进装配式、可循环的建造方式。科学编制建设标准，制定了《雄安新区绿色建筑设计导则

（试行）》《雄安新区绿色建材设计导则（试行）》《雄安新区绿色建造导则（试行）》。建立绿色建筑发展长效机制，推动绿色建筑可持续发展，打造绿色建筑"雄安质量体系"，推动雄安新区绿色建筑实现高质量发展。

二是注重建设过程优化，最大化减少建筑垃圾产生，打造高标准示范。雄安新区规模化使用绿色建筑，推广绿色建材，推广装配式道路。新建政府投资及大型公共建筑全面执行三星级绿色建筑标准，新建10万平方米以上的居住建筑全面执行二星级绿色建筑标准。打造了市民服务中心、城乡管理服务中心办公楼、雄县三中、商务服务中心、三个"建设者之家"等典型钢结构绿色建筑。将装配式道路应用于建设区内短期临时道路、停车及市民广场、货物堆场等工程，大大减少了建筑垃圾的产生。

三是坚持绿色拆除和源头分类，提高拆除建筑垃圾资源化利用率。开展绿色拆除，最大限度降低环境影响。新区绿色拆除工作坚持绿色优先原则，严格执行六个百分百和三个全覆盖要求，按照先喷淋、后拆除、拆除过程持续喷淋的程序操作，最大限度降低扬尘污染。坚持源头拆分，促进建筑垃圾分类和利用。采用分步拆除法，按来源、种类、性质进行分类拆除、分类存放、分类处理，实现拆除过程中建筑垃圾源头分类、源头减量和利用。强化源头处置，科学谋划建筑垃圾利用模式。分类后的建筑垃圾一部分用于堆山造景，打造黄湾郊野公园等，另一部分用于道路路基、填垫，其余部分建筑垃圾将破碎生产不同粒径的骨料（图1-14），用于蓄水料、滤料、透气料及垫层等，实现建筑垃圾无害化、减量化、资源化多元处置模式。做好新区建筑垃圾板块循环利用、构筑"无废城市"蓝图工作，达到建筑垃圾取于旧城改造、用于新区再建设的目的。促进资源化利用，建设再生利用建材场。雄安新区合理布局建筑垃圾处置设施，率先在新建区——容东片区建设建筑垃圾再生利用建材场。2019年实施的绿色拆除项目产生的建筑垃圾将全部按照资源化再生利用要求进行处置，最大化实现建筑垃圾再生利用。

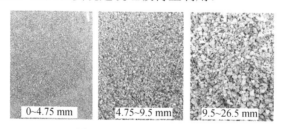

0~4.75 mm　　4.75~9.5 mm　　9.5~26.5 mm

图1-14　多粒径再生骨料

四是践行资源化利用理念，打造拆迁表层土资源化利用模式。制定管理政策，明确表土剥离要求。为加强新区土地资源保护和利用，规范耕作层土壤剥离利用工作，雄安新区制定了《雄安新区耕作层土壤剥离利用管理办法（试行）》，对因建设占用或临时使用现状耕地的耕作层土壤进行剥离、运输和储存，以及合理利用提出了具体要求。建立临时堆场，合理进行资源调配和利用。雄安新区根据整体建设进程，采用工程措施对农田优质耕作层 30 cm 厚土壤进行剥离并加以保护。通过建立容东片区临时土方堆存场，统筹解决新区建设期间土方开挖、回填、储存和调配等问题，两个存土场规划存土量共 1200 万 m³。优质表层土用于新区绿化，既可直接减少建筑垃圾总量，又能为后期绿化提供高效熟土，同时为新区树立样板。

三、取得成效

雄安新区将"无废城市"试点工作与新区规划建设时序结合起来，充分发挥新建城市创新优势，在清理遗存固体废物和绿色建设发展方面取得显著成效。

一是清理三县河道和村庄遗存生活垃圾 526 万 m³，整理治纳污河塘 606 个，城乡环境显著改善。

二是完成安新县芦庄乡、老河头镇等 58 处堆存 76 个点位，共计 71.5 万 m³，历史堆存铝灰钢渣清理处置任务，消除了安全隐患。完成了安新县约 33 万 t 制鞋下脚料、废线皮子、针刺毡等工业固体废物清运处置。

三是绿色建筑占新建建筑比例大幅增加。累计开工建设雄安高质量建设实验区（生活）、市民服务中心、城乡管理服务中心办公楼、雄县三中、商务服务中心、三个"建设者之家"等建筑项目 29 个，共 1317.9 万 m²，其中公共建筑 210.3 万 m²，采用绿建三星标准；居住建筑 1107.6 万 m²，采用绿建二星标准。

四是对区内 48 个整体征迁村和 150 多个分步拆迁村建筑物实施了绿色拆除。收集处置建筑垃圾约 400 万 m²（部分建筑垃圾就地处置），生产再生骨料 5 万 t，为新区大规模建设奠定了基础。

五是建设容东片区临时土方堆存场，剥离耕地面积约 1270 万 m²，剥离方量约 380 万 m³，获得优质表土约 300 万 m³。

四、推广应用条件

雄安新区"无废雄安"建设模式，可在开展新城建设的区域进行推广。在推广应用中应注意以下几个问题：

一是厘清固体废物全域清理思路。初步摸清属地管理历史积存固体废物种类、数量、分布情况及处置能力，按照分区域分类清理的思路，明确各类固体废物的统筹及专项清理思路、重难点及清理时限，系统摸查各类固体废物问题，建立台账为后期各类固体废物整治协同增效。

二是明确各项任务责任部门。城市层面按照各类固体废物主管部门，县域层面按照属地管理的分工思路，做到固体废物专项管理，层层落实属地责任，并有力推动建立领导小组和活动小组等协调机制，有利于更加全面、系统、精细地开展各项工作。

三是做好宣传发挥各级力量。通过多种宣传方式调动机关干部积极性，充分发挥群众力量，加强群众监督，各方力量的加入有利于提升工作成效。

四是注重后期工作验收。针对各类固体废物清理建立任务台账、问题台账，实行挂图作战，限期销号制度，加强对重点问题的复核及验收，既要验收前期工作的完成情况，又要注意后期机制的建立情况，避免死灰复燃、清理不彻底的情况发生。

五是建立建筑垃圾全流程管理模式。可一定程度上缓解建筑垃圾产生量大、利用率低、耗能大的问题，其经验模式对我国城市化率较低且具有较大开发建设需求，或建设要求较高的地区具有较好的借鉴意义。

（供稿人：河北省生态环境厅二级巡视员、雄安新区管理委员会生态环境局局长　高英华，河北雄安新区管理委员会生态环境局一级业务主办　李艳军，河北雄安新区管理委员会生态环境局三级业务主办　孟建伟，河北雄安新区管理委员会生态环境局土壤固废辐射管理科干部　张　奇，清华苏州环境研究院绿色发展中心研究专员　李晴飞，生态环境部固体废物与化学品管理技术中心固体部政策研究室主任/高工　滕婧杰，生态环境部固体废物与化学品管理技术中心固体部高工　任中山）

践行嘱托开新局　打造精致威海

——威海市以"无废城市"打造"精致城市"建设模式

一、基本情况

2018 年 6 月 12 日，习近平总书记亲临威海视察，提出"威海要向精致城市方向发展"的殷切期望。近年来，威海市按照"精当规划、精美设计、精心建设、精细管理、精准服务、精明增长"的原则推进城市建设（图 1-15），取得了显著成效。但在固体废物管理和公众参与方面仍然存在不足，一是固体废物管理制度体系尚未健全，精细化管理机制有所欠缺，城市环境治理未做到"标本兼治"；二是垃圾分类等环境基础设施不够完善，需要进一步提升；三是公众对"精致城市"的建设内涵理解不到位，对如何参与"精致城市"建设存在困惑，缺乏必要的参与载体。

精当规划	精美设计	精心建设	精细管理	精准服务	精明增长
· 科学编制长远发展规划 · 谋划国家和省战略承载空间 · 构建全域精致城市体系 · 优化城市发展整体布局 · 打造最美黄金海岸带	· 全面开展城市设计 · 加强重点区块设计 · 加强建筑设计管理 · 提升景观设计水平 · 严格保护城市风貌	· 全面提升基础设施承载力 · 全面升级绿化亮化档次 · 积极发展新型建造方式 · 大力推广绿色节能建筑 · 深入开展工程质量提升行动	· 全面推进城市依法治理 · 积极推进智慧管理 · 探索推进市场化管理 · 切实加强城市安全管理 · 全力破解物业管理难题	· 不断健全公共服务设施 · 全面提升公共服务水平 · 不断优化营商环境 · 全面提升城市国际化环境 · 促进城市共建共治共享	· 加快推动新旧动能转换 · 推进国土资源节约集约利用 · 推进老城区功能提升更新 · 促进新城区产城融合发展 · 加强生态保护和修复

图 1-15　威海市"精致城市"建设的主要内容

试点期间，威海市创新性地把"无废城市"建设与"精致城市"建设相结合，将"无废城市"作为建设"精致城市"的有力抓手，聚焦其在固体废物管理方面存在的体制机制不健全、基础设施不完善、理念意识不够高、公众参与平台少等问题，不断强化制度引领、完善基础设施、加大宣传力度、创新参与形式，以"无废"促"精致"，践行嘱托开新局，探索出了精致城市建设的威海模式（图 1-16）。

图 1-16　威海市以"无废城市"打造"精致城市"建设模式示意图

二、主要做法

（一）强化制度引领，建立精细化管理机制

一是完善精致城市建设制度体系。出台了《威海市精致城市建设条例》《威海市精致城市评价指标体系》《威海市精致城市建设三年行动方案》等文件，基本建立了完善的精致城市建设制度体系。二是完善生活垃圾分类管理制度。出台了《威海市城市生活垃圾分类实施方案》等一系列文件，对各领域实施生活垃圾分类进行了明确规定。探索制定了企事业单位生活垃圾计量收费制度，明确了企事业单位收费标准。在部分农村地区试点将垃圾分类纳入征信体系，激励居民积极参与垃圾分类。将生活垃圾分类工作列入"无废城市"试点工作考核项目，并纳入 2020 年年度区市、开发区目标绩效管理考核。目前，威海市已基本建立了完善的生活垃圾分类管理制度。三是研究了出台塑料污染治理方案，提出在全市部分领域禁止、限制部分塑料制品的生产、销售和使用，并明确了禁限品类和阶段性目标。四是制定并印发了《威海市无废城市细胞创建行动计划》，开展专项行动推动各项制度落实。

（二）注重分类施策，开展精准化城市治理

一是以社区为载体推动生活源固体废物减量。社区是生活源固体废物的主要源头，威海市从宣传"无废"理念、推行垃圾分类、倡导绿色生活等方面精准发力，引导社区居民自觉践行绿色生活理念，降低社区居民生活源固体废物产生量，推动

社区"无废"，为精致城市建设提供支撑。以鲸园街道花园社区为例（图 1-17、图 1-18），社区借助"无废城市"创建的契机，通过打造"墙上农场"、厨余垃圾堆肥、推广环保酵素、引入智能化垃圾分类装置等一系列举措，引导社会局面参与社会环境治理，推动社区生活源固体废物减量。

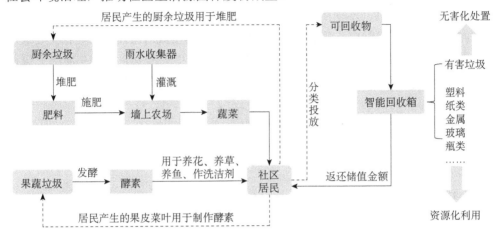

图 1-17　花园社区厨余垃圾、果皮菜叶和可回收物的回收利用

图 1-18　花园社区部分"无废"设施

二是以学校为载体，深入开展"无废"教育。将无废理念融入环境教育课堂、课内外实践活动和学校管理的各个环节（图1-19），全面普及资源节约和环境保护知识；利用学校宣传栏、墙报等大力宣传无废理念，鼓励学校与社区联合开展活动，强化"小手拉大手"宣传成效；鼓励学校优先采购可重复使用的办公用品，引导学生"低碳"包书，不使用塑料书皮，组织开展旧物交换活动等（图1-20）；全面实施生活垃圾分类制度，要求各级各类学校认真落实威海市垃圾分类相关要求，引导师生做好垃圾分类，并妥善处置校园装修垃圾及绿色废弃物。开展"无废学校"创建活动，强化师生"无废"意识，巩固"无废"教育成果。

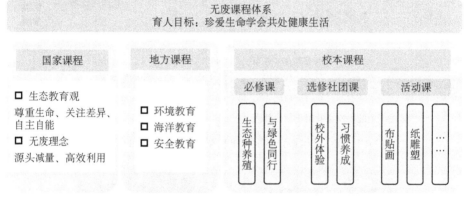

图1-19　威海市普陀路小学的"无废课程体系"

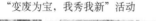

图1-20　威海市普陀路小学的"变废为宝""易物换购"活动

三是以商超和农贸市场为载体，推进塑料污染治理。按照《威海市进一步加强塑料污染治理实施方案》对商场、超市、农贸市场、饭店等场所的一次性塑料餐具、不可降解塑料袋等重点品类一次性塑料制品提出了阶段性禁限目标。在具体监管措施上，一方面加强对新上塑料生产项目的审查，涉及禁止类产品的项目一律不予批准；另一方面将塑料购物袋、聚氯乙烯农用地膜产品等纳入重点工业产品质量安全监管目录，组织开展抽查，加强对塑料制品的质量监管；此外，相关部门还定期开展联合专项行动，对塑料污染治理落实情况进行督促检查，对实施不力的责任主体，依法依规予以查处，并通过公开曝光、约谈等方式督促整改。开展"无废商超""无废农贸市场"创建活动，并将"禁止使用不可降解塑料袋、一次性塑料吸管、塑料餐具""禁止使用超薄塑料购物袋、不主动提供不可降解塑料袋"等内容，作为"无废商超""无废农贸市场"创建的重要评价指标。

四是以景区和饭店为载体，推进旅游无废。以 A 级景区和星级饭店为创建主体，分别组织开展了"无废景区"（图 1-21）和"无废饭店"（图 1-22）创建活动。采取多种措施推动旅游固废减量：通过推行景区门票电子化、宾馆电子登记等，减少纸质票据使用；倡导游客将垃圾带离景区，鼓励游客将垃圾投放到指定地点；呼吁广大游客按照人数点餐，少点先吃，不够再加，自助餐提倡勤拿少取、光盘行动，倡导厉行节约；成立专业的海滩垃圾清理小分队，进行海洋垃圾清理工作，每日专人专船清理；完善基础设施，实现景区、饭店中水和雨水回收利用等等；同时，为应对游客数量季节性变动带来的垃圾收运压力，引入监测平台，通过数字化管理，视客流量增减情况调整垃圾收运频次和环卫人员数量，满足垃圾收运需求。

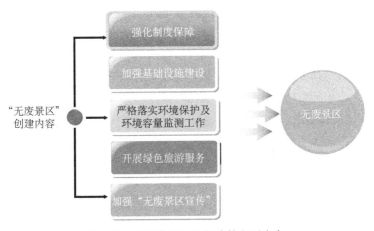

图 1-21　"无废景区"创建的主要内容

图 1-22   "无废饭店"创建的主要内容

（三）完善基础设施，提供精准化公共服务

一是完善生活垃圾分类基础设施。对于不同类别的垃圾按照分类原则配备投放设施：对有害垃圾按照便利、快捷、安全原则，设立专门场所或容器，对不同品种的有害垃圾进行分类投放、收集、暂存，并在醒目位置设置有害垃圾标志；对餐厨垃圾设置专门容器单独投放，并由专人清理，避免混入废餐具、塑料、饮料瓶罐、废纸等不利于后续处理的杂质；对可回收物根据产生数量，设置容器或临时存储空间，实现单独分类、定点投放，探索智能化垃圾分类，安装智能回收箱。同时，面向不同的场景，有针对性设置垃圾分类投放设施，如：在社区，针对居民投放可回收物的需求，配备了智能回收箱，居民通过分类投放可以获得收益；在景区，抓住宣传优势，配备了智慧化垃圾分类箱，游客可以通过电子屏幕进行互动学习。

二是推进生活垃圾处置项目建设。完成文登区垃圾焚烧项目建设，新增生活垃圾处理能力 1050 t/d，推动实现原生垃圾零填埋；新建 2 个建筑垃圾资源化利用项目，建筑垃圾资源化利用能力共计新增 160 万 t/d，资源化利用率由 5%提升至45%；完成市区餐厨垃圾资源化利用项目改造升级，同时在荣成市和乳山市建立餐厨废弃物分类收运体系，实现餐厨垃圾的集中收运处理。

三、取得成效

一是精细化管理制度体系基本健全。从固体废物管理角度出发，建立了精细化管理制度体系；完善了生活垃圾分类管理制度，明确了企事业单位收费标准；针对塑料污染治理出台了专项实施方案；同时建立了无废城市细胞创建长效机制，为各项制度的落实提供了载体。

二是"无废细胞"创建取得显著成效。目前全市有 367 个城市社会单元正在开展"无废城市细胞"创建，通过"无废细胞"创建活动，"无废"理念得到普及，对广大市民积极践行绿色生活方式、参与精致城市建设起到了很好的引领带动作用。

三是生活垃圾分类取得积极进展。目前，威海市城市建成区有 15 个街道开展了城市生活垃圾分类，涉及居民 36.3 万户；农村地区有 48 个乡镇、1056 个村开展生活垃圾分类，涉及 27.7 万户，其中荣成市全域开展生活垃圾分类；累计安装智能回收箱 255 个，新建垃圾分类房 1157 个、垃圾分类宣传亭 861 个，道路两侧更换两分类垃圾桶 15.9 万个，生活垃圾分类设施基本实现全覆盖。

四是绿色生活方式基本形成。据调研，有 95% 以上市民认为近 1～2 年威海市整体环境变好了，90% 以上市民认为周围人群在垃圾分类、光盘行动、塑料包装减量、公共交通出行、废旧衣物回收或捐献等方面有了明显改善。

四、推广应用条件

威海市以"无废"促"精致"，打造的"精致城市"建设模式聚焦城市固体废物管理，健全制度体系、注重分类施策、完善基础设施、强化机制创新，可在全国大部分城市推广。

结合威海市实践经验，全国其他城市在推广应用过程中还应注意以下问题：①要建立完善的城市固体废物管理制度；②要针对不同社会单元的特征分类施策，例如社区主要是垃圾分类、学校主要是"无废"教育、超市和农贸市场要做好塑料污染治理、景区和饭店要做好无废旅游宣传和倡导等；③加大资金投入，为市民垃圾分类提供基础设施保障；④探索建立与市场主体的良性合作机制，形成合力共同推动生活"无废"。

（供稿人：威海市生态环境局局长　毕建康，威海市生态环境局二级调研员李　彬，生态环境部华南环境科学研究所博士　石海佳，威海市生态环境监控中心副主任　董　琳，中国循环经济协会战略规划部副主任　范莹莹）

第二篇
实施工业绿色生产，推动工业固体废物贮存处置总量趋零增长

1 生态修复与解决历史遗留问题

践行"两山"理论 坚持标本兼治
——徐州市工矿废弃地生态修复与多元发展模式

一、基本情况

徐州市作为全国老工业基地和资源型城市，长期大规模、高强度的矿山开采，累计形成采煤塌陷地 42.33 万亩和采石宕口 400 余处，由此导致的耕地损毁、基础设施损坏、山体破损等一系列生态环境问题，严重制约着老工业基地振兴、资源型城市转型、区域中心城市建设和群众生活质量改善。对此，徐州市以资源枯竭型城市工矿废弃地生态修复为切入点，坚持因地制宜、标本兼治，着力恢复区域生态调节功能，经过多年的探索和实践，成功实现了采煤沉陷破坏土地重构和"山水林田湖草"生态保护修复，构建了以"无废"理念为中心的生态修复政策体系，建立了采煤塌陷地、采石宕口生态修复两项技术标准，形成了可复制、可推广的工矿废弃地生态修复多元发展模式（图 2-1）。

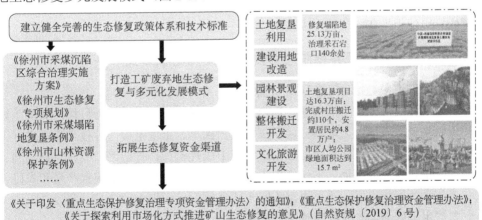

图 2-1 徐州市生态修复与多元发展模式示意图

二、主要做法

（一）建立健全完善的生态修复政策体系和技术标准

1. 强化顶层设计

近年来，徐州市坚定不移践行绿色发展理念，将工矿废弃地生态修复作为美丽徐州建设的核心位置，成立生态修复领导小组，以市长任组长，市相关部门和各县（区）为成员，建立联席会议制度，形成了强大的工作合力。以"立足当前改善环境面貌，着眼长远促进发展转型"为目标，坚持统筹规划、有序实施，制定了《徐州市采煤沉陷区综合治理实施方案（2017—2020 年）》《徐州市生态修复专项规划》和《徐州市生态修复三年行动计划（2019—2021 年）》等规划方案，为生态修复提供了科学指引。

2. 强化制度保障

徐州市从地方立法、政策制度、规划计划等方面入手，全方位构建生态保护和治理修复的体制机制，进一步明确生态修复主体责任、客体范围和相关权利义务，使地方开展生态修复有法可依。近年来相继出台《徐州市山林资源保护条例》《徐州市采煤塌陷地复垦条例》等地方性法规，为工矿废弃地实施持续、科学的生态修复提供了有力的制度保障。

3. 强化创新驱动

建立以"生态恢复力"为核心的生态修复评价体系，立足恢复生态功能、优化生态结构、推进可持续发展，细化修复工程的环节、内容和评价标准，为各地开展生态修复和成果评价提供依据。突出科技引领，充分发挥国家及区域生态修复技术创新中心的作用，围绕采煤塌陷地、工矿废弃地等重点领域开展攻关，形成一批成本更低、更便于推广应用的重大技术成果。

（二）打造工矿废弃地生态修复与多元化发展模式

1. "生态修复+土地复垦利用"模式

耕地是我国最为宝贵的资源。徐州市以增加耕地、还耕种粮为目标，对沉陷较浅、可以复垦的土地，采取"分层剥离、交错回填、土壤重构"等技术手段进行土地复垦和土壤改良，按照高标准农田进行集中成片治理，打造"田成方、路成网、林成行、渠相连"的格局，不仅产生大量新增耕地，而且提高了粮食产量和农民收入。多年来，徐州市共实施采煤沉陷区土地复垦项目面积 16.3 万亩（图 2-2）。

2. "生态修复+建设用地改造"模式

将生态修复与产业转型有机结合，对已稳沉但复垦难度较大的采煤沉陷区，经勘测论证后进行土地平整，同步完善配套基础设施，利用城乡建设用地增加挂钩政

图 2-2　采煤塌陷地土地复垦示范区

策予以土地置换后，用于产业园区建设和产业项目建设，既实现了土地二次开发利用，又为产业转型升级增添了新动力。徐州经济技术开发区、徐州工业园区和泉山经济开发区充分利用采煤沉陷区进行园区规划，目前已治理利用沉陷区近 4 万亩，治理后全部用于产业项目建设，实现了沉陷地的高效益、综合化利用。规划面积 20.6 km² 的徐州潘安湖科教创新区原本也是大面积采煤沉陷区，经生态修复后面貌一新，吸引了江苏师范大学科文学院、徐州幼儿师范学院等综合院校和科技园区集中入驻，打造成集教学、科研、文化、生活服务等为一体的科教创新区。

3. "生态修复+园林景观建设"模式

对位于或者靠近城区的连片积水采煤沉陷区，有序进行挖湖引水、土地塑形、景观再造，逐步把积水区改造成为各具特色的湿地公园和风景湖泊，不仅唤醒了沉睡的土地资源，而且为城市建设拓展了空间。对采石宕口，采用整修复绿、岩壁造景、遗存保护等手法，因地制宜实施改造升级，实现了地质灾害消除、生态环境修复、特色景观打造一举多得。潘安湖曾是徐州市面积最大、塌陷最严重的沉陷区，总面积 1.74 万亩，平均塌陷深度 4 m，治理前坑塘遍布、村庄塌陷、生态环境恶劣，生态修复后已蝶变为风景优美、游人如织的国家湿地公园（图 2-3）和国家生态旅游示范区，治理经验得到了习近平总书记的高度评价。

4. "生态修复+整体搬迁开发"模式

对压煤村庄或因采煤塌陷村庄进行整体搬迁，选址规划建设布局合理、功能配套的现代化集中居住区，引导矿区居民向新的居住区集中，确保安置居民"搬得

图 2-3 潘安湖国家湿地公园修复前后对比

出、住得好、能致富"，有效加速了乡村振兴和新型城镇化进程。同步打造新工业园区、新景区和新农业示范区，有序推动塌陷区居民向新镇区搬迁转移。全市已完成村庄搬迁约 110 个，安置居民约 4.8 万户，不仅大大改善了群众生产生活条件，而且有效加速了乡村振兴和新型城镇化进程。

5. "生态修复+文化旅游开发"模式

对具有传承区域优秀历史文化独特价值的工矿废弃地，以生态经济理论为指导，通过地貌重塑、土壤重构、植被重建、景观重现等手段，构建出独具场地特征的地质景观和植物景观。对体现工矿工艺和文化的功能性工程构筑物、建筑物和裸岩、矿井、矿坑等特色遗迹景观，进行科学保护、合理利用，进一步挖掘内涵，实现生态、景观和历史文化的协调统一，形成了一大批集生态保育、生态休闲、文化科教、旅游观光的新型城市公园和生态风景旅游区，不仅有效改善了生态环境质量，而且丰富了人民群众的精神文化生活。贾汪区通过对潘安湖、南湖、大洞山等地进行生态修复，打造"全域旅游"，目前全区已有国家 4A 级景区 4 家、3A 级景区 1 家，四星级乡村旅游示范点 10 家、三星级乡村旅游示范点 15 家，年全区接待游客近 650 万人次，年旅游综合收入超 22 亿元。

（三）拓展生态修复资金渠道

为保障资金来源，徐州市在市、区（县、市）二级政府的财政支出中拿出部分资金和一定比例的土地出让金收益，专项用于生态修复，同时大力拓展多层次、多元化、互补型融资渠道，增强修复区自身经济造血机能。

1. 积极申请专项资金

根据财政部、国土资源部、环境保护部三部门联合印发《〈重点生态保护修复治理专项资金管理办法〉的通知》（财建〔2016〕876 号）等政策性文件，积极申请对口资金补贴，严格按照《重点生态保护修复治理资金管理办法》等专项资金的使用规定，实行专项管理、分账核算、专款专用。

2. 鼓励信贷资金投入

积极制定政策，鼓励银行信贷资金参与生态修复工程建设，为废弃地生态修复提供长期资金支持，并且在还款方式、利率制定以及还款期限等方面争取优惠。

3. 积极吸引社会资本

落实自然资源部《关于探索利用市场化方式推进矿山生态修复的意见》（自然资规〔2019〕6 号），引导国有平台公司及社会资本参与矿山生态修复项目。同时，在生态修复工程建设中，采取 EPC（工程总承包模式）、PPP（政府和社会资本合作）等融资手段，通过制定相关激励政策来引导社会资本以及私人投资。

三、取得成效

（一）技术标准日趋完善

徐州市在全国地级市中第一个颁布实施采煤沉陷区复垦条例、第一个因采煤沉陷区综合治理获得国家科学技术进步奖、第一个制定生态修复专项规划和具体行动计划。完成了《黄淮海平原采煤沉陷区生态修复技术标准》《采石宕口生态修复技术标准》2 项生态修复标准，将生态修复的"徐州经验"向国内外发布，树立了可供全国同类城市可复制、可学习的范例。

（二）生态修复治理成效显著

全市累计完成 25.13 万亩塌陷地，实施治理采石宕口 140 余处，实现了地质灾害消除、生态环境修复、特色景观打造一举多得。同时，实现场地固废"全利用"和"零新增"，并消纳利用煤矸石、废石渣等固体废物 1100 万 t、城市建筑垃圾 270 万 m³。

（三）市场化运作良性循环

通过市场化运作方式实施治理修复，开发出新的地产产品进入市场，实现存量土地资源的盘活。同时，改善区域生态环境，带动周边土地增值，激活生态转型发展一盘棋，推动经济生态化、生态经济化进入城市发展良性循环，为区域经济发展注入新活力。

（四）城市绿色本底全面恢复

通过生态修复，废弃地化身为嵌入城市的"绿肺"，有效增加了城市绿地供应，徐州市森林覆盖率达到 27.15%、居江苏省第一，城市建成区绿化覆盖率上升到 44%，市区人均公园绿地面积达 16.32 m²，公园绿地 500 m 服务半径覆盖率达 90.8%。得益于此，城市人居环境质量持续提升，荣获"联合国人居奖"。

四、推广应用条件

徐州市实现了从"一城煤灰半城土"到"一城青山半城湖"的巨大转变，走出了一条生态修复、绿色转型之路。徐州工矿废弃地生态修复与多元发展模式对全国同类城市绿色转型发展、践行"两山"发展理念具有重要的示范引领作用。其他城市在推广应用过程中，应注意以下几点：一是强化顶层设计。开展系统规划，分类编制生态保护与修复规划和实施方案，项目化推进生态修复工程实施。二是建立多元化投资机制。强化政府引导性投入，大力发展绿色金融，建立市场化生态修复机制，鼓励属地政府将财政资金集中用于生态修复工程的地勘评估、基础设施建设等先期工程，充分提升修复工程的生态服务价值，主动创造市场，提高社会资本参与积极性。三是因地制宜，开拓创新。积极探索当地科学可行的生态修复模式，提升生态修复成效，最大化实现变生态包袱为发展资源。

（供稿人：徐州市住房和城乡建设局副局长　张元岭，徐州市住房和城乡建设局三级调研员　高玉梅，徐州市住房和城乡建设局正高级工程师　秦　飞，徐州市住房和城乡建设局高级工程师　李旭冉，徐州市自然资源和规划局科员　朱　斌）

社会资本助力　矿坑废墟再现绿水青山

——威海市矿坑废墟修复"华夏城模式"

一、基本情况

　　威海市华夏城景区位于里口山脉南端的龙山区域，曾绿树阴阴，风光秀丽，生态环境良好。20世纪70年代末，因龙山区域距离市区相对偏远，成为建筑石材集中开采区，30多年间先后入驻了26家采石企业导致方圆16.28 km²的龙山区域采石矿坑多达44个，被毁山体3767亩，森林植被损毁、粉尘和噪声污染、水土流失、地质灾害等问题突出，导致周边村民无法进行正常的生产生活，区域自然生态系统退化、受损严重。

　　2003年开始，威海市采取"政府引导、企业参与、多资本融合"的模式，对龙山区域开展生态修复治理，民营企业威海市华夏集团先后投资51.6亿元，持续开展矿坑生态修复和旅游景区建设，将龙山区域的矿坑废墟转变为生态良好、风光旖旎的5A级景区，带动了周边村庄和社区的繁荣发展，实现了生态效益、经济效益和社会效益的良性循环（图2-4）。2018年6月，习近平总书记对华夏集团的做法给予了肯定，并指出："良好生态环境是经济社会持续健康发展的重要基础，要把生态文明建设放在突出地位，把绿水青山就是金山银山的理念印在脑子里、落实在行动上，统筹山水林田湖草系统治理，让祖国大地不断绿起来、美起来"。

图2-4　威海市矿坑废墟修复"华夏城模式"示意图

二、主要做法

（一）引入社会资本，明确实施主体

威海市委、市政府确立了"生态威海"发展战略，把关停龙山区域采石场和修复矿坑摆在突出位置，将采矿区调整规划为文化旅游区，同时引入有修复意愿的威海市华夏集团为修复治理主体。为支持华夏集团开展矿山生态修复工程，威海市委、市政府主要领导多次深入矿山，组织金融、自然资源、住建等部门召开专题会议解决实际困难。华夏集团先后投入2400余万元用于获得中心矿区的经营权、采矿企业的搬迁补偿和地上附着物补助等，并租赁了周边村集体荒山荒地2586亩。随着生态修复不断推进，华夏集团将生态修复与文旅产业、富民兴业相结合，通过市场公开竞争方式取得了国有建设用地使用权，为后续生态管护和区域开发奠定了基础。

（二）坚持因地制宜，科学制订方案

按照"宜平则平、宜充则充、宜深则深、宜迁则迁""宜粮则粮、宜林则林、宜景则景、宜渔则渔"的原则，选择使用自然恢复、工程治理、土地整治等适宜的治理方式，以较小的成本实现治理工程经济效益、社会效益和环境效益的最大化。不搞"千篇一律""一刀切"，根据废弃矿山所处地理位置、区位条件、环境功能区划等因素，因地制宜，一矿一策，注重将废弃矿山既有资源转化为旅游资源、文化资源、景观资源，有针对性地制定了经济合理、安全高效、切实可行的治理方案（图2-5）。

不处于"三区两线"可视范围内、矿山地质环境问题较轻、影响不严重的	• 通过自然恢复并配合简易工程绿化措施，达到与周围环境相协调
矿山地质环境问题较重、影响较大的	• 采取危岩体清除、削坡、挂网、防排水工程、采坑回填、绿化等治理措施
地处城规划区、风景名胜区等范围内的	• 结合地产开发、旅游、养老疗养、养殖、种植等，根据露天采场自身特点，有针对性地采取景观营建、生态修复等措施，实现资源化利用
不易开展景观再造、工程治理成本高的	• 采用爆破等方式清理为一个或多个平台，整理为耕地、草地、林地或建设用地，清理出的残留资源，可将其收益用于治理工作

图2-5 各类破损山体和露天采坑的治理方式

（三）坚持保护优先，实施生态修复

实施修复与提升相结合的生态治理，华夏集团根据山体受损情况，以达到最佳生态恢复效果为原则，分类开展受损山体综合治理和矿坑生态修复。一是通过土方回填、修复山体，根据威海缺水的气候特征和矿坑断面高的情况，采用难度大、成本高但效果最佳的拉土回填方式修复山体。二是通过修建隧道、改善交通，对被双面开采、破损极其严重难以修复的山体，经充分论证后，规划建设隧道，隧道上方覆土绿化、恢复植被，下面方便通行。三是通过拦堤筑坝、储蓄水源，为了解决缺水难题，利用山势在开采最为严重的矿坑密集区，采用黄泥包底的原始工艺，修筑了大小塘坝 35 个，经天然蓄水、自然渗漏后形成水系，为景区内部分景点和植被灌溉提供了水源，改善了局部生态环境。四是通过栽植树木、恢复生态，在填土治理矿坑的同时进行绿化，因地制宜地栽植雪松、黑松、刺槐、柳树等各类树木 200 余种，恢复绿水青山、四季有绿的生态原貌。经过"愚公移山""凤凰涅槃"式的努力，将矿坑废墟变成了绿水青山。

（四）发展文旅产业，创新运作模式

一是依托修复后的自然生态系统和地形地势，打造不同形态的文化旅游产品，促进绿水青山向金山银山的转化。依托长 210 m、宽 171 m 的矿坑，创新打造 360° 旋转行走式的室外演艺节目。依据山势建设了 1.6 万 m² 的生态文明展馆，采用"新奇特"技术手段，将观展与体验相结合，集中展现华夏城生态修复过程和成效。

二是科学规划、实施土地差异化供应。威海市规委会于 2010 年批准华夏城片区控规方案，同时经市政府协调相关部门，将龙山核心区域内的 1670 亩国有林场租赁给华夏集团使用。通过市场公开竞争方式，华夏集团取得了 223 亩国有建设用地使用权，建设了海洋馆、展馆及配套的酒店等设施。

三是多元化产业发展，拓宽收入渠道，优良的生态环境，促进了周边服务业的良性发展，吸引了大批酒店、商超等项目，形成了特色街区，成为威海市人流、物流、资金流活跃板块。截至 2019 年底，华夏城累计接待游客近 2000 万人次。

四是推动区内周边城市化进程。随着生态环境的显著改善和华夏城的建成开放，带动了周边区域的土地增值，其中住宅用地的市场交易价格从 2011～2019 年有较大幅度提升，实现了生态产品价值外溢。威海市政府支持华夏集团对周边 5 个村实施了旧村改造，改善了 1200 余户村民的居住条件。

三、主要成效

一是生态环境获得明显改善。因地制宜、统筹兼顾、整体施策、多措并举对山体、林木、湖泊等生态系统进行了全方位、各领域的综合治理，将寸草不生的渣石矿坑变成了鸟语花香、山清水秀的旅游景区，恢复了区域内的自然生态系统，山水林田湖草相得益彰、相映成趣，彻底改善了周边的生态环境和15万居民的生活环境。截至2019年，华夏集团共修复矿坑44个，建造水库35座，修建隧道6条，栽种各类树木1189万株，龙山区域的森林覆盖率由原来的56%提高到95%，植被覆盖率由65%提高到97%（图2-6）。

图 2-6　华夏城修复前后对比图

二是生态、经济和社会效益实现有机统一。截至2019年底，华夏城景区累计接待游客近2000万人次，景区年收入达到2.3亿元，近5年累计缴税1.16亿元；带动了周边地区人员的充分就业和景区配套服务产业的繁荣，共吸纳周边居民1000余人就业，人均年收入约4万元；带动了周边区域酒店、餐饮和零售业等服务业的快速发展，新增酒店客房约4170间，新增餐饮等店铺约2000家，吸纳周边居民创业就业1万余人，周边13个村的村集体经济收入年均增长率达到了14.8%。

三是典型示范成效显著。华夏城矿山修复模式既实现了"青山绿水"，又实现了"金山银山"，是"绿水青山就是金山银山"的生动实践和典型示范，2019年，威海华夏城被自然资源部列为第一批《生态产品价值实现典型案例》，2020年被生态环境部评为"绿水青山就是金山银山"实践创新基地。此外，华夏城景区还被评为国家5A级景区，先后入围"中国最具潜力的十大主题公园"，荣获"中国创意产业最佳园区奖"，曾被评为和授予"中国生态环保第一城""中国矿坑修复示范单位""首批山东省文化产业示范园区""国家文化产业示范基地""国家休闲渔业示范基地"等。

四、推广应用条件

华夏集团利用矿坑生态修复发展文旅产业解决环境问题的治理模式，具有可借鉴、可复制意义，成为全国矿坑修复和生态文明建设的典范，矿坑治理模式也作为现实案例为全国解决矿坑修复的难题起到了示范和启迪作用。

结合威海市在废弃矿山地质环境恢复治理方面实践经验，全国其他同类城市在开展修复治理过程中，应重点关注以下几个问题：①不搞"千篇一律""一刀切"，根据废弃矿山所处地理位置、区位条件、环境功能区划等因素，因地制宜、科学合理制定修复方案；②将矿山修复与产业发展、富民兴业相结合，整体谋划、系统实施。

（供稿人：威海市生态环境局局长　毕建康，威海市生态环境局二级调研员李　彬，生态环境部华南环境科学研究所博士　石海佳，威海市生态环境监控中心副主任　董　琳，中国循环经济协会战略规划部副主任　范莹莹）

从 "废弃矿山" 到 "金山银山" 的生态修复模式

——包头市大青山生态修复协同发展模式

一、基本情况

大青山自东向西绵延数百千米，东与冀北山地衔接，西与贺兰山、北大山、马鬃山相通，构成了一条环内亚干旱、半干旱区南缘的生态交错带，在维护和保持内亚荒漠草原生态稳定性，涵养水源、保持水土，屏护山前河套平原乃至华北平原方面具有重要的意义，同时它也是包头市乃至华北地区重要的生态屏障。

由于大青山的基岩及地表由花岗岩、片麻岩、片岩、页岩等组成，富足的岩石资源历史上曾让这里聚集数百家的采石、采砂企业。在矿山开采活动中，地形地貌遭到严重破坏，原始地貌破损、岩石裸露、地表植被严重破坏，仅在大青山自然保护区包头辖区就有 16 万亩林地遭到不同程度破坏，部分区域整座山体被彻底挖空，留下了大面积的山体创面和矿坑，也引发水土流失、山洪暴发等自然灾害。在大青山沿线地区，还有因人为活动而引起的中度或轻度破坏区约 15.51 万亩，生物多样性锐减，影响了保护区生态环境的完整性和生态功能正常发挥，也严重影响了我国北方重要生态安全屏障的构筑。

包头市以 "无废城市" 建设为契机，拓宽思路，利用市域内产生的建筑渣土、农业秸秆、畜禽粪污、生活污水污泥、工业中水（"五废"）对废弃矿山进行修复，并将与党建、文旅相结合，将完成 "废弃矿山" 到 "绿水青山" 再到 "金山银山" 的转变，实现生态效益和经济效益双赢（图 2-7）。

二、主要做法

（一）高起点、硬铁腕、启动修复工程

包头市委、市政府高度重视，将大青山生态修复作为践行 "两山理论" 的重要

图2-7 "五废治山"生态修复地貌变化

举措，全面推行大青山南坡矿山地质环境治理及生态恢复工作。市政府印发《包头市大青山南坡范围矿山地质环境治理及生态恢复项目实施方案》，市政府办公厅印发《关于进一步加快推进大青山南坡矿山地质环境治理及生态恢复工作的通知》，市委书记、市长亲自督导，多次现场指导工作，各相关部门各司其职、主动作为，坚持对大青山南坡的生态修复及长远规划一张蓝图绘到底。对147处矿山破坏区域采石碎石企业进行"停、拆、清、治"工作，关停92处需拆除清理的生产设备、生活设施和堆存的砂石矿料，共拆除生产设备171套、电力设备97套、建筑物和构筑物约31 867 m²，清运堆存砂石矿料约81.26万 m³，实现大青山南坡保护区红线内的所有企业的关停。

（二）政府引导、社会参与，推动修复工作顺利开展

青山区人民政府出资从当地国有林场和农民承包地租赁待修复土地，政府出资配套水电路至修复区边缘，修复企业负责在此区域内绿化。为保障企业有永续的复绿、增绿、保绿的资金支撑，政府承诺赋予对修复后土地给予一定期限的经营权，允许企业将所承包修复的土地按一定比例用于生态旅游产业的开发，并结合修复土地给企业绿化总面积一定比例的建设用地，用于企业支撑产业的建设。以"政府引导、社会参与、市场运作、龙头带动"的思路，利用政府补贴撬动社会资本，陆续引进美亚集团等7家生态修复龙头企业投入到地质环境治理及生态恢复治理过程中。

（三）因地制宜"五废"治山

生态修复企业根据包头实际情况，自行研发探索利用废弃围岩、砂石、石粉及历史遗留粉煤灰等工业固体废物作为矿坑的充填料，将建筑渣土作为修复表土进行植树覆绿，将农业废物秸秆、畜禽粪污和生活污泥进行掺拌作为生态肥料，并计划引入工业中水代替引黄河水进行蓄水和植物灌溉，将固体废物与工业废水治理与生态修复有机地衔接起来。截止到 2020 年 12 月，已完成治理 114 处，已治理面积 546 hm²，累计破碎危岩体 138.23 万 m³，平整土石方量约 432.35 万 m³，清理废渣等 228.5 万 m³，清运煤泥 1.35 万 m³，实现"废弃矿山"到"绿水青山"的转变。

（四）谋长久建设"金山银山"

结合矿山历史遗留环境问题整治、生态修复及景观重建，打造"生态文明思想教育基地"、"矿山地质环境治理示范基地"及"党建特色教育基地"（图 2-8），多次组织政府、企事业单位及学校社会团体到基地劳动、学习，深入体会"绿水青山就是金山银山"理念。在修复企业施工过程中，就近雇佣当地村民及机械设备等，提供众多就业岗位，帮助附近村民增收创惠。在生态修复的过程中开展"三产"融合，规划农家乐、采摘、跑马场、垂钓园、军旅题材等旅游项目，使修复企业和当地村民都获得收益，将修复阶段的消耗投入转为资金和环境收益，让"绿水青山"变成"金山银山"。

图 2-8 大青山生态修复进展

（a）全貌特色景观；（b）生态文明教育实践基地；（c）党建教育基地；（d）乡土植物园规划布局

三、取得成效

生态环境大幅改善。短短两年间，大青山南坡的生态景观已得到明显改善，矿坑及危岩体区域完成治理，人工造林 2.85 万亩，改良复合肥栽植试验苗木 2.2 万株，栽植油松、樟子松、桧柏、山桃、海棠、新疆杨、玉兰、梅花等数十类苗木 32 万株，植被覆盖率由原来的 15% 提高到 82%，吸引了野生鸟类和狐狸、野兔等几十种野生动物觅食栖息，自然生态得到显著恢复，生物多样性得以明显提升，基本实现了从"废弃矿山"到"绿水青山"的转变。

固体废物的物尽其用。通过"五废上山"消纳固体废物，充分利用区域内的废石料、粉煤灰以及废矿渣等作为填充材料，同时积极探索利用市政污泥和建筑渣土作为植被的覆土层，实现固体废物的物尽其用。通过建设畜禽粪污的资源化利用项目、有机化肥资源利用项目，制备有机肥料与秸秆、污泥及粉煤灰掺拌制备生态修复营养土，将实现生态修复与固废消纳有机结合。在近年持续的生态修复过程中，共消耗建筑渣土约 62 万 m^3、粉煤灰约 5250 m^3、废矿渣约 120 万 m^3、废石料约 120 万 m^3、污泥 8750 m^3，畜禽粪污及农业废弃秸秆等约 8000 t。在坚持无废城市建设，践行绿色青山理念的生态修复工作中，预计完成全部生态修复工程将可实现消纳固体废物约 2000 万 t。

实现生态、经济和社会综合效益。已初步形成垂钓、采摘及文化旅游的商业模式，创造约 2000 个就业岗位带动附近村民就业；初步规划在大青山修复地区的基础上建设打造内蒙古乡土植物园，构建以森林为主体的城郊生态安全体系，使城市生态安全得到保障，森林生态系统步入良性循环，实现生态屏障功能；针对乡土植物优良品系筛选培育及造林技术进行深度开发，实现乡土植物多样性的科研功能；大青山林业产业体系基本完成，农村产业结构得到优化，为包头市民提供良好的公共生态服务和林果特色产品，实现生态经济功能。为包头市的旅游带来新的机遇，成为市民近郊休闲娱乐、观光游览、感受大青山自然风光，体验森林秘境的重要场所，实现休闲游憩旅游功能。

四、推广应用条件

该模式适用于存在大量废弃矿山需要矿山地质灾害治理和生态修复、工业固体废物及农业废物产生量较大且利用途径有限的地区，将固体废物、污水与废弃矿山治理相结合，实现生态、经济和社会效益多赢。

（供稿人：包头市生态环境局固体科科长　张浩峰，包头市生态环境局东河环境监察大队监测站站长　苏永亮，包头市生态环境局昆都仑区分局局长　刘　弘，包头市自然资源调查利用中心助力工程师　布和巴彦尔，内蒙古自治区固体废物与土壤环境技术中心技术员　王　坤）

强化要素精准保障　推动产业集聚提升

——绍兴市循环产业园整治提升模式

一、基本情况

绍兴是以传统制造业为主体的工业大市，其中纺织、化工、金属加工三大重点传统产业产值比重超过 60%。随着经济转型升级的深入和市场竞争的充分，再加上资源、产出对产业提出的新要求，近年来绍兴市传统产业发展碰到了"天花板"，经历了"成长的烦恼"：一是绍兴市印染、化工等传统污染产业历史欠账多，船大掉头难，产业转型升级仍需进一步的推进。二是绍兴市工业园区数量众多，精细化管理困难。在推动新整合园区科学规划、规范建设、强化行业标准管控，以标准引领园区循环化水平提升方面仍有较大的提升空间。三是绍兴市现有信息化平台智能化、智慧化管理功能较弱，尚不具备全流程覆盖、全时段监控、锁链式追溯、智能化预警等功能。

针对以上问题，绍兴市委、市政府审时度势，以"无废城市"建设试点为契机，以印染、化工行业升级改造为抓手，推进城市综合治理水平不断提升和经济高质量发展，逐步形成以产业集聚提升推动工业固废源头减量和污染防治，以"多级循环"提高资源化率实现环境经济效益最大化，以"内外结合"完善末端处置实现固体废物处置不出市，以"多效协同"强化要素保障推进全市工业园区整治提升的绍兴模式（图 2-9）。

二、主要做法

（一）推进集聚提升，"绿色发展"打造高质量发展阵地

绍兴市制定了《绍兴市区化工企业跨区域集聚提升标准与流程指南》，开展范围为绍兴市越城区和上虞区。指南明确了准入标准和承接流程。准入标准分项目建

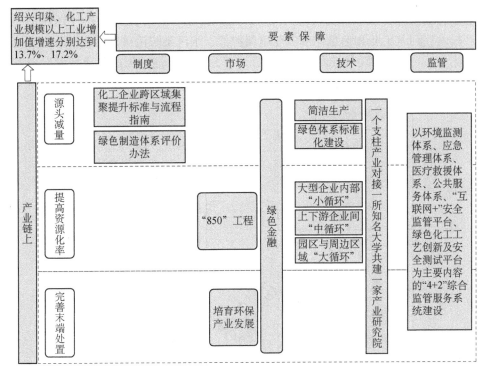

图 2-9 工业园区循环化改造

设指标、改造提升标准、负面清单三方面。同时，绍兴市制定了《绍兴市区印染化工电镀产业改造提升实施方案》，该方案综合运用法律、经济、技术、行政等多种手段，推动绍兴市印染、化工等传统产业实现升级式集聚、集约化发展。在集聚提升中，绍兴市始终坚持"搬迁不是简单平移，搬迁过程即是提升过程"的指导理念，做到集聚与技改、集聚与投入、集聚与提档"三结合"，突出"集聚、集约、集群"发展，全力推动印染化工企业向数字化、绿色化、高端化发展。

（二）强化源头减量，"清洁生产"助力产业提质增效

加强制度保障。绍兴市促进绿色低碳循环发展，全面构建绿色产品、绿色工厂、绿色园区、绿色供应链"四位一体"的绿色制造体系。颁布实施了《绍兴市绿色制造体系评价办法》，对绿色工厂、绿色园区的培育创建和管理评价进行了明确，试点期间已建成市级绿色工厂 39 家、绿色园区 5 家，极大促进了固体废物的源头减量。

强化技术创新。绍兴立足企业自主创新，通过全流程生态设计和系统优化，突破了大量关键技术，攻克了长期困扰染料行业的废硫酸资源化（图 2-10）及硫酸钙渣危险废物的源头削减难题，突破了制约行业安全生产和绿色环保的技术瓶颈，

带动了行业的绿色发展，实现源头减量，同时资源环境效益最大化。"还原物清洁生产技术"列入工业和信息化部、环境保护部《水污染防治重点行业清洁生产技术推行方案》（工信部联节〔2016〕275 号）。"分散染料清洁生产集成技术"列入工信部工业清洁生产示范项目。

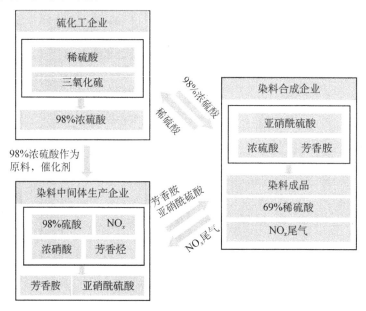

图 2-10　废硫酸资源化

（三）提高资源化率，"多级循环"实现环境经济效益最大化

开展多级循环。大型企业内部"小循环"。以龙盛集团、闰土股份、国邦医药等企业为龙头，突破了硝化反应和重氮化反应的本质安全、硝基绿色还原等染料行业、喹诺酮医药行业关键共性技术，自主研发连续硝化、催化加氢、废稀硫酸资源化、余热利用等清洁生产集成技术，解决了长期困扰染料行业发展的废硫酸梯级利用及资源化，革除了硫酸钙渣等技术难题。上下游企业间"中循环"。以杭州湾上虞经济技术开发区为抓手构建了染料和医药 2 大主导产业链网，30 余家企业间存在上下游产品供应，或双边废弃物交换，10 余家企业形成了"一家企业的废弃物作为另一家企业的原料"的资源化利用双边交换，实现了精细化工产品链网式发展，提高了产业链的附加值和整体竞争力。园区与周边区域"大循环"。依托多样化的能源基础设施，构建了燃煤背压机组热电联产、硫磺制酸化学能回收热电联产、垃圾发电、污泥发电、生物质发电、危险废物焚烧余热回收等多功能、多源能源基础设施循环经济体。通过垃圾焚烧热电联产消纳了上虞区的生活垃圾和类生活垃圾一般工业固废，并利用热电厂的余热干化园区集中式污水处理厂污泥再焚烧产

热，回收能源，为企业正常生产及园区绿色发展提供支撑。

实施"850 工程"。研究符合循环经济的工业固体废物综合利用项目的市场、补贴等支持政策。对列入市"循环经济'850'工程建设计划"并验收通过的示范项目按实际设备技术投资额的 8% 予以奖励，最高 100 万。2020 年度循环经济"850"工程项目实施计划共涵盖节能、节水、资源综合利用、技术装备和产品等四大类共 80 项循环经济重点项目，计划总投资 157.4 亿元，相较于去年，项目总数增加了近两倍。

（四）完善末端处置，"内外结合"基本实现固体废物处置不出市

培育环保产业发展。充分发挥绍兴市环保产业已初具规模的优势，通过大力支持大气污染防治、工业废水处理技术与装备企业及项目发展，壮大环保装备产业，有效支持园区循环化改造。2015 年以来，绍兴市协调推进众联环保 9000 t/a 焚烧危险废物项目、60 000 t/a 危险废物填埋项目、2.1 万 t/a 焚烧危险废物项目、工业固体废物综合处置项目等，春晖固废 1.5 万吨/年危险废物焚烧处置项目，九鑫环保 4.2 万 t/a 铝氧化污泥、1.8 万 t/a 铝氧化化抛废酸综合利用项目等工业固体废物利用处置设施建设。2020 年，结合"无废城市"建设要求，继续实施众联环保危险废物刚性填埋项目、春晖能源 0# 垃圾炉排炉技改项目、国邦医药 1.5 万 t/a 危险废物焚烧炉项目、浙江泰邦环境科技有限公司 1 万 t/a 废编织包装袋、废塑料包装物、废塑料管材回收项目等，全方位保障企业工业固废利用处置出路。

（五）强化要素保障，"多效协同"推进全市工业园区整治提升

引导培训。以"无废城市"建设为契机，持续推进工业固废的规范化管理。一是营造绿色发展理念。定期开展企业特别是化工企业总工论坛，为技术人员、管理人员提供更开放、更高质量的交流渠道，促进区内绿色共性技术、环境保护技术、安全生产技术交流。二是探索拓宽危险废物资源化利用处置途径。开展潜在资源利用调查，利用智慧园区企业档案，全面梳理经济开发区企业副产物、"三废"情况，制成清单；为企业之间的对接沟通搭建桥梁，创造高效可行的平台支撑。举办 2020 年化工行业危险废物及废盐处理处置论坛，针对废盐治理及资源化利用、危险废物集中处置与协同处置、危险废物标准与鉴别检测及固体废物资源化利用等方面进行探讨。三是通过扶持科技创新，致力推进化工产业从低端粗放型向绿色环保型发展，助力"无废城市"建设。积极发挥政府的规划引导作用，结合产业发展实际，推进各大优势产业，特别是化工产业的创新服务综合体的建设，推广应用清洁生产技术进入各家企业。

技术保障。着力开展规上工业企业研发机构、研发活动、研发人员"全覆盖"

行动，支持鼓励企业加大科技研发投入，攻克关键项目，提升节能降耗。目前新和成、美诺华等企业研究院建设正加速推进，全区已累计拥有省级重点实验室 2 家、重点企业研究院 3 家，省级企业研究院 26 家。提出"一个支柱产业对接一所知名大学共建一家产业研究院"的工作理念，先后引进 13 家大学研究院、69 个科研团队、200 多位专家教授落户绍兴，不断深化拓展产学研合作，加速企业绿色发展进程。

监管保障。强化智慧安全监管体系建设，利用互联网+大数据技术，建立长效化、智慧化、技术化安全监管方式，全面启动以环境监测体系、应急管理体系、医疗救援体系、公共服务体系、"互联网+"安全监管平台、绿色化工工艺创新及安全测试平台为主要内容的"4+2"综合监管服务系统建设。

市场保障。2020 年以来，绍兴市通过排放权交易抵押贷款、专项产业基金、保险等金融服务将社会资金引入绿色产业，助推经济高质量发展。一是做强排污权交易和抵押贷款。通过开展排污权抵押试点，有效地解决部分企业融资难的问题，打造可保值、可增值、可衍生的一项新的绿色金融产品。截至 2020 年 11 月，全市排污权有偿使用累计金额 14.70 亿元，交易累计金额 9.99 亿元，抵押贷款总金额达到 540.16 亿元。二是设立跨区域集聚提升专项基金。市政府支持设立化工集聚基金总规模 100 亿元，首期出资 30.01 亿元。三是推进绿色保险。创新环境风险管理模式，开展危险固体废物处置单位环境污染强制责任保险，全市 24 家危险废物处置单位参保率达到 100%。

三、取得成效

2019 年，绍兴印染、化工产业规模以上工业增加值增速分别达到 13.7%、17.2%。2019 年有 30 家企业创建成功绿色工厂，2020 年全市有 39 家企业、5 个园区创建成功绿色工厂（园区）。全市共有 93 家企业通过省级清洁生产审核，主要涉及印染、化工、医药、机械、建材等重点行业，完成投资 5.75 亿元，年实现节电 3943 万 kWh，年节水 193.8 万 t，年削减一般固体废物 771 t。环境污染得到有效治理，环境质量持续改善，公众环境满意度稳步提升。

四、推广应用条件

绍兴市传统产业集聚提升和高质量发展模式适用于正在从资源生态环境消耗型发展模式向科技、绿色发展转型的东部发达地区，尤其是以传统纺织印染、医药化工等产业为主导，土地紧缺的城市。

在推广应用过程中，应注意以下几个问题：一是上下联动，科学制定转型方案等系列政策，市县合力推进；二是加减并举，坚决淘汰落后工艺技术的同时，推进"互联网+"、"大数据+"、"标准化+"和"文化+"，为新产业赋能；三是破立结合，既要全面清理整治小散乱，更要搭建专业园区平台，推进企业"升级式集聚"；四是内外并重，通过龙头企业培育和招商引资，实现补链强链；五是放管齐抓，优化项目审批，在金融、人才等方面加大支持力度。

（供稿人：国科大（北京）环境技术有限公司工程师　潘松青，绍兴市环保科技服务中心高级工程师　孟　峰，绍兴市固体废物管理中心工程师　孔维泽，绍兴市固体废物管理中心正高工　戚杨健）

绿色转型引领工业固体废物减量与高值高效利用

——徐州市工业固体废物减量利用模式

一、基本情况

徐州市的一般工业固体废弃物产生量较大，年产量在 1000 万 t 以上（图 2-11），主要为来源于煤电能源、冶金和煤盐化工等传统优势行业产生的粉煤灰、钢渣、炉渣、煤矸石和脱硫石膏等。虽然，近年来大宗工业固体废弃物的综合利用能力显著提升，但主要用于制造相对低值单一的新型建材。

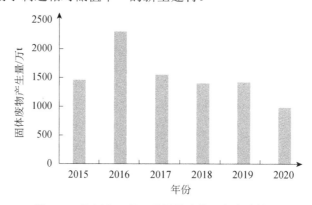

图 2-11 徐州市一般工业固体废物近年产生情况

鉴于此，徐州以老工业基地振兴、资源枯竭型城市转型发展为契机，深入实施"工业立市、产业强市"，有序推进采矿和传统产业转型升级，通过发展绿色制造经济，建设绿色制造基地，打造绿色制造行业，构建绿色制造产业链，培育绿色制造企业，形成工业绿色循环共生体系，最大限度减少固体废物产生，同时优化已有固体废物综合利用能力，加快技术创新，培育固体废物高值化利用产业，打造新的经济增长点，形成了绿色转型引领工业固体废物减量与高值高效利用模式（图 2-12）。

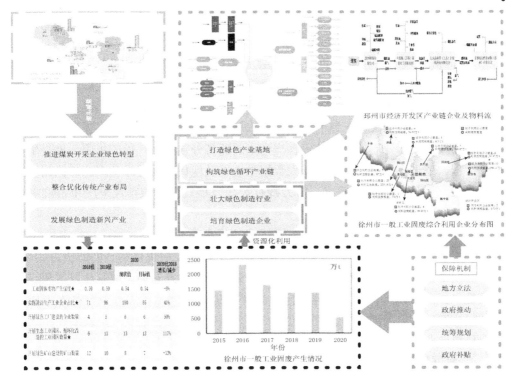

图 2-12　绿色转型引领工业固体废物减量与高值高效利用模式示意图

二、主要做法

（一）率先开展地方立法，加强工业固废管理

以《环境保护法》《固废污染环境防治法》《循环经济促进法》《清洁生产促进法》等法律法规为基础，徐州市在国内率先出台了第一部地方固体废物立法——《徐州市工业固体废物管理条例》。与此同时，创新工业固体废物管治模式，市级层面建立了协调机制，并在淮海经济区建立协同治理的模式，解决工业固体废物管理跨部门和跨区域管理的难题。大力推进智慧监管，利用物联网的信息技术，使面广量大的工业固体废物得到更加精细化的管理。

（二）推动工业绿色转型，实现固体废物源头减量

依据江苏省委、省政府出台《关于加快振兴徐州老工业基地的意见》和国家颁布的《全国老工业基地调整改造规划（2013—2022 年）》与《全国资源型城市可持续发展规划（2013—2020 年）》，徐州开启了老工业基地振兴转型的进程。通过推

进煤炭开采企业绿色转型，整合升级传统行业，发展四大战略性新兴产业带动传统工业转型升级，实现工业固废的源头消减。

1. 推进煤炭开采企业转型，实现由"黑"变"绿"的生态逆转

积极深入开展绿色矿山创建工作，推动矿产资源利用和管理方式的转变，在化解产能的同时，减少煤矸石、尾矿等工业固体废物的产生；响应国家煤炭布局由东向西转移战略，利用关闭矿井的人才、技术和管理品牌，到西部富煤省区和"一带一路"沿线国家，开展以煤矿技术管理为主的服务外包。依托徐矿集团，推进生态修复治理，建设生态文化旅游园、大数据中心以及现代物流等绿色产业；徐州这座曾因煤而兴也因煤而困的城市，努力践行绿色发展理念，城市涅槃变革，迎来由"黑"变"绿"的生态逆转。

2. 整合优化传统产业，推进传统行业"绿色重生"

制定出台《徐州市钢铁、焦化、水泥、热电行业布局优化和转型升级方案》，推动徐州市钢铁、焦化、水泥、热电四大行业实现集中式布局，减量化发展和绿色化改造，推动传统产业质态加速迈向中高端。2020年底，相关行业已基本形成产业规模适度、能耗水平较低、空间布局合理、环保措施完善的高质量发展新格局，实现传统产业的"绿色重生"。

3. 发展绿色新兴产业，推动"新芽"成"大树"

主动转变招商思路，严把准入关，加速推动装备与智能制造、新能源、集成电路与ICT（信息和通信技术）、生物医药与大健康四大战略性新兴产业向主导和优势产业跃升，2020年全市四大新兴产业产值增长21%，占全部规上工业总产值的41.4%，较上年提升5.3%。在培育引领绿色产业发展的新能源装备制造领军产业，加快抢滩布局，以安全、人工智能、区块链、5G产业等绿色未来产业为重点，抢占技术制高点，实现绿色制造新兴产业"新芽"变"大树"。

（三）构筑绿色循环链条，推进固体废物高值利用

1. 提升工业园区循环化水平

积极贯彻新发展理念，制定出台《徐州市园区循环化改造推进工作方案》，以园区空间布局合理化、产业结构最优化、产业链接循环化、资源利用高效化、污染治理集中化、基础设施绿色化、运行管理规范化为根本，大力推进徐州市13个工业园区的绿色循环化改造工作，实现园区循环经济产业链可靠稳固，主要资源产出率大幅提升，主要污染物排放量大幅降低。

2. 打造绿色循环产业链

围绕制造业持续转型，建设一批特色产业集群，构建全生命周期绿色制造产业链。打造了以徐工集团为代表的绿色工程机械制造的产业链，以维维集团为代表的绿色食品行业产业链，以恩华药业、万邦药业为代表的绿色制药产业链，以天虹纺

织为代表的绿色轻纺产业链等。同时依托国家级循环经济产业园，打造了以新盛公司为主体的一般工业固体废物及有机固体废物协同共生处理的产业链；以"固体废物的循环利用和高价值利用"，构建了以徐工集团为代表的工程机械"设备回收—再制造—生产营销"的再制造产业链（图2-13）、江昕轮胎的废旧轮胎完全还原再利用产业链（图2-14）、新春兴的废旧铅酸蓄电池"绿色循环"产业链（图2-15）等。

图 2-13　徐工集团废旧液压油缸再制造流程

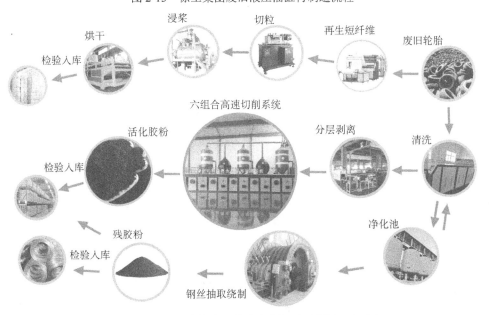

图 2-14　江昕轮胎的废旧轮胎完全还原再利用工艺流程

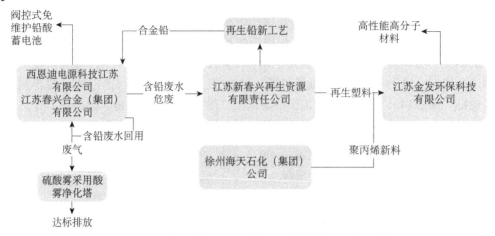

图 2-15   新春兴的废旧铅酸蓄电池"绿色循环"产业链

3. 提高已有固体废物综合利用能力，加快高值化利用

根据徐州工业固体废物的种类结构特征（图 2-16），推动徐州中联水泥、龙山水泥、振丰新材料等项目发展，提升大宗工业固体废物综合利用能力。支持高值化固体废物利用技术研发，培育以装配式建筑构件和可再利用材料生产为主体的工润建筑和中煤汉泰等为代表的骨干企业，以利用隧道窑烧结砖生产线协同处置固体废物振丰新材料，改变了低价值的综合利用方式。打造江昕轮胎"废橡胶复合微纤维补强材料制造技术"、南方永磁"钕铁硼强磁废料+永磁废电机稀土元素的回收再利用"等城市矿产再利用示范，实现工业固废高价值资源化利用，形成新的经济增长点。

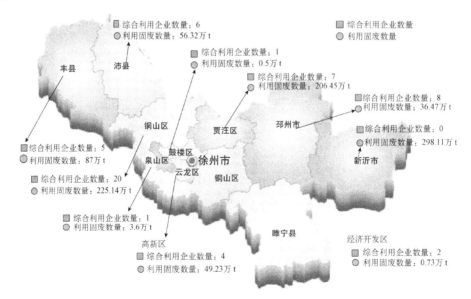

图 2-16   徐州市一般工业固体废物综合利用企业分布图

（四）践行绿色发展理念，提升工业绿色水平

1. 激发绿色动力，打造绿色工厂

徐州市秉承绿色高质量发展原则，以创建"绿色工厂"可持续发展为根本，鼓励工业企业走低消耗、低排放、高效率的绿色发展之路。制定《徐州市绿色工厂创建实施方案》，引导企业开展绿色化改造，持续提升绿色制造水平；通过积极争取国家和省、市相关资金，加大对绿色制造的扶持力度；对绿色化改造项目，优先列入支持计划；对列入培育计划的企业向第三方专业机构购买绿色制造咨询服务的费用给予补助，通过工业和信息化部绿色制造认定的给予奖励。截至 2020 年底，徐州已有徐工挖机、新春兴等 6 家企业荣获国家级绿色工厂称号；协鑫硅材料、日托光伏等 7 家企业成功入选江苏省省级绿色工厂。

2. 推行绿色制造，打造绿色制造行业

徐州市全面落实《中国制造 2025》，打造绿色制造行业，形成以工程机械为主体的世界级先进制造业产业集群；打造绿色能源行业，引导煤电企业进行技改创新；增大清洁能源发电装机组容量，推进新能源产业发展，出台《关于促进新能源产业发展的实施方案》等政策文件，鼓励并建设"世界级光伏产业、世界级高端动力锂电池（储能）材料、国家级燃料电池、全国知名的智能电力装备"四个基地；打造绿色建材行业，引导企业技术创新，加大绿色建材推广应用力度，加强建材生产、流通和使用环节的质量监管和稽查，推进建材行业的绿色发展。

三、取得成效

徐州市实施"无废城市"建设试点工作以来，通过工业绿色转型引领工业固体废物减量，2020 年较 2017 年实现工业固体废物实际减量约 285 万吨；2020 年一般工业固体废物综合利用率 98%，其中粉煤灰、冶炼废渣、炉渣等大宗工业固体废物实现全量利用。通过推动传统行业整合升级，优化产业结构，推进大宗工业固体废物源头减量和大气污染物的协同削减，同时壮大与升级大宗工业固废的高价值利用企业，培育工业固体废物协同处置与资源利用绿色新兴产业，提升了徐州市一般工业固体废物处理能力和资源化利用水平，协同实现区域生态环境质量提升，为今后的可持续、绿色高质量发展换取更大的空间。

四、推广应用条件

徐州市绿色转型引领工业固体废物减量与高值高效利用模式对于我国广大同类型资源型工业城市在工业固体废物治理方面具有借鉴意义。结合徐州市的治理经

验，全国其他同类城市在推广应用过程中还应注意以下问题：①落实政府为主导、企业为主体、社会组织和公众共同参与的一般工业固体废物治理体系；②在把固体废物综合利用纳入主生产流程实现良性循环的同时，还应重视"固体废物"资源综合利用产品的经营；③政府要大力支持和鼓励企业开展工业固体废物利用的科技创新，加大工业固体废物利用的技术研发力度，加快科技体制发展。

（供稿人：徐州市工业和信息化局二级调研员　李振宇，徐州市生态环境局副局长　张　华，徐州市工业和信息化局科员　王成刚，徐州市生态环境局副大队长王明明）

核心产业绿色升级　带动全产业链减废提质

——北京经开区绿色制造体系建设政策引导模式

一、基本情况

北京经济技术开发区（以下简称北京经开区）是北京市唯一同时享受国家级经济技术开发区和国家自主创新示范区双重优惠政策的国家级经开区。建区之初就从战略发展的高度规划生态环境建设工作，经过近 30 年的发展建设，逐渐形成了以新一代信息技术、高端汽车及新能源智能汽车、生物技术和大健康、机器人和智能制造为主导的产业体系，规模以上工业总产值、工业增加值、GDP 增速均位列全市前茅，在 2020 年全国国家级经开区综合发展评价中，北京经开区位列综合实力第一梯队。

据统计，2018～2020 年北京经开区一般工业固体废物年产生量在 18～20 万 t 左右。其中高端汽车和新能源智能汽车产业、新一代信息技术产业产生的固体废物分别占总量的 34% 和 44% 左右，合计占比达 78%（图 2-17）。针对核心产业，尤其是高端汽车和新能源智能汽车产业、新一代信息技术产业，加快完善绿色制造体系，探索全链条减废，促进资源节约化、产业集群化发展，是北京经开区"无废城市"建设试点的最重要一环。

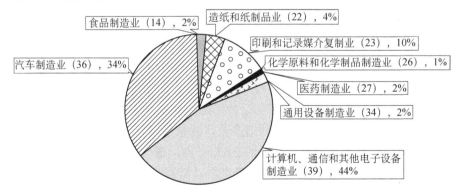

图 2-17　2018 年北京经开区各产业固体废物产生情况分布情况

二、主要做法

"核心产业绿色升级，带动全产业链减废提质"（图 2-18），即围绕四大产业布局，强化政策激励引导，建设独具北京经开区特色的绿色制造体系，通过核心产业绿色升级，带动全产业链条降低资源消耗、实现固体废物减量和高质量发展。

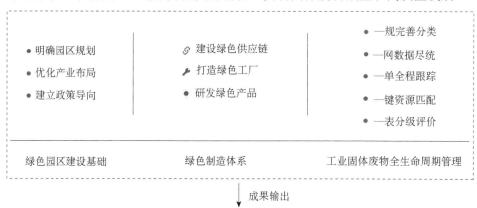

图 2-18　北京经开区核心产业绿色升级带动全产业链减废提质模式

（一）以规划、政策服务绿色园区建设

在科学规划产业发展方面，北京经开区围绕核心四大主导产业，重点保留和支持相关企业的研发机构和高端制造环节，打造高精尖产业主阵地。不仅注重吸纳竞争力强的高端产业龙头企业，同时特别注重配套发展上下游产业的高端功能，形成协同创新产业链，增强原始创新能力。严把入区企业在环境、能耗方面的准入门槛，用绿色招商推动产业绿色发展。

针对作为国家战略的液晶显示制造产业，北京经开区将 25 家上下游配套厂商集中在京东方显示技术有限公司附近的 2.6 km² 内，形成了以京东方为龙头的液晶显示面板全产业链。相关配套不仅满足了生产必需的上下游产品和原材料，同时布局了化学品生产与处置的配套企业，并通过生产工艺和物流合理设置，从源头上减少工业固体废物和危险废物的产生。

以北京奔驰为核心，北京经开区打造千亿级汽车产业集群，将 19 个重点项目引入北京奔驰汽车零部件配套产业园，构建北京奔驰完整的汽车产业链。通过龙头企业的绿色供应链构建深化产业链协同，在降低产业链运输成本和包装等资源消耗的同时，极大缩短了供货周期，提升了产业链的绿色化水平和整体竞争力。

在完善政策导向方面，"无废城市"建设试点期间，北京经开区扩充了《北京经济技术开发区 2019 年度绿色发展资金支持政策》，将固体废物源头减量、资源化利用和最终处置类项目纳入资金支持范围，明确对试点建设过程中起到示范带头作用的项目进行资金奖励，如通过工艺改进、技术改造或末端治理设施升级，对固体废物进行源头减量、综合利用或者安全处置等，原则上按照项目实际支付金额的 30%给予奖励。试点的两年间累计促进涉及工业固体废物、危险废物、生活垃圾分类等精细化管理项目、工程减量项目 40 余个。

为促进企业源头减量，北京经开区出台了《北京经济技术开发区清洁生产管理实施方案（试行）》，将固体废物减量，特别是工业、服务业和建筑业领域的源头减量纳入清洁生产审核方案，利用清洁生产的强大推力，从生产全过程降低固体废物产生强度。同时对清洁生产审核开展分级评价，主管单位对当年通过清洁生产审核且满足适用的清洁生产评价指标体系中Ⅱ级及以上水平、经开区清洁生产审核评估附加表 20 分及以上的实施单位给予一次性奖励，并优先推荐参加国家和本市组织的先进单位评比、试点示范单位创建活动。2019～2020 年，北京经开区共有 18 家企业高质量通过清洁生产审核。

（二）以龙头企业构建绿色供应链体系

以北京奔驰、京东方为主构建了汽车制造和液晶显示行业两条完整的绿色供应链，不仅针对终端产品及中间材料，建立起适用于不同类型企业和不同阶段产品的绿色供应体系新标准，更通过发挥龙头企业示范效应带动了汽车制造和液晶显示绿色产业链的形成和发展。

- **以北京奔驰绿色供应链建设为例**

实施绿色供应链管理战略。北京奔驰将绿色供应链管理战略纳入公司发展规划，通过发布、实施《绿色供应链五年规划》和绿色供应链管理（图 2-19），确保全产业链减废和共生发展。

建立供应商绿色认证体系。北京奔驰作为提供终端产品的典型代表，对标行业标准，建立了适用于高端汽车行业的绿色供应商准入标准，形成了严于国家绿色工厂认定的北京奔驰绿色认证体系。从采购寻源阶段，坚决不允许环保不合规的供应商进入供应商体系，并聘请专业第三方机构对全供应链供应商进行环保体检。

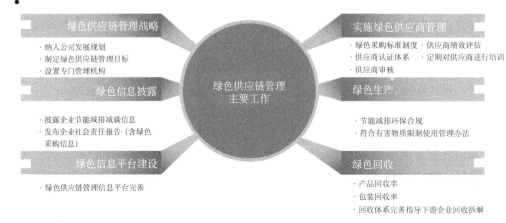

图2-19 北京奔驰供应链管理主要工作

实施循环包装和包装减量项目。北京奔驰带动其全球供应商积极推动循环包装和包装减量项目。2020年，对6000余种零部件进行逐一研究，并优化了900余种零件包装，目前循环包装的使用率已达到整体货物占比的85%以上，累计已减少纸箱包装物近10万t，大大降低木质、塑料与纸质包装的使用。

全方位开展危险废物减排。北京奔驰通过多种途径降低危险废物产生强度，履行企业环境责任，减少企业运营成本。一是以干式喷漆工艺替代湿式喷漆，减少了20%的涂料消耗量，并实现了危险废物产生量的减少。二是改进车间喷漆工艺，经鉴别车间吸附喷漆漆雾产生的废石灰石粉不具有危险特性，从而降低了喷漆环节产生固体废物的环境危害。三是针对喷漆污水站污泥进行干化，降低污泥含水率达30%，实现源头最大化减量。四是针对漆渣等有机废物，探索实施热解技术处理，在企业内部实现危险废物无害化处理。

（三）以重点企业推动绿色工厂建设

北京经开区鼓励区内企业通过优化厂区设计、优化用能结构、建立资源循环利用机制等建设绿色工厂。2020年，利乐包装、北汽李尔、拜耳医药等9家企业成为国家级绿色工厂，占到北京市获批总数的1/3。

以提升危险废物综合利用率的北京北汽模塑科技有限公司为例，其作为北京奔驰的上游企业，充分利用企业单一废漆渣的热解特性处置特性，与区内高科技企业北京星和众维共同开展废漆渣源头热解处理方案研究及装置研发，在降低危险废物产生量的同时节省企业内的热能消耗。通过该项工艺，可将废漆渣减量85%，按市场价计算，可节省每年的固体废物处置费用400万以上。随着热解技术及污染治理设施改进，该项目将进一步延伸汽车制造业的生产工艺，最大限度从源头减少危险废物产生量，提升汽车制造行业绿色工厂的建设标准。

（四）以全产业链促进绿色产品研发

北京经开区鼓励企业开展绿色产品设计，鼓励企业研发生产符合环境要求、有利于资源再生和回收利用的产品和服务，推动固体废物的减量化和循环利用。

以京东方为例，其通过不断探索和实践，持续提升液晶显示屏产品绿色设计能力，大幅减少了资源消耗（表 2-1）。一是建立绿色产品管理（GPM）系统，该系统与产品全生命周期管理系统和供应商管理系统关联，通过将产品数据导入液晶显示屏产品生命周期管理工具，可追踪每款产品的碳足迹。二是建立绿色产品实验室。按照中国合格评定国家认可委员会（CNAS）规定执行实验室要求，通过相关绿色设计标准的建立及严格执行，确保进料、半成品、成品符合企业绿色产品要求。三是从源头把控、过程管控、产品检测等方面严格控制产品有害物质含量。京东方按照 QC 080000 有害物质过程管理体系，对产品生产全过程中产生的有害物质风险进行管控。四是实施铝刻蚀液减排项目。通过精准评估刻蚀液的组分浓度，延长刻蚀液使用寿命至 240 h，年减少刻蚀液废液量 368.7 m³。

表 2-1 京东方围绕绿色产品研发开展的工程项目及节能减排情况

序号	工程项目名称	节能减排效果
1	"金太阳"示范工程项目	每年节约 1820 t 标煤
2	节能照明改造	用 LED 灯管替代 59 000 个荧光节能灯
3	节水改造	每年节约超纯水使用量约 166.74 万 t，每年节约再生水使用量约 84.37 万 t
4	彩膜工艺段烤箱设备热回收改造	每年节约用电 1 800 kWh
5	酸性废气氮氧化物减排改造	每年减排氮氧化物 36 t
6	有机废气处理系统节能改造	每年节约天然气使用量 106.87 万 m³
7	三级叶轮改造	每年节约用电 2022 万 kWh
8	自然冷源改造	每年节约用电 900 万 kWh
9	废刻蚀液减排项目	每年减少刻蚀液废液量 368.7 m³
10	剥离液精益化管理项目	每年减少废有机液 620 m³
11	污泥干化减量项目	每年污泥减量 70%

三、取得成效

作为首都实体经济主阵地，北京经开区通过"园区+供应链+企业"不断完善绿色制造体系，促进园区工业固体废物全领域、全流程减量化和资源化利用。一是构建形成完整的绿色供应链。2020 年，北京奔驰、京东方、盛通印刷构建起涵盖汽车制造、液晶显示、绿色印刷的 3 条完整绿色供应链。通过绿色供应链的硬性约束推动全产业链降低固体废物产生强度。二是持续建设资源节约型绿色工厂。

2017～2020 年累计获批国家级绿色工厂 22 家，占到了北京市获批国家级绿色工厂的 1/3 以上。通过持续推行绿色生产，推动固体废物全过程减量、充分循环利用，全面提升固体废物管理水平。三是通过政策引导和龙头企业示范，固体废物减量效果明显。2019～2020 年度绿色发展资金支持项目共计 64 个，支持资金 2000 余万元，带动企业投资 4.09 亿元。实现废刻蚀液（危险废物）产生量减少 300 m³/a、其他危险废物产生量减少 1268 t/a、处理餐厨垃圾 113 t/a、转化成可利用有机肥料 12 t/a。四是编制《工业园区无废建设实施指南》，同时配套制定《北京经开区"无废园区"管理指标体系》，将北京经开区试点经验更好地向全国各类工业园区辐射推广。

四、推广应用条件

北京经开区以龙头企业带动全链条的绿色产业链建设模式，对于工业领域实施工业绿色生产，推动固体废物贮存处置总量趋零增长方面具有借鉴意义。结合北京经开区实践经验，其他城市或地区在开展工业领域绿色产业链建设时应注意以下几个问题：①科学开展顶层设计，注重全产业链培育，夯实绿色制造体系基础；②选取具有行业影响力的龙头企业开展绿色制造示范，充分发挥企业社会责任，调动其固体废物减量或充分循环利用对自身生产成本降低的动力，带动产业协同发展；③配套相应的政策资金支撑、培育必要的城市新基建项目，增强城市发展动力。

（供稿人：北京经济技术开发区"无废城市"建设工作专班总干事　李　英，北京经济技术开发区"无废城市"建设工作专班副总干事　姚　静，北京经济技术开发区"无废城市"建设工作专班干部　梁　超，北京经济技术开发区"无废城市"建设工作专班干部　付　铠，北京经济技术开发区"无废城市"建设工作专班干部　郭　瑾，北京经济技术开发区"无废城市"建设工作专班干部　石　娜）

辽河油田打造"无废矿区"

——盘锦市创建油田绿色管理模式

一、基本情况

盘锦市是一座缘油而建、因油而兴的石化之城。辽河油田地跨辽宁省、内蒙古自治区的 13 个市（地）、35 个县（旗），是中国石油天然气集团有限公司下属的骨干企业，勘探开发范围包括辽河盆地陆上、滩海和外围，公司总部就坐落在盘锦市。自 1970 年开始大规模勘探开发建设，已累计生产原油 4 亿多吨、天然气 800 多亿立方米，为国家经济建设、能源安全和地方发展做出了重要贡献。

辽河油田是全国最大的稠油、高凝油生产基地，油田在开发过程中会产生大量固体废弃物，一般工业固体废物有钻井泥浆和废脱硫剂，工业危险废物有落地油泥、浮渣和清罐底泥等，2018 年辽河油田在盘锦地区产生的固体废物约 43.7 万吨。油田固体废物的产生不仅造成资源浪费，也增加了潜在环境风险，因此需要完善和重视管理工作，来保证矿产资源的可持续发展。

二、主要做法

辽河油田以盘锦市"无废城市"建设为契机，以实现源头"减量化"、综合利用"多元化"、油田区域"协同化"、监督管理"智能化"为路径，到 2020 年已建立全新管理模式（图 2-20），持续提升工业固体废物减量化、资源化、无害化水平，形成辽河油田"无废矿区"的绿色管理模式。

（一）健全环保监管考核长效机制，建立绿色发展长效机制

为推进"无废矿区"建设，辽河油田完善顶层设计、细化工作机制，贯彻"保护中开发，开发中保护，环保优先"方针，严格推行环保目标责任制，强化现场监督检查和责任落实，提高全员风险防范识别和控制能力，实现生产作业活动全监控。以大力推进"无废矿区"和"绿色矿山"建设为主线，加大科技攻关和资金投入，强化含油污泥合规管理和钻井废液与钻屑合规处置利用，促进油泥处理利用地

清洁作业减少油泥产量
钻井泥浆不落地工艺
减量化

不同含油量固相分类处置
泥浆多元化资源化利用
多元化

区域固体废物协同处置
解决产-处不平衡问题
协同化

全过程信息化监管体系
危险废物信息实时上传
智能化

目标　全力打造"无废矿区"的全新管理模式
实现固体废物产生量最小、资源化利用充分、处置安全的目标

图 2-20　辽河油田"无废矿区"模式

方标准出台。对供水公司进行业务重组，专业化管理油泥处理和泥浆处理工作。建立"1+6+N"制度管理体系，修订《辽河油田公司生态环境保护管理办法》，完善固体废物管理、建设项目、辐射管理、环境统计、监督检查、环境事件 6 个单项规定，建立现场环保检查规范等 N 个企业标准，确保工作有章可循、有据可依。与生态环境部固体废物与化学品管理技术中心合作编制《辽河油田固体废物管理指南》，制定下发《危险废物管理程序手册》，梳理生产工艺产废节点，细化管理职责，规范管理流程。

（二）加强固体废物源头把控，实现固废源头"减量化"

1. 抓好源头控制，减少含油污泥产生量

一是加强落地油泥分类收集、存储及转移，避免与垃圾混堆处理，减少油泥总量，降低处理难度，实现油类物质有效回收与剩余固相规范处置。二是按照辽河油田井下作业清洁作业技术推广指导意见，构建以"井筒控制类技术"为主，"地面控制类技术"为辅的井下作业清洁作业技术体系，基本实现出井油水不落地。2020年，实施绿色修井作业 2.29 万井次，油泥产生量对比去年同期下降 60.2%（见图 2-21），节约处理费 676 万元。制定修井作业单井油泥产生控制指标（小于100 kg），现场严格监管并考核。三是持续加大污水处理系统升级研究，针对性推广"不加药污水处理技术"，减少浮渣和清罐油泥产生量。

2. 强化钻井废液与钻屑合规处置利用，减少废物总量

一是加强不落地处理量的管理，严格按照《关于进一步明确钻井现场水基泥浆不落地管理相关要求的通知》要求，建立泥浆不落地工作量备案与超量审批制度，严格把控钻井废液与钻屑产生总量。二是开展钻井液回收利用工作，通过新建钻井液回收利用设施，对更改钻井液体系以及完井时的部分钻井液进行清除有害固相和

简单维护等处理，使其达到重复使用标准，减少废液产生量。三是强化现场监管，开展泥浆及不落地处理材料抽样检测，掌握污染物来源。四是加快对含油污泥进行无害化处理，通过油泥处理工艺优化、热化学清洗、外委第三方治理等措施，做到遏制"增量"、消除"存量"。

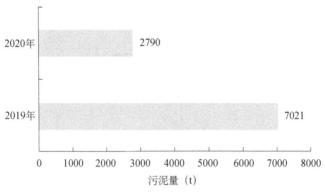

图 2-21　修井作业产生含油污泥量对比

（三）拓宽固体废物资源利用途径，实现综合利用"多元化"

1. 做好含油污泥分类处理，实现达标处置与资源化利用

一是加快推进含油污泥低成本处理技术应用，基本实现落地油泥采油厂就地减量处理、浮渣与清罐油泥分区域集中处理，实现油类物质有效回收与剩余固相规范处理。二是积极配合盘锦市、辽宁省生态环境部门做好《辽宁省油气田含油污泥综合利用污染控制标准》编制与发布，做好相关要求宣贯与执行，实现处理后含油量2%上下的含油污泥"分类安全处置"。

2. 加强泥浆不落地处理，实现固体废物综合利用

推广钻井废弃"泥浆不落地"达标处理技术，实现随钻即时处理废弃钻井泥浆（钻屑），减少土地占用量，减少环境污染，降低环境风险隐患。盘锦地区已建设 5 座处理站，年处理能力 55 万 t，已实现泥浆不落地处理全覆盖。其中 2020 年不落地处理泥浆和岩屑 47.92 万 m³，减少占地约 800 亩，节约征地资金约 4000 万元。该项技术是变"末端治理"为"全过程控制"（图 2-22）。一是根据油田钻井工作量合理优化油区泥浆不落地处理站布局，基本实现油区泥浆不落地处理全覆盖。二是依据环境影响评价文件和批复要求开展泥浆不落地固体废物循环利用，通过垫井场、铺路、制砖等资源化利用方式处理对泥浆处理后产生的剩余固相开展综合利用工作。

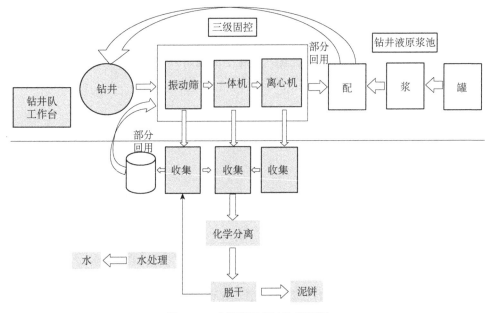

图 2-22 "泥浆不落地"流程图

3. 加强技术研究，完善含油污泥资源回收工艺

加强浮渣和清罐底泥减量化、无害化的研究，同时针对油田其他固体废物，如废润滑油、废铅酸蓄电池、实验室废液、废脱硫剂等，通过改进生产工艺、自建处理设施、委托处置等多种方式，实现危险废物安全处置。累计投资 5000 多万元，分区域配备 10 套油泥减量处理设备，2020 年利用自有设备减量化处理 3.73 万 t，实现油类物质有效回收与剩余固相规范处置（图 2-23）。推广应用"不加药污水处理技术"，通过污水物理旋流、曝气和过滤处置，实现不加药达标处理。污水系统离心脱水预处理工艺升级改造，处理联合站污水浮油和原油清罐底泥，大幅减少含油污泥产生量。

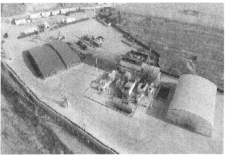

图 2-23 油泥减量化及贮存设施

（四）探索协同处理处置路径，实现油田区域"协同化"

积极配合辽宁省和盘锦市生态环境主管部门做好《辽宁省陆上油气田含油污泥处理后剩余固相污染控制标准（试行）》编制与发布。目前，《辽宁省陆上油气田含油污泥处理后剩余固相污染控制标准》已经完成技术评估。

探索油田公司所属采油厂间产生固体废物的协同处理处置路径，推进辽河油田产生的固体废物协同处置或资源化利用，解决区域间处置能力与产废总量不平衡的问题，建立"辽河油田区域固废协同处理机制"。

（五）加强全流程专业化管理，实现监督管理"智能化"

借助"互联网+"监管手段，建立油田企业危险废物全过程信息化监管体系。采油厂危险废物信息监管平台对接盘锦市生态环境局固废危废一体化平台，实现监督管理"智能化"。构建智慧型重点污染源监控体系，建立"可申报、可追溯、可核查"的综合管控体系，试点应用中石油固废管理系统。将原有公司、二级单位两级管理网络延伸至基层作业区，形成生态环境风险管控一张图、环境统计数据一张报表。推进危险废物贮存场所信息化、智慧化改造，投资 200 万元建立视频监控系统，已完成设计方案审查，即将完工投用（图 2-24）。

图 2-24　危险废物贮存场所视频监控系统

三、取得成效

通过"无废城市"试点建设，辽河油田开展"泥浆不落地"采油厂的比例从2018年的90%提高到2020年的100%，单井作业油泥产生量从0.29吨/井次下降到0.06吨/井次；钻井泥浆综合利用率从2018年的50%提高到2020年的100%。通过不断提升科技创新水平，以技术升级促进环保升级，把"清洁生产绿色作业"环保理念贯穿于作业生产活动中，以源头控制为重点，研发清洁作业配套技术，形成"无废矿区"管理运营机制，完成盘锦地区采油单位"绿色矿山"建设工作，为全市推广实施绿色矿山、绿色工厂创建起到了良好示范作用，积极践行了"绿水青山就是金山银山"的生态文明理念，实现核心区204口油井全部关停推出，恢复周边生态湿地环境愈加优美。

四、推广应用条件

该模式适用于油田矿区石油天然气开采、原油产品的预处理及含油污水处理等过程产生固体废物的监督管理、利用、处置，实现"绿色作业、源头控制"。在推广和应用中应注意：一是强化源头监管，做好制度管理顶层设计，要加强钻井废液与钻屑不落地日常管理，严格把控钻井废液与钻屑产生总量，提高从业人员技术水平，不断提高信息化、智能化监管能力建设，实现监督监管"无盲区"。二是坚持规划先行，注重统筹推进，固体废物的"减量化、资源化、无害化"的集中处置需要提前做好谋划布局，充分预留发展空间，做好配套支撑，避免生产与处置能力"错配"造成的二次资源浪费。三是加强生产现场管理，将危险废物、一般工业固体废物和生活废弃物分类收集和存放，杜绝因管理不善人为增加危险废物产生量；执行过程中注重"就地处置与集中处理"的分类原则，其中落地油泥在采油厂就地处理，浮渣与清罐油泥需分区域集中处理。四是固体废物和危险废物处置利用过程中要保证处理设施环保审批和验收手续齐全，严格落实环评报告中环保措施，同时建立清晰完整的固体废物和危险废物管理档案，及时向政府部门申报相关数据，做好信息公开。

（供稿人：盘锦市绿色发展服务中心正高级工程师　丁长红，盘锦市生态环境局科长　李　军，盘锦市生态环境局副主任科员　李圆鹤，盘锦市绿色发展服务中心正高级工程师　张淑玲，盘锦市生态环境局主任科员　刘大航）

3 循环利用将固体废物"吃干榨尽"

打造特色产业循环链条 提高固废综合利用水平
——铜陵市产业协同减废模式

一、基本情况

铜陵市是依托铜、硫、石灰石三大资源而发展起来的资源型城市，是中国铜工业基地，也是全国重要的硫磷化工基地和长江流域重要的建材生产基地。2018年，铜陵市一般工业固废产生量 1454.7 万 t，大宗工业固废主要来源于矿山开采、铜冶炼、硫磷化工等行业，特别是尾砂、磷石膏历史堆存量大，分别达到 6797 万 t、550 万 t，规模化、高值化利用成为资源型城市行业共性难题。

二、主要做法

"无废城市"建设试点以来，铜陵市强化政策支持，坚持科技引领，着力延伸"吃干榨尽"的产业循环链条，通过强链、补链、延链，提高工业资源充分回收利用水平，推动工业固废贮存处置总量趋零增长（图 2-25 和图 2-26）。

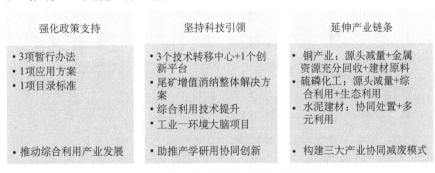

图 2-25　铜陵市产业循环链条政策支持

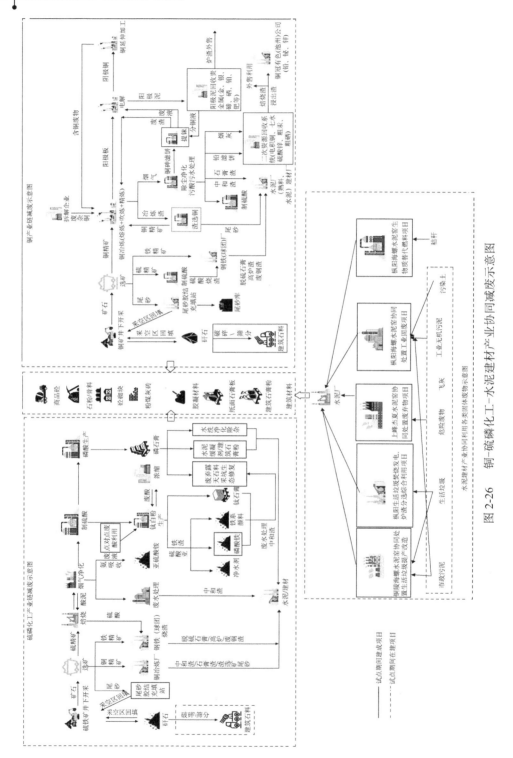

图 2-26　铜-硫磷化工-水泥建材产业协同减废示意图

（一）强化政策支持，推动工业固废综合利用产业发展

铜陵市政府印发了《铜陵市战略性新兴产业发展引导资金管理暂行办法（2020年修订）》《铜陵市工业转型升级资金管理暂行办法（2020年修订）》《铜陵市创新创业专项资金管理暂行办法（2020年修订）》，支持工业固废资源化利用产业发展，对相关建设项目设备投资、企业购买工业固废利用与处置先进技术并在本地转化、产学研联合技术研发等给予财政资金补助；印发了《铜陵市工业固体废物资源综合利用产品推广应用方案》，明确了综合利用产品质量监管、工业资源综合利用技术推广、示范项目引领等重点工作任务，细化了奖补、税收优惠、政府采购、宣传推广等激励措施，其中对生产利用金属尾矿、工业副产石膏含量超过50%的墙体、装饰材料，以及利用金属尾矿生产胶凝材料项目，按照建成后尾矿、工业副产石膏年利用量，每吨给予5元奖励；对利用金属尾矿、工业副产石膏生产水稳等基层材料项目，按照建成后年尾矿、工业副产石膏处理量，每吨给予1元奖励。铜陵市财政局制定了《铜陵市2020—2021年政府集中采购目录及标准》，明确政府采购"强制或优先采购节能绿色、环保产品和固体废弃物综合利用产品、再生资源产品"要求。铜陵市税务局与铜陵市生态环境局建立涉税信息共享平台和税务环保协同工作机制，依法依规免征固体废物综合利用环境保护税，落实固体废物综合利用企业所得税、增值税优惠政策。

（二）坚持科技引领，为产学研用协同创新提供动能

2019年，铜陵市人民政府、科技日报社共同主办了长三角（铜陵）高质量发展院士论坛暨大院大所科技成果对接会，"武汉理工大学铜陵技术转移中心""矿冶科技集团有限公司（铜陵）国家技术转移中心""吉林大学（铜陵）国家技术转移中心""长江经济带磷资源高效利用创新平台"揭牌。矿冶科技集团针对尾砂综合利用行业共性难题，与铜陵有色金属集团控股有限公司、中交第三公路工程局有限公司、铜陵市建设投资控股有限公司、安徽铜陵海螺水泥有限公司签署了联合推进铜陵地区尾矿资源综合利用产学研合作意向书，通过跨行业产学研用深度融合，开展尾矿综合利用关键技术研究和工程示范，形成尾矿增值消纳整体解决方案。武汉理工大学与泰山石膏（铜陵）有限公司围绕磷石膏、脱硫石膏开展制备板材和砂浆等新产品、新技术提升研究；与铜陵铜冠建安新型环保建材科技有限公司开展尾矿综合利用技术提升研究；铜陵市政府与阿里云合作，引入"工业-环境大脑"项目，开展重点企业能源、资源消耗在线检测和大数据分析，探索节能降耗、工业固废源头减量新路径。

（三）延伸产业链条，构建三大产业协同减废模式

1. 铜产业

采用尾砂胶结充填技术，从源头减少选矿尾砂堆存量；铜矿井下矸石综合利用生产建筑材料；充分回收铜冶炼阳极泥、烟灰、铅滤饼、铜砷滤饼、冶炼渣、铜延伸加工废渣金属资源，推动铜产业金属资源"吃干榨尽"。

2. 硫磷化工产业

硫铁矿开采矸石综合利用，选矿尾砂胶结充填采空区，硫酸烧渣全部用于钢铁（球团）企业生产原料；钛白粉行业产生的废酸浓缩回用，副产硫酸亚铁废渣综合利用生产氧化铁黑（黄、红）、磷酸铁锂、净水剂等产品，硫铁矿制酸焙烧渣全部送钢铁（球团）企业综合利用；通过实施磷酸工艺升级改造，提升了磷石膏品质，扩大了磷石膏综合利用规模，结合磷石膏"以用定产"，在实现磷石膏"当年产生，当年用尽"同时，磷石膏历史堆存量大幅减少。

3. 水泥建材产业

污染土、无机污泥、危险废物、生活垃圾、飞灰通过水泥窑协同处置；磷石膏、钛石膏、脱硫石膏、冶炼废渣、粉煤灰、废水处理中和渣（石膏渣）、铜冶炼渣选矿尾砂等工业固废综合利用产品结构日趋多元化，形成纸面石膏板、水泥缓凝剂、矿山尾砂井下充填新型胶凝材料、蒸压加气砼板材（砌块）、建筑砂浆、粉煤灰砖等系列产品。实施钛石膏等工业副产石膏用于废弃露天石料矿坑修复工程，探索工业固废生态化利用新路径。

三、取得成效

通过加大政策支持力度，深化产学研用协同创新，试点期间，完成了铜冶炼烟灰和铅滤饼中有价金属回收和处理技术、阳极泥中稀贵金属回收技术、冬瓜山铜矿尾矿资源综合利用技术、年替代 5 万 t 水泥充填胶凝材料矿山应用技术、安庆铜矿废石尾砂胶结充填技术等多项研究，形成了多项工业化应用操作技术规程。安徽六国化工与阿里云合作的"工业-环境大脑"项目，提高了磷肥生产磷资源回收率，每年可节约磷矿石资源 6000 t、减少磷石膏产生量 10 000 t，入选"2019 中国国际大数据产业博览会百家大数据优秀案例"、2019 年工业和信息化部"百家大数据优秀案例"。铜陵有色冬瓜山铜矿井下矸石综合利用、综合利用工业固废生产新型矿山充填胶凝材料、铜阳极泥综合利用、有色二次资源回收和综合利用、铜冶炼渣再选、磷酸工艺升级改造、硫酸亚铁渣生产磷酸铁锂、水泥窑协同处置固体废物等一批重点项目建成投产，新增工业固废综合利用能力 300 万 t，磷石膏历史堆存量由 550 万 t 下降到 120 万 t，经济效益和环境效益显著。

四、推广应用条件

该模式适用于资源型城市构建产业链协同减废模式。在运用和推广过程应注意：一是加大工业固废综合利用产业的政策支持力度；二是深化产学研用协同创新，嫁接固体废物综合利用产业链，拓展产业共生领域；三是坚持企业主导、市场引领、政府推动，培育壮大一批工业固废资源化利用骨干企业，提高工业固废综合利用水平。

（供稿人：铜陵市经济和信息化局副局长　周京生，铜陵市生态环境局副局长郭　忠，铜陵市生态环境局固体废物与化学品管理中心主任　唐　宣，生态环境部环境规划院环境风险与损害鉴定评估研究中心助理研究员　杨威杉，铜陵有色金冠铜业分公司安环部环保科科长　陈　秋）

坚持顶层统筹　强化科技引领

——包头市固体废物双驱动综合利用模式

一、基本情况

包头市是内蒙古自治区最大的资源型重工业城市，随着经济社会的发展，各类固体废物产生量逐年增加，对生态环境的压力日益凸显，已引起全社会的普遍关注。2019 年包头市一般工业固体废物产生量为 4736.15 万 t，位列大中城市前位，包头所在区域一般工业固体废物综合利用的能力有限，每年超过一半的一般工业固体废物未进行资源化利用。包头地处黄河流域，大量贮存堆积的固体废物对周边土壤、地下水造成污染，进而影响黄河流域生态环境。由于内蒙古自治区工业结构以电力、冶炼为主，包头相邻市（盟）一般工业固体废物产生类别相似，利用方式相似，主要利用途径为建筑材料等产能严重过剩的行业，且受季节影响较大。同时，包头市综合利用企业的发展缺少统一规划，同质化竞争严重，缺少先进技术工艺支持，产品附加值低，资源综合利用标准缺失，制约了各领域的应用。

为提高包头市工业固体废物利用水平，包头市在"无废城市"试点建设框架下，通过统筹规划、政策支持、科技创新等多方面手段来推动工业固废综合利用。

二、主要做法

（一）顶层设计固体废物利用政策、打造良好营商环境

从包头固体废物实际情况出发，对包头市固体废物的产生情况、消纳能力、利用处置设施建设等全面梳理，编制了《包头市一般工业固体废物资源综合利用发展规划》和《包头市危险废物利用处置规划（2021—2025 年）（征求意见稿）》，顶层设计全局规划，为包头市的固体废物产业技术布局、利惠措施提供重要依据。在已出台的《包头市加快推进工业固废污染防治综合利用政策措施》（包府办发〔2018〕115 号）基础上，编制完成了《包头市关于推进一般工业固体废物资源综合利用若干政策措施》（初稿），围绕科技创新服务、资金奖励补贴、电力土地优

惠、市场拓展培育等方面进一步完善和细化政策措施；为保障良好的营商环境，市委市政府出台《包头市打造一流营商环境若干措施》，极大提升企业便利化水平，打通企业难点堵点问题，提供便捷高效政务服务，为包头市工业固体废物综合利用项目的"引凤入巢"提供良好环境。

（二）科技创新引领，研发固体废物利用技术

通过科技创新的引领，实施与科研机构、高等院校、企业等联合建设固体废物相关研究中心，已建成国家及自治区固体废物研究中心 6 个，企业研发中心 5 个。2019 年 8 家资源综合利用企业成功申报国家级高新技术企业，占包头市 2019 年新认定高新技术企业总数的 9.7%，全面推进包头市工业固体废物综合利用技术创新与企业能力创新。

包头市人民政府与北京大学共建北京大学包头创新研究院，结合本地工业固体废物资源特点，依托创新研究院成立内蒙古大宗工业固废产业技术创新战略联盟，联合国内 60 家知名高校和科研机构，结合包头市资源优势、能源优势和产业优势，研发应用新技术，致力于促进传统产业转型升级和战略新型产业发展，研发相关技术 40 余项，获得发明专利 60 余项，实现固体废物资源利用科技成果产业化落地 10 余项。

实施固体废物相关科技攻关项目，启动了国家重点研发计划项目"西北特殊生境有色金属污染场地土壤原位固化和生态修复技术及集成示范"第四课题——"内蒙古典型金矿尾矿、土壤和地下水重金属污染治理技术综合示范项目"，探索研究利用微生物实现尾矿重金属的固化技术；实施 2020 年国家重点研发计划项目"白云鄂博典型稀土矿产资源基地固废循环利用集成示范"，研究矿床废石中有价资源精准开采与废石源头减排，通过尾矿非常规富集、矿相定向重构、矿物界面调控、高效复合力场-靶向螯合作用的高选择性浮选药剂浮选等工艺研究，实现稀土、铁、铌、萤石的高效分离。实例见图 2-27。

图 2-27　微生物尾矿固化技术原理（左）和黄金尾矿实践操作现场（右）

在市级的科技项目中，推动"典型工业固废生态利用过程环境行为及管理策略

研究"、"典型城市固废复配类土壤改良剂的制备及应用示范研究"、"利用工业固废生产新型环保水泥提升改造项目"和"工业固废粉煤灰综合利用年产 60 万 m³ 陶粒示范项目"等项目征集立项工作，实施固体废物多途径利用重点技术的科技攻关项目。

（三）制定大掺量冶炼渣利用标准、推动高值化利用技术

一是积极推广冶炼渣在道路基层、面层等的大规模使用。推动《钢渣梯级利用生产技术规范》《钢渣稳定基层材料设计与施工技术》《钢渣粉尘及重金属离子抑制技术规程》3 项地方标准列入 2020 年第一批自治区标准计划，标准出台后将可有效提升钢渣综合利用水平，推动道路基础设施建设发展。为完善冶金渣在道路施工的应用，逐步编制《钢渣沥青混凝土组成设计指南》《钢渣沥青混凝土应用技术指南》《内蒙古地区钢渣预防性养护材料与应用技术指南》《钢渣在水泥混凝土中的应用技术指南》等钢渣系列应用指南，为包头市利用冶金渣在道路基层、面层等的大规模推广使用做好技术保障。

二是探索固体废物高值化利用。针对钢渣，推动包钢与美国哥伦比亚大学合作，突破从钢渣中提纯优质碳酸钙技术，以钢渣和工业排放二氧化碳为原料，生产高纯碳酸钙、氧化铁粉等产品，项目建成后每年可处理钢渣 42.4 万 t，将具备年产高纯碳酸钙 20 万 t、铁料 31 万 t 的生产能力，折合减排二氧化碳约 10 万 t。针对稀土尾矿，结合包头特有的稀土尾矿特点，推动包钢集团改进了难分选的铌、萤石和钪等资源利用技术，实现了尾矿中有价金属回收的技术突破，建成一条年产 600 万 t 氧化矿选矿生产线及与之匹配的年处理尾矿 380 万 t 的铌选矿生产线。针对粉煤灰，北京大学包头创新研究院等单位建设智能环保新材料应用研发和产业化示范基地，该项目以粉煤灰为主要原料，添加高分子材料和稀土材料，研发可替代木材和塑料的物流托盘，预计可每年综合利用粉煤灰 100 万 t，有望助力解决粉煤灰综合利用区域瓶颈问题。实例见图 2-28。

图 2-28　包钢集团利用钢渣生产高纯碳酸钙、稀土尾矿选铌生产线、利用粉煤灰制备物流托盘

三、取得成效

建设国家及自治区固体废物研究中心 6 个，企业研发中心 5 个，固体废物科研相关成果及专利技术近百项；6 家资源综合利用企业认定为国家级高新技术企业。建设完成固体废物利用相关工程 31 项，实施十余项国家和地方科技攻关项目，预期每年综合利用固体废物约 1200 万 t。成果引入国际先进技术，完成多项工业固体废物相关地方标准立项，待冶炼渣用于道路的施工标准发布后，可就地年利用冶炼废渣约 220 万 t。

四、推广应用条件

该模式对工业固体废物类别多、产生量和贮存量大的地区有借鉴意义。同时该地区的高校及科研机构对固体废物的利用有较好的研究基础，政府及企业对固体废物利用关注度高，并在科研创新上有较大的投入。

（供稿人：包头市生态环境技术保障中心高级工程师　袁小冬，包头市生态环境综合行政执法支队科员　孟　锐，包头市建设工程质量检测试验中心高级工程师尹　飞，包头市生态环境技术保障中心工程师　刘　叶，包头市生态环境综合行政执法支队科员　贾慧春）

生态优先　创新驱动　调旧育新

——许昌市再生金属产业循环利用的高质量发展模式

一、基本情况

再生金属及制品是许昌市的传统优势产业，主要集中在长葛大周产业集聚区，经过近 40 年的不断发展积累，成为长江以北最大的再生金属回收集散地和再生金属制品交易中心，先后荣获国家循环经济试点单位、国家"城市矿产"示范基地等荣誉称号。

针对存在产品竞争力不强、企业绿色化水平不高等问题，许昌市坚持再生金属产业"延链、强链、绿色、提质"的建设方向，着力深挖再生金属这一"城市矿产"的潜在价值，完善升级再生金属回收和资源化利用体系，形成了再生金属回收、冶炼、简单加工、精深加工到销售的完整的循环经济产业链条，基本实现了回收体系网络化、产业链条合理化、资源利用规模化、技术装备领先化、基础设施共享化、环保处理集中化，逐渐形成再生金属"全链条、全循环"绿色发展的产业特色和格局（图 2-29）。

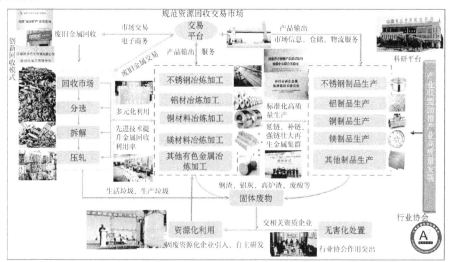

图 2-29　许昌市再生金属循环化利用闭合系统及固体废物治理示意图

二、主要做法

（一）完善再生金属绿色生产制度体系，优化产业发展环境

为推进和支撑再生金属产业高质量发展和"无废城市"建设，许昌市制定了一系列相关制度文件来完善绿色生产制度体系。

1. 制定产业绿色发展制度

印发《许昌市推进产业集聚区高质量发展行动方案》《许昌市再生金属及制品产业发展行动方案》等方案，有力促进了再生金属产业实施清洁生产和园区循环化改造，推动绿色制造体系建设。

2. 发布产业升级技术指南和管理办法

关于发布《关于印发许昌市七个行业绿色化改造技术指南及污染物近零排放限值（试行）的通知》，对标国内行业先进水平，在原辅材料、生产工艺、废气收集、末端处理、监测评估等方面制定了统一标准和原则。发布《许昌市创新驱动发展战略规划（2018—2030）》《许昌市转型升级创新专项（重大科技专项）管理办法（试行）》，鼓励企业加大科研投入，集聚整合创新资源要素，创建科学研究平台，深化与高校、科研院所和海外先进技术平台的合作，重点突破固体废物回收、处置和综合利用方面的技术瓶颈，以形成再生金属领域固体废物处置和综合利用技术示范。

3. 出台政府奖励政策

印发《许昌市加快制造业高质量发展的若干政策》，在推进绿化改造方面，对获得国家级、省级绿色制造体系的企业，分别给予100万元、50万元的一次性奖励。印发《许昌市2020年推进工业绿色化改造攻坚实施方案》，设立全市工业企业绿色化改造基金，建立重点企业污染物排放与财政补贴政策挂钩机制。印发《长葛市关于扶持再生金属回收及加工利用企业发展意见的通知》，对年度销售收入在500万元以上（含500万）的再生金属回收及加工利用企业，按增值税地方收入的80%补助给企业用于环境保护、技术改造和扩大投资等。

（二）搭建再生金属市场体系，加强源头精细化分类管控

再生金属的回收网络、交易市场及信息平台建设是实现再生金属规范化、科学化、高效化和安全化回收管理的基本路径。

1. 规范再生金属"三网回收网络"

充分利用现有再生金属回收渠道，规范提升现已形成的"三网"（经纪人、专业回收公司、加工企业回收网）。通过遍布全国的联点回收企业和外驻收购点，以及规范化的运输网络，精细化回收废旧金属，并进一步扩大回收加工规模，规范回收和处理企业以及从业人员的作业标准，促进产业向"精细化回收"方向发展，有

效地保证再生金属加工企业的需求。

2. 建成再生金属回收利用交易中心

以葛天再生资源有限公司为龙头，重点投资建设废旧有色金属回收交易中心、再生金属交易物流园和报废汽车回收拆旧中心，推动形成集废旧金属回收、分选、拆解、交易、仓储、运输及物流为一体的现代化交易市场和服务体系，促进"物流、信息流、资金流"高效畅通，高效盘活再生金属回收和加工市场，降低了再生金属制造业生产成本。

3. 打造再生金属信息交流平台

建设再生资源信息中心和中原再生资源（国际）交易中心，打造回收加工信息发布服务、物流配送计算机、电子结算、综合管理等四大系统，构建了再生金属信息平台。创新"电子商务"与"城市矿产"示范基地合作新模式，建立了再生资源回收手机平台"收E收"、物流平台"拉货宝"、企业管理"SAP云平台"等信息化、智能化平台，促进了再生资源交易市场线上线下联动。依托德国思爱普、河南863软件园公司搭建智慧园区大数据平台，对铝行业、铜行业以及不锈钢行业等产业的环保、安全生产等实现在线监测和实时监控。

（三）健全再生金属产业技术体系，增强产业核心竞争力

许昌市把创新驱动作为产业发展优先战略，不断健全再生金属产业的绿色生产技术体系，增强产业核心竞争力。

1. 引进国外先进技术和项目

依托全省首个获批的中德（许昌）中小企业合作区，引入了一批"高、精、尖"技术和项目，加大废旧金属资源消化和利用。爱浦生再生新材料公司年生产10万t易拉罐保级利用铝大板锭项目，吸收利用了美国的斯达芙铸造技术、瑞典派瑞克除气技术及法国诺贝丽斯的精炼技术，成为我国再生铝行业第一条废旧易拉罐再生生产线，年处理固体废物约11万t。德威科技年产70万只铝镁合金汽车轮毂项目，通过引进德国库克技术和机器人智能自动化生产线，产品获北美、欧盟镁合金汽车轮毂产品准入资格。目前，累计与德、美、日等签订合同协议或项目12个，这些项目具有技术水平高、附加值高、能源消耗低、自动化程度高的特点，有力推动了产业的提质升档。

2. 激发企业自主创新能力

积极对标国内外技术先进企业，围绕再生产业节能降耗技术装备升级、固体废物治理技术研发和关键性技术突破，加大研发和技改投入，共获得授权专利246余件，参编了2项行业标准、5项团体标准。金汇产业集团通过与中国科学院合作攻关"不锈钢洗涤废酸清洁回收和循环利用新工艺开发"项目，实现不锈钢加工过程

中酸洗-酸再生闭路循环（设备见图 2-30）。德威科技通过引进科研团队，加大科技攻关，拥有了目前中国唯一的镁轮毂最短一次正反挤压锻造成型专利，领先同行业 3～5 年。

图 2-30　不锈钢板带热轧生产线和废酸回收利用设备

3. 打造政企科研新平台

先后建成金汇产业集团博士后科研工作站（国家级）、河南省再生不锈钢工程技术研究中心（省级）、许昌市金汇再生资源循环利用技术创新中心等企业科研平台，增强企业科技研发能力，形成了一批可推广、可复制的再生金属产业固体废物资源化利用和处置技术。依托河南省有色金属行业协会、中南再生资源研究院、大周青年创业平台、长葛再生铝行业协会、大周园区商会等行业组织，整合企业研发力量，围绕废旧金属回收、加工及制造等关键共性技术联合攻关，助推再生资源利用与环保技术提升。联合市场监管部门，成立"许昌市再生金属标准化技术委员会"，建立"河南省不锈钢产品质量监督检验中心联合实验室"，进一步增强产品质量检测能力，促进再生金属产业发展和绿色环保紧密结合。

4. 推动企业绿色化改造

通过积极引导，推动再生金属企业实施绿色化改造，提升产品质量和竞争力，实现经济发展和环境保护双赢。金汇集团通过利用废旧金属破碎和筛分技术，实现废旧金属表面附着物（油漆、塑料等）物理去除率达到 90% 以上，降低了熔炼过程中污染物的排放，同时降低了金属溶液中的杂质含量，提高了产品品质；其厨房厨具不锈钢入选 2019 年省级"绿色设计产品"名单（2019 年 9 月）。双金铜业、中福铝业、成于诚铝业等企业达到绿色化改造标准，实现了超低排放。青浦合金投资 1.4 亿元实现环保设施技术改造。

（四）激发再生金属产业"链式反应"，推动产业高质量发展

许昌市通过实施"强链、延链、补链"工程，推动再生金属产业高质量发展，形成产业"首尾相连"、物料"闭路循环"、废物"最大化利用"的"无废"产业链条。

1. 引导企业做优做强产业链

围绕"强链"，引导、支持和鼓励德威科技、金阳铝业、金汇集团等核心产业链的龙头领军企业做大规模、做强产品，形成一批具有竞争优势的再生金属产业集团。德威科技依托先进的镁轮毂生产技术，成为国内产品线最完整、产业链最完善的铝镁型材加工生产企业。金汇集团整体优化工艺技术，实现"小批量、多品种、多规格"的产品定位，进一步提升高附加值品种钢比例。再生铝企业联合出资，引进数字化、智能化的再生铝生产高端设备，形成年产15万t铝铸轧卷生产能力。

2. 科学规划双向延伸产业链

围绕"延链"，在结构上"轴向"延伸，规划布局不锈钢产业园、再生铝产业园、再生铜产业等三个"区中园"，先后吸引贵星铝业、茗博金属、众兴龙建材等14家铝天花板加工企业入驻（图2-31），拉长再生铝产业链条。金汇集团拉动并集聚热轧、冷轧、精密制板等企业22家，提升不锈钢全产业综合竞争实力，增强全产业发展空间。在区域上"周向"延伸，充分结合周边水泥、陶瓷等产业特点，区域联动，实现钢渣等工业废弃物多元化利用。

图2-31　再生铝部分天花板加工企业生产车间

3. 补齐短板完善产业链

围绕"补链"，精准发力，补齐固体废物短板弱项。引入百菲萨电炉炼钢除尘灰项目，采用德国先进的SDHL-威尔兹回转窑生产工艺，年处理11万t含锌量高的电炉除尘灰，年产4万t氧化锌粉。与宝钢节能合作，建设40万t不锈钢渣清洁处理项目，采用滚筒法对冶金熔态不锈钢渣进行处理和多元化利用，实现钢渣处理过程的清洁化、短流程、资源化和全流程渣不落地。

三、取得成效

试点建设以来，许昌市再生金属产业主营业务收入连年实现稳定增长，再生金属年回收量增加到 400 余万 t，加工量达到 320 万 t（图 2-32 和图 2-33）。形成了从再生金属回收、冶炼、简单加工、精深加工到销售完整的循环经济产业链条，建成了再生不锈钢、再生铝、再生铜、再生镁四大产业集群。2020 年，许昌市再生金属产业完成主营业务收入 776 亿元，完成固定资产投资约 31.6 亿元，上缴税金 13.1 亿元，招商引资 30 亿元，从业人员 4 万人。

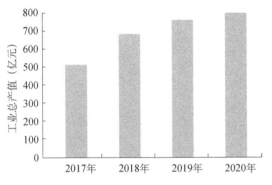
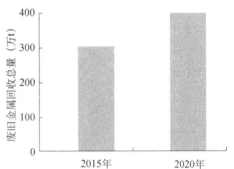

图 2-32　许昌市再生金属 2017～2020 年工业总产值变化　　　图 2-33　许昌市再生金属 2015 年和 2020 年再生金属回收量对比

四、推广应用条件

许昌市再生金属产业高质量发展模式对于我国城镇化发展迅速、再生资源产业相对集中的地区具有借鉴意义。

结合许昌经验，其他城市在推广应用中需注意以下问题：一是发挥政府引导作用。面对再生金属产业最初家庭作坊多、技术含量低、环境污染重等问题，许昌市政府积极引导，规划建设再生金属产业园，成立园区管委员，对再生金属企业进行统一管理。完善配套制度，特别是在支持企业绿色发展、技术升级、财政补贴、税收政策等方面给予制度保障。二是坚持技术创新。推动企业和科研院校合作，研发新技术，促进再生金属产业绿色制造、高端制造。三是加强废旧金属回收市场管理。打造现代化的再生金属回收网络和信息交流平台，具备一定的市场定价权和影响力，使再生金属制造业生产成本处在一个合理区间。四是坚持高质量发展。针对短板弱项，实施"强链、延链、补链"工程，积极拓展再生金属产业链条，打通回收、处置、利用环节，畅通利用渠道。五是关注环境问题。解决好再生金属在回收、利用过程中的环境污染问题。

（供稿人：许昌市生态环境局副局长　谷明川，许昌市生态环境局副局长　董常乐，许昌市"无废城市"建设试点工作推进小组办公室组长　王志远，许昌市"无废城市"建设试点工作推进小组办公室组长　肖文娟，河南金汇不锈钢产业集团研究院副院长　尚广浩）

工业绿色制造　经济生态双赢

——徐州市高端装备再制造模式

一、基本情况

徐州是"中国工程机械之都"，工程机械产业集群发展成熟，产业链完整，是国内工程机械生产企业最多、综合规模最大、品种覆盖面最广、产业集中度最高的城市。近年来，徐州深入践行新发展理念，为突出创建"无废城市"建设试点的战略地位，以"创新引领、转型驱动、协同增效"为方向，全力推动工业绿色再制造，特别是作为"中国工程机械之都"核心区、国家新型工业化装备制造产业示范基地、国家级产业转型升级示范园区的徐州经济技术开发区（以下简称"徐州经开区"），坚持率先争先、改革改变、创新创优，以全国第一的龙头工程机械企业徐工集团为牵引，大力发展循环经济，着力锻造徐州绿色转型的"强引擎"，有效破解了大量失效、报废产品对环境的危害等诸多难题，探索出了一条具有徐州特色的经济生态双赢模式。

二、主要做法

（一）建立健全体制机制，护航工业绿色再制造

1. 加强制度体系建设

全方位构建产业转型升级、绿色发展、循环化改造体制机制，进一步明确主体责任、客体范围和相关权利义务，近年来相继出台《徐州市工业固体废物管理条例》《徐州市"十三五"循环经济发展规划》等地方性法规，为产业结构调整、转型升级提供有力的制度保障。

2. 重构绿色发展格局

深刻把握阶段性发展特征，充分发挥徐州经开区国家级绿色园区示范引领作用，大力实施产业转型、河清湖美、生态修复、绿色惠民、智慧治污等系列工程，省级以上园区全部实施园区循环化改造，全市化工产业全面落实"两断三清"，系

统推进产业和生态在内的新经济转型，不断推动绿色发展理念往深里扎、往心里走、往实里做。

3. 加快建设现代产业体系

革新传统工程机械制造行业转型之路，牢牢抓住科技革命和产业变革机遇，纵深推进大数据、人工智能等信息技术与实体经济融合。全力支持徐州经开区谋划一批特色园区建设，加速推动装备与智能制造、新能源新材料、集成电路及 ICT、生物医药和大健康等国家战略性新兴产业集群发展。

（二）注重徐工集团"龙头发力"，开展再制造体系示范

1. 以关键技术突破夯实工业绿色再制造的基础支撑

发明了基于横向光电效应的废旧大型零部件关键几何精度检测技术，创新研发了姿态自适应调整的运载机构及系列检测装备，填补行业空白；发明了基于多信息融合的废旧零部件再制造性评估技术，建立了工程机械关键零部件剩余寿命、修复技术、经济成本、能耗环境等多维指标逐级决策的再制造性评估模型；采用熔盐超声复合重油污油漆绿色清洗技术，发明了浸没式循环冷却的熔盐超声复合清洗系统，研发了重油污油漆多污染层一体化清洗装备（图 2-34），实现了废旧油缸导向套、泵马达等零部件表面重油污、油漆多污染层的高效绿色清洗。通过技术突破与革新，大幅提升废旧设备再利用效率，促进固体废物源头减量。

图 2-34　电解质等离子清洗装备和一体化自动清洗装备

针对不同基体材料、缺陷类型和损伤程度的废旧零件，开展热喷涂、激光熔覆、表面镀膜等修复技术研究，突破耐磨、耐蚀表面涂层制备技术，攻克弹性体表面低温沉积类金刚石镀膜技术，构建再制造技术体系，为废旧零件表面损伤深度范围在 0.001～20 mm 提供成套修复解决方案（图 2-35）。

图 2-35　再制造修复技术方案

2. 以信息化赋能提升工业绿色再制造的系统集成水平

攻克了再制造信息与 ERP（有形资源的信息化系统）、CRM（外部客户资源的信息化系统）、MES（生产信息化管理系统）的正向信息集成难题，创新研发了再制造信息管理系统及产品品质控制管理平台，解决了再制造生产过程数据集成度低、工时计算不准确、质量难以追溯等难题，实现了废旧工程机械从回收、评审、再制造到入库的全流程信息化管理（图 2-36）。

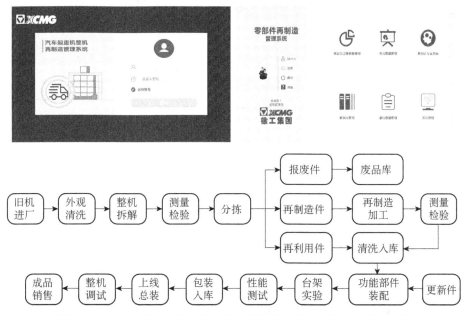

图 2-36　汽车起重机整机及零部件再制造信息管理系统及工艺流程图

3. 以标准体系搭建强化工业绿色再制造的引领作用

创新搭建了涵盖旧件回收、清洗、检测、评估、修复、租赁、逆向物流等环节的工程机械再制造标准体系，累计制定 20 项企业标准，主持制定 5 项行业标准，参与制定 4 项国家标准，在规范产业规则中不断增强再制造产品质量和市场竞争力。

4. 以试点示范项目深化工业绿色再制造的推广应用

2011 年，徐工集团成为工业和信息化部第一批再制造试点单位；2013 年徐工重型成立了汽车起重机维修再制造分厂，建立了汽车起重机整机及零部件再制造生产单元，具备年处理 300 台以上再制造汽车起重机整机的能力，2013 年徐工液压件、2014 年徐工基础等公司分别建立再制造分厂（图 2-37）；2018～2020 年累计再制造汽车起重机整机 794 台、液压缸等零部件 7461 件，实现经济效益 19.1 亿余元。

图 2-37　徐工重型-汽车起重机维修再制造分厂和徐工液压件-液压缸再制造分厂

（三）突出"全价值链"绿色理念，延伸再制造产业链

1. 在全价值链延伸中树牢绿色发展理念

大力推进绿色工厂建设的同时，将绿色可持续发展理念贯穿进全价值链。将"绿色"管理理念向上下游企业纵向延伸，持续关注供应商的绿色绩效，在自身取得绿色发展的同时，发挥引领带动作用，从行业高度全面推进绿色设计和绿色制造。

2. 在注重绩效评估中增强供应商管理能级

将绿色环保作为引进供应链的准入门槛，严把供应商的绿色关卡，倒逼上游供方绿色发展，严格执行供应商分类管理，确保供应链绿色信息公开透明。

3. 在后市场拓展中构建"一体化"产销体系

从企业发展战略高度出发，精准定位瓶颈问题，围绕快速盘活资产、降低维修成本、创新销售模式，致力于将大型基础施工设备的再制造产销一体化，围绕整修、销售、服务、备件、租赁五大部分，向产业化发展转变，推出以租代售、置换、以旧换新等销售模式，满足用户不同需求，形成了一套可复制推广的工程机械产品再制造管理模式。

（四）推行行业"差别化治理"，助力园区经济生态双赢

结合园区产业结构特征，大力实施工程机械行业、挥发性有机化合物（VOCs）产排行业差别化管控，引导企业树牢主动治污、自觉减排、绿色转型的意识，消除生产线"灰色"、收获产业链"绿色"。在差别化环保治理措施引领下，徐工集团投入 2.7 亿元完成 11 家主机生产企业 26 条涂装线的深度治理；卡特彼勒成立了绿色供应链联盟，旗下 12 家配套企业投入 3000 余万元实施绿色化改造，增资2000 万美元将卡特彼勒全球低排放大挖生产线转移至经开区，培育了东岳机械、世通重工等一批绿色制造标杆企业，实现产业转型"双赢"。

三、主要成效

徐州市致力于把有形的现代再制造技术设施和无形的绿色循环经济理念相结合，有序推进再制造产业化进程，为"中国工程机械之都"注入绿色发展新动力。

一是经济生态双赢成效初显。2018～2020 年累计再制造汽车起重机整机 772台、液压缸等零部件 7461 件，实现经济效益 22 亿余元，节约电能约 214 万度（81%），减少二氧化碳排放约 5 万 t（81%），有效缓解了资源短缺、能源匮乏、环境危害压力。

二是产业标准体系日趋严格。建立了以制造商牵头的工程机械主动再制造产业生态，落实了国家《循环经济促进法》中提出的生产者责任延伸制要求。搭建了工程机械再制造标准体系，其中汽车起重机关键零部件及整机再制造等技术居国际领先水平，徐工集团 28 种吨位汽车起重机整机及 480 种型号零部件纳入工业和信息化部《再制造产品目录》（第六批、第八批），推动了工程机械再制造产业的健康有序发展。

三是绿色环保产业载体加速崛起。国家工程机械质检中心（江苏）、江苏省特种机器人质检中心、徐州道路工程装备研究中心等绿色高端创新平台成功落地，打造了中能硅业、徐工重型、徐工液压件、海伦哲等 21 家绿色工厂和智能车间，推动产品研发向高端、高精尖、高附加值转型。匠心深耕节能环保技术产业，以徐工环境为龙头的节能环保产业集群，培育了中能硅业、青岛啤酒、浩通新材料等一批循环经济示范企业，形成了有园区特色的绿色环保产业技术创新"硬核"。

四、推广应用条件

徐州市实现了从传统老工业基地到产业转型升级示范城市的转变，走出了一条产业优化、绿色转型之路。通过绿色再制造模式的应用，在管理和经济效益方面，产品品质稳定提升，流程信息化及零部件再制造能力建设不断增强。通过推广《逆向物流信息管理系统》《敏捷响应管理系统》的开发与应用，实现信息高效、精准传递，全流程管理效率稳步提升。同时，实现知识管理及人才储备，形成再制造标准、实现对正向设计反哺，打造出一支优秀的再制造人才队伍。

徐州市实施工业绿色再制造实现经济生态双赢模式对全国机械制造行业绿色转型发展、践行高质量发展理念具有重要的示范引领作用。一是完善制度规划，系统布局，编制循环化改造规划和国家级经济技术开发区绿色园区实施方案，项目化推进工业绿色再制造实施。二是开展工程机械再制造标准体系示范，推广应用于各主机及零部件再制造，突出"全价值链"绿色理念，延伸再制造产业链，建立供应商管理及供应商绩效评价相关制度，深挖后市场深度构建"多轨制"营销体系，充分提升产品整修能力，缩短制造周期，主动创造市场，提高社会资本参与积极性。三是坚持创新驱动，精准定位瓶颈问题，施行差别化治理，发挥行业集成优势，最终实现工业绿色再制造经济生态双赢。

（供稿人：徐州市住房和城乡建设局副局长　张元岭，徐州市生态环境局副局长　张　华，徐州市住房和城乡建设局三级调研员　高玉梅，徐州经济技术开发区综合行政执法局科长　薛　鹤，徐州市生态环境局副大队长　王明明）

4 "无废园区"建设

创建"无废园区" 打造城市绿色循环典范
——北京经开区工业园区绿色升级循环模式

一、基本情况

北京经开区是国家循环化改造示范试点、国家第三批绿色工业园区。近年来，通过有效利用城市工业产业代谢产物，缓解了区域经济发展过程中遇到的资源与能源瓶颈，在产业转型、节能减排、资源节约和循环经济发展等方面取得了显著成效。

党的十九届五中全会通过的《中共中央关于制定国民经济和社会发展第十四个五年规划和二〇三五年远景目标的建议》提出，要"加快构建以国内大循环为主体、国内国际双循环相互促进的新发展格局"。在"无废城市"建设过程中，北京经开区将创建"无废园区"与打造城市工业绿色循环枢纽紧密结合，利用自身先进环保技术，深挖城市矿产潜能，为"无废园区"创建输出绿色产品、装备以及产业发展模式，从而实现工业园区建设与城市发展的有机融合，并不断打造成为城市绿色循环枢纽。

二、主要做法

以创建"无废园区"打造城市绿色循环枢纽模式（图2-38），即立足辖区产废实际，依托先进环保技术，将区域发展代谢的高值废物再生为绿色产品，回用于园区基础设施建设、补充城市能源供给，同时利用先进产业发展模式示范作用，促使园区固体废物源头减量、降低产废强度，助力园区的绿色升级。从而形成固体废物的自产自销再生循环机制，不断为打造城市绿色循环枢纽提供内生动力，持续保障城市及相关产业的长期稳定运行。

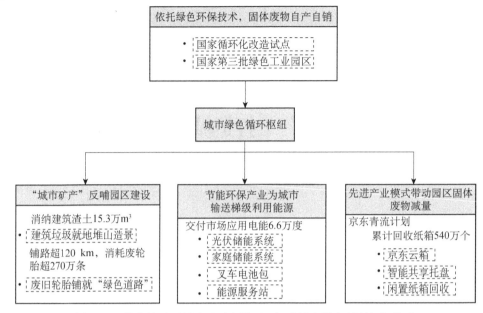

图 2-38　北京经开区创建"无废园区"打造城市绿色循环枢纽模式

（一）"城市矿产"反哺园区建设

1. 建筑垃圾就地堆山造景

随着园区产业升级，工业建筑拆除与新建产生了大量建筑垃圾。为促进建筑垃圾源头减量，推动绿色园区建设，北京经开区发布《北京经济技术开发区绿色建筑、装配式、超低能耗建筑实施意见》，引领形成工业领域绿色建筑标准，试点期间绿色建筑占新建建筑的比例达 97%。为最大限度消纳园区工业建设产生的建筑垃圾，北京经开区通过技术攻关与合理规划调配，实现建筑垃圾就近循环利用，回用于园区建设，从而节省园区建设成本。在博大公园使用土方就地塑造地形地貌，减少建筑土方的运输和填埋。在亦庄新城滨河公园，大量使用建筑回收再生料建设公园道路及铺装，根据再生料组成及强度分别部分替代素土或砂石料。在园区内的人行健康步道及部分广场铺装采用露骨料透水混凝土结构，垫层填充建筑再生料。

2. 废旧轮胎铺就"绿色道路"

北京经开区积极倡导绿色环保新技术、新材料、新工艺，在基础设施项目建设中，以普通基质沥青和废旧轮胎橡胶粉为主要原料制备橡胶沥青，铺设"绿色道路"（见图 2-39）。在解决了废轮胎处理问题的同时，节约了道路建设的原料投入，被国际橡胶沥青大会组委会授予"国际环境保护金奖"。橡胶沥青是一种改性沥青，采用高新技术和先进工艺生产而成的一种公路路面铺设新型材料，其中 20%的成分是由汽车废轮胎加工的橡胶粉。相比于普通沥青路面，橡胶沥青由于橡胶的包裹作用，能够减小摩擦，路面具有更好的吸音和降噪特性；由于橡胶的强韧性，橡胶沥青拥有更好的抗老化特性，提高道路的使用寿命；掺入橡胶粉后大大提高了沥青的黏度，增强了抗变形能力，使其具有更好的封水性能。

图 2-39 北京经开区铺设橡胶沥青环保道路

（二）节能环保产业为城市输送梯级利用能源

目前，北京市内的首批电动汽车动力电池基本已经进入退役阶段。"无废城市"试点建设以来，北京经开区针对退役动力电池的循环利用，扶植孵化了"动力电池梯次利用"的特色"无废"项目。"动力电池梯次利用技术"由辖区企业蓝谷智慧（北京）能源科技有限公司主导研发，技术模式主要为：使用智能设备针对不同电池模组规格进行拆解；采用梯次利用动力电池的电、热和安全管理系统技术，建立模型对储能系统进行优化配置；通过动力电池评估技术，提高电池重组利用率；利用大数据技术和数字孪生技术，实现对动力电池和产品的全生命周期数据管理和分析，极大提升了动力电池使用的效能。

"废弃动力电池梯次利用技术"可应用于光伏储能系统、家庭储能系统、叉车电池包、能源服务站等。目前，已在北京、江苏、西藏、广东等地投入运营，累计交付市场应用约 7 MWh，有效补充了城市能源供给空缺，促进绿色"零废弃"循环经济和"城市矿产"能源化利用的国内大循环格局正在逐渐形成。

（三）先进产业模式带动园区固体废物减量

辖区京东集团创新性提出绿色服务项目——青流计划，同时成为国内首个承诺设立"科学碳目标"的物流企业，充分发挥了龙头企业主动"减污降碳"的示范引领作用。通过携手供应链上下游伙伴，推动供应链端到端（包括品牌商到零售商、零售商到用户）的绿色化、环保化行动，探索在包装、仓储、运输等多个环节实现低碳环保、节能降耗，降低固体废物产生强度。2019 年 9 月，"京东云箱"平台正式上线，搭载了集 GS1、RFID、NFC 于一体的智能芯片，通过物联网"芯片扫描、系统记录"技术模式，使厂区内的托盘从功能单一的物流载具变成了可追溯、易管理的"智能共享托盘"，从而从源头减少了工业固体废物的产生。此外，发挥京东物流上门服务优势，在行业内凸显差异化回收方式，配送员完成订单派送后将客户家中闲置的纸箱回收，并给予客户一定的京豆激励，回收后的纸箱在站点留存用于揽收业务打包。

三、取得成效

北京经开区基于区域发展需求，依托辖区优质绿色环保技术，挖掘发展过程中产生的各类"城市矿产"，在实现资源化、能源化利用、减少原材料投入的同时，从源头降低了固体废物产生量，并成为北京经开区探索绿色循环经济、践行生态文明建设的生动实践，作为园区绿色发展理念体现在园区规划建设与运行管理的方方面面。一是通过建筑垃圾和废弃轮胎的再生利用，实现废弃产品和材料的绿色循环。在园区基础设施建设方面，通过对建筑垃圾的就地资源化利用，打造公园景观，共消纳建筑垃圾 15.3 万 m^3，大大减少了园区建筑垃圾处理的压力。推广橡胶沥青使用，在 50 余条新建及改扩建道路大规模铺筑橡胶沥青路面，总里程超过 120 km，摊铺面积 200 万 m^2，消耗废旧当量轮胎超 270 万条，减少二氧化碳排放超 30 万 t，成为亚洲首个城市道路运用橡胶沥青达百万平方米的区域，"减污降碳"效果十分显著。二是充分挖掘剩余能源潜力和价值，使绿色"零废弃"循环经济成为可能。利用废弃动力蓄电池生产储能系统和低速车电池包，为城市平稳运行提供了能源补给。北京经开区 2019 年和 2020 年期间，回收装车后的退役动力蓄电池 900 t、生产/试验的废旧电池及 B 品电池 900 t，梯次利用产品电量 66.43 MWh，主要生产储能 30.15 MWh，低速车电池包 7.16 MWh，移动充电 1.2 MWh。三是利用先进产业发展模式，带动园区乃至整个物流包装行业的固体废物源头减量和绿色升级。京东通过上门回收，实现固体废物源头减量。京东纸箱回收服务目前已覆盖北京、上海、广州等 100 余个城市，纸箱回收累计回收 540 万个，示范辐射带动作用显著。

四、推广应用条件

"城市矿产"是对废弃资源再生利用规模化发展的形象比喻。党的十八大从新的历史起点出发，做出大力推进生态文明建设的战略决策，强调着力推进绿色发展、循环发展、低碳发展，形成节约资源和保护环境的空间格局、产业结构、生产方式、生活方式。北京经开区作为高精尖产业主阵地，并非资源依赖型区域，但是仍然具有不断开拓创新挖掘城市矿产资源的巨大潜力，对全国其他城市在"无废城市"建设方面具有借鉴意义。在推广应用时还应注意以下问题：

（1）结合自身产业定位和区位优势，制定产业发展总体规划，合理发展与自身所处产业链位置相适应的再生资源产业。

（2）加大技术研发推广力度，落实动力电池、包装废物等新型产废重点行业的生产者责任延伸制。

（3）结合城市或区域资源特点，以建设"城市矿产"示范基地为抓手，培育带动再生资源利用产业发展。

（供稿人：清华大学环境学院副研究员　单桂娟，北京经济技术开发区"无废城市"建设工作专班副总干事　姚　静，北京经济技术开发区"无废城市"建设工作专班干部　梁　超，北京经济技术开发区"无废城市"建设工作专班干部　郭瑾，北京经济技术开发区"无废城市"建设工作专班干部　石　娜，北京经济技术开发区"无废城市"建设工作专班干部　刘竞方）

构建产业循环体系　实现废物综合利用

——西宁市技术创新构建无废园区模式

一、基本情况

西宁（国家级）经济技术开发区甘河工业园区成立于 2002 年 7 月，距离西宁市区 35 km，分为东区和西区两部分。园区于 2014 年被确定为全国循环化改造示范试点园区，2015 年被确定为全国（首批）低碳工业园区试点，2019 年被确定为国家工业资源综合利用基地。园区现有各类工业企业 75 家，其中建成投产 49 家。形成了以电解铝、铝深加工、电解锌、电解铜、镁合金压铸件为主的有色金属产业，以硅铁、铬铁为主的黑色金属产业和以 PVC、化肥、甲醇、无水氟化氢为主的特色化工产业。2019 年，园区共产生危险废物 14.15 万 t，占全市的 70%以上，主要来自电解锌产业链（锌渣等）和铝材生产链。其中有色金属冶炼废物 12.87 万 t（主要是锌浸出渣）、铝灰渣 0.61 万 t、精（蒸）馏残渣 0.18 万 t、废酸 0.16 万 t、废矿物油 0.13 万 t。园区产生一般工业固体废物 145.23 万 t，其中渣尾矿 31.69 万 t，占比为 21.82%，石膏渣 24.10 万 t，占比为 16.60%，电石渣等其他废渣 65.70 万 t，占比为 45.23%（详见表 2-2）。

表 2-2　2019 年园区工业固体废物产生情况

序号	危险废物类别	产生量（t）	占比（%）	主要来源
1	有色金属冶炼废物	128 719.46	90.99	电解锌
2	铝灰渣	6 084.80	4.30	铝深加工
3	精（蒸）馏残渣	1 835.98	1.30	PVC、化肥
4	废酸	1 632.26	1.15	PVC、化肥
5	废矿物油与含矿物油废物	1 318.93	0.93	4S 店，各企业
6	含铬废物	916.45	0.65	铬铁
7	其他危险废物	815.42	0.58	
8	含汞废物	101.10	0.07	
9	油/水、烃/水混合物或乳化液	30.10	0.02	
10	染料、涂料废物	14.20	0.01	
11	含镍废物	0.38	0.0003	
	小计	141 469.08	100.0	

续表

序号	一般工业固体废物类别	产生量（t）	占比（%）	主要来源
1	窑渣	11 798.34	0.81	铁合金、化工
2	渣尾矿	316 947.32	21.82	铜冶炼
3	石膏渣	241 046.00	16.60	发电、电解铝
4	冶炼废渣	84 628.00	5.83	铁合金、电解铝
5	其他	656 951.00	45.23	发电、有色金属冶炼、化工
	小计	1 452 250.93	100.0	

园区发展正处在产业结构调整和转型升级阶段，绿色循环的产业体系尚未完全构建。一是受经济持续下行压力，园区重点企业产能负荷不足，经济运行困难，资金短缺。二是园区作为全市危险废物产生的集中区域，湿法炼锌废渣、铝灰、废矿物油等综合利用关键技术尚未突破。三是由于园区环境风险点较多，全过程控制难度大，现有环境监管能力与实际工作要求存在差距。

"无废城市"建设试点以来，西宁市以甘河工业园区为重点，依托现有循环化改造示范园区、低碳园区建设，强化布局设计，链接与耦合，初步构建了"无废园区"模式（流程图见图 2-40）。

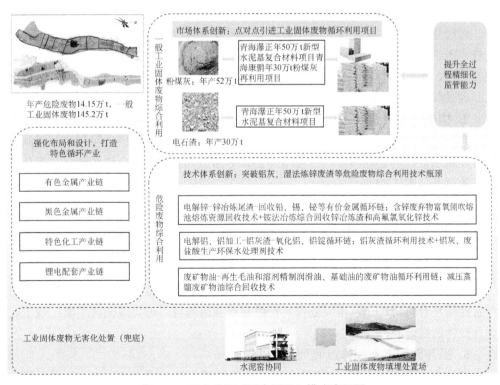

图 2-40　西宁甘河"无废园区"模式流程图

二、具体做法

（一）优化顶层设计，调整园区项目引进方向

坚持以创新、协调、绿色、开放、共享的新发展理念为引领，遵循园区循环经济发展方向，构建了以铝冶炼-铝合金-铝部件、镁基合金-镁合金部件等为主的有色金属产业链；以高碳铬铁-铬酸盐-铬酸酐等为主的黑色金属产业链；以甲醇-烯烃-丙烯腈-碳纤维为主的特色化工产业链；以无水氟化氢-六氟磷酸锂-锂电池电解液为主的锂电配套产业链，循环型工业体系日趋完善。

自"无废城市"建设试点以来，园区不断调整项目引进方向，布局循环利用项目，编制《西宁市工业资源综合利用基地建设实施方案》，同时通过减降免税收优惠，土地分级出让价格优惠等措施，2 年时间内共引进青海德胜环能年综合利用 5 万 t 废矿物油、青海瀑正 50 万 t 新型水泥基复合材料等综合利用类项目 10 个，总投资超过 16 亿元。

（二）推进技术创新，打造园区特色产业循环链条

1. 构建有色金属冶炼废物资源化回收链条

通过建设炼锌尾渣无害化处理及有价金属综合回收项目、锌的二次资源综合回收技术改造项目和 5 万 t/a 危险废物水泥窑协同处置项目，实现含锌危险废物全量综合利用，冶炼尾渣的安全处置，延长了电解锌-锌冶炼尾渣-铅、锡、铋等有价金属回收-尾渣水泥窑协同的锌产业链条（图 2-41）。

2. 构建铝灰综合利用特色链条

针对铝产业链条中产生的铝灰渣，通过实施铝灰渣循环利用项目和资源再利用生产环保水处理剂建设项目，完善电解铝、铝加工-铝灰渣-聚合硫酸铁、三氧化铁的产业链条（图 2-42）。

3. 构建废矿物油综合利用链条

通过建设 5 万 t 废油再生毛油、溶剂精制润滑油基础油改扩建项目，打造废矿物油-再生毛油和溶剂精制润滑油基础油的废矿物油链条。

4. 构建一般工业固体废物综合利用链条

在解决园区危险废物循环利用的基础上，通过引进建设新型绿色胶凝材料、新型水泥基复合材料、建筑垃圾处置、粉煤灰再利用项目，可实现园区主要一般工业固体废物的综合利用（图 2-43）。

5. 提升园区工业固体废物兜底能力

园区在维护运行已有全省最大的工业废渣填埋场（总库总 370 万 m³）基础上，按照《危险废物填埋污染控制标准》要求，规划建设可容纳 1.5 万 t 危险废物

刚性填埋场,兜底园区危险废物处置能力。同时,依托青海盐湖海纳化工有限公司 4600 t/d 熟料新型干法水泥生产线,实施青海宏正环保科技有限公司水泥窑协同处置危险废物项目,形成 5 万 t/a 危险废物处置能力(图 2-44)。

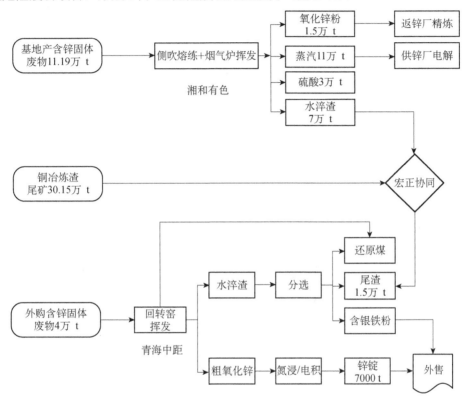

图 2-41 有色金属冶炼废弃物资源化回收链条示意图

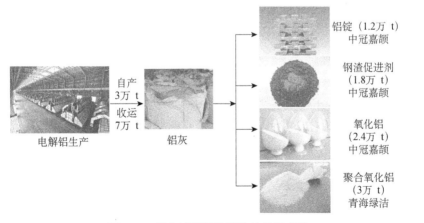

图 2-42 铝灰渣资源化回收链条示意图

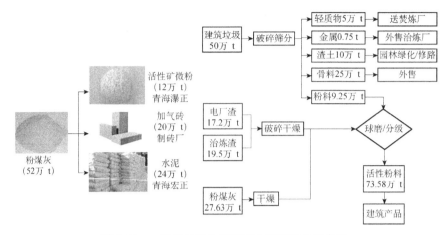

图 2-43　一般工业固体废物综合利用链条示意图

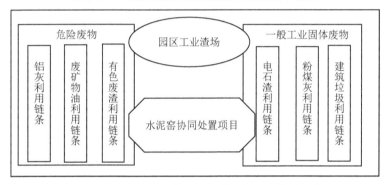

图 2-44　园区工业固体废物综合利用与处置体系示意图

（三）创新产业驱动，突破资源化技术瓶颈

1. 含锌废弃物资源化回收技术

1）含锌废弃物富氧侧吹熔池熔炼资源回收技术（图 2-45）

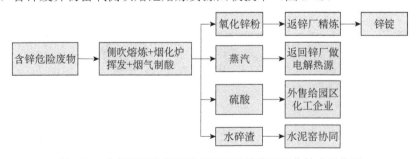

图 2-45　含锌废弃物富氧侧吹熔池熔炼资源回收技术路线图

以含锌废料为主要原料，引入先进的富氧侧吹熔池熔炼技术，采用"侧吹熔炼+烟化炉挥发+尾气制酸"的工艺回收原料中的锌、铅、硫等有价元素，水碎渣为无

害渣，可作为建材原料使用。该技术在电解锌-锌冶炼尾渣-回收铅、锡、铋等有价金属循环链中发挥关键作用，实现含锌废料的无害化和资源化利用。

2）铵法冶炼综合回收锌冶炼渣和高氟氯氧化锌技术（图 2-46）

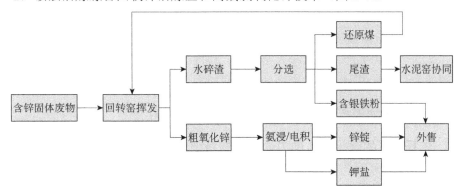

图 2-46　铵法冶炼综合回收锌冶炼渣和高氟氯氧化锌技术路线图

以锌冶炼渣、高氟氯含锌粉尘为原料，采用"回转窑挥发+渣选矿+氨法电积+铸锭"的工艺处理，得到铁粉（钢厂原料）、渣尾矿（无害渣）、钾盐（化工原料）和锌锭等产品，该技术是电解锌-锌冶炼尾渣-回收铅、锡、铋等有价金属循环链的有效补充，实现含锌废料的无害化和深度资源化利用。

2. 铝灰渣资源化回收技术

1）铝灰渣循环利用技术

以铝灰渣为原料，通过采用"球磨-筛分-熔融分离"工艺路线，将铝灰渣分类提取为合金铝棒、再生铝锭、钢渣促进剂（脱硫剂粒料）和氧化铝（耐火材料）等产品，在电解铝、铝加工-铝灰渣-氧化铝、铝锭循环链条发挥关键作用，实现铝灰渣资源化、循环利用。

2）铝灰渣、废盐酸生产环保水处理剂技术

以铝灰渣、废盐酸为原料，通过采用"破碎-球磨-筛分-聚合反应-固液分离-喷雾干燥-产品包装"工艺生产高品质聚合氯化铝、聚合硫酸铁和三氯化铁等环保水处理剂，在电解铝、铝加工-铝灰渣-氧化铝、铝锭循环链条发挥补充作用，实现了铝灰渣和废盐酸资源化、循环利用。

3. 废矿物油减压蒸馏综合回收技术

聚焦园区及周边企业产生的废机油、废润滑油等废矿物油，以园区现有危险废物收集、贮存项目为基础，引入废矿物油综合回收技术，在现有设施基础上购置脱水塔、减压塔、加热炉等主体工程设施，配套建设废矿物油储罐、润滑油基础油储罐以及汽车装卸设施等，采用"原料→脱水→减压蒸馏→溶剂精制→成品"工艺生产基础油、轻质油和重质燃料油。该技术在废矿物油回收利用循环链条中发挥关键作用，可实现危险废物废矿物油的资源化、循环利用。

4. 水泥窑协同处置危险废物

聚焦园区电解铝企业产生的危险废物（主要是大修渣）处理处置，依托青海盐湖海纳化工有限公司建成的 4600 t/d 熟料新型干法水泥生产线，构建水泥窑协同处置危险废物技术体系，年处置危险废物 5 万 t（固态危险废物 2 万 t/a、半固态危险废物 3 万 t/a）。危险废物在预处理中心经预处理满足水泥窑协同处置入窑（磨）标准后，运送至水泥生产企业直接入窑（磨）协同处置。该技术补齐园区危险废物安全处置能力，提升了园区危险废物处置兜底能力。

（四）强化全过程监管，提升精细化管理能力

1. 依托园区监管平台，助力固体废物精细化管控

依托园区现有的环境监管平台，充分利用视频监控、数据实时分析反馈等功能，强化从固体废物产生、贮存、转移、利用、无害化处置全流程智慧监管。利用数据平台和移动端，开展重点环节、重点设备的管理和检查，提升精细化管理能力。

2. 提升危险废物全过程监管水平

项目审批期：严格落实建设项目危险废物环境影响评价指南等管理要求，明确管理对象和源头，预防二次污染，防控环境风险。以有色金属冶炼、化工等行业为重点，实施强制性清洁生产审核。

项目实施期：开展排污许可"一证式"管理，探索将固体废物纳入排污许可证管理范围，充分利用固体废物智慧管控平台全面掌握危险废物产生、贮存、转移、利用、处置等情况。严格落实危险废物规范化管理考核要求，强化事中事后监管。全面实施危险废物电子转移联单制度，大幅提升危险废物风险防控水平。建立多部门联合监管执法机制，将危险废物检查纳入环境执法"双随机"监管，严厉打击非法转移、非法利用、非法处置危险废物。

三、取得成效

一是通过政策引导，开展点对点项目引进，2018～2020 年引进综合利用项目 10 项，补齐重点产业短板，实现产业优化和链条延伸，园区资源利用效率不断提升。二是通过技术创新，突破关键环节关键技术 6 项，完善锌冶炼废渣、铝灰渣、废矿物油 3 条危险废物循环利用链条，粉煤灰、电石渣、建筑垃圾 3 条一般固体废物综合利用链条，构建园区废物协同利用处置体系，实现园区工业固体废物区内循环，工业固体废物综合利用率大于 85%。三是通过设施完善和维护，提升园区工业固体废物兜底处置能力；通过提升园区全过程精细化监管水平，降低固体废物转移、利用、处置过程中环境风险隐患，保障园区环境安全。四是贯彻

落实资源战略，促进西宁市循环经济发展和工业绿色转型，提升城市生态环境质量。

通过不同链条的延伸打造，构建园区产业由点到线至面的固体废物利用处置技术体系，危险废物循环利用率可达到95%以上，一般工业固体废物综合利用率达到93%以上。

四、推广应用条件

西宁市甘河工业园区无废园区模式适用于具备工作基础的西部重工业园区，在经验推广过程中还需特别注意以下几点：①注重顶层设计，把好项目审批关，坚决杜绝引进产废量大、产废强度高的企业，积极接洽相对成熟的固体废物综合利用项目。着重构建循环产业体系，通过产业结构优化源头减少固体废物产生。②强化科技创新引领，鼓励企业开展自主研发，不断突破关键技术瓶颈。③统筹兼顾固体废物处置兜底能力的建设，提高园区整体固体废物监管与环境应急能力。

（供稿人：西宁市生态环境局三级调研员　张全录，西宁市固体废物污染防治中心主任　董发辉，西宁市固体废物污染防治中心干部　聂小林，西宁市生态环境局三级调研员　张全录，青海省环境科学研究设计院有限公司土壤污染防治所所长巢世刚，中国环境科学研究院工程师　吴　昊）

城市固体废物协同共治、资源耦合，
破解"邻避效应"

——三亚市循环经济产业园建设模式

一、基本情况

固体废物处置设施落地难，"邻避效应"突出，已成为各城市发展面临的棘手问题。特别是对于中小城市，医疗废物、危险废物、餐厨垃圾的产生量少，单建处理设施存在成本高、负荷低、运行不稳定、设施建设无用地等关键问题。

为破解上述难题，三亚市通过科学规划建设循环经济产业园（图 2-47），统筹解决城市基础设施用地，按照相对集中、资源共享的原则，合理配置各类废物利用处置设施，推动城市废物的协同共治和区域统筹。

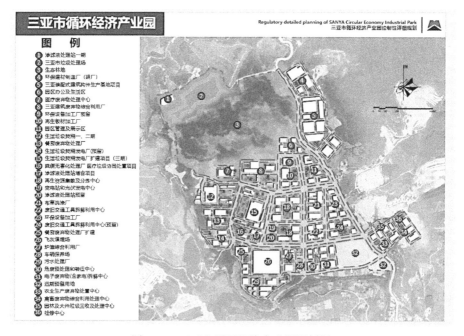

图 2-47　三亚市循环经济产业园规划图

二、主要做法

（一）明确园区定位和主管部门，强化顶层设计

三亚市循环经济产业园以服务城市绿色发展、提供城市基础设施为宗旨，以提升三亚市固体废物管理能力，补齐固体废物处置能力短板，实现区域协同共治为目标，科学制定了《三亚市循环经济产业园规划（2020—2030）》，主管部门为市住房和城乡建设局，实施园区统一监管。

（二）科学选址、合理布局，破解"邻避效应"

一是科学选址。根据三亚市实际，综合考虑各类设施选址要求，科学制定循环经济产业园建设选址的 10 大原则，规划三亚市立才农场生活垃圾焚烧厂附近用地用作三亚市循环经济产业园规划，并充分考虑未来用地预留，总用地面积约 3043 亩，有效避开城区人口密集区等公共设施或场所以及各类环境敏感受体，在选址上有效解决"邻避效应"。将生活垃圾焚烧发电、建筑垃圾综合利用、餐厨垃圾处理、危险废物预处理和转运中心、医疗废物处置、再生资源集散中心、粪便废物处理厂等城市固体废物处理设施全部规划入园，规划项目 36 项，一方面充分满足城市长期发展需要，另一方面避免二次建设、重复建设。依据功能需求及空间分布，将循环产业园划分为七大功能区：终端垃圾处理区、危废及燃烧产物处置区、可回收物回收处理区、环保产品制造区、污水处理区、服务管理区、生态林地。

二是合理布局。根据物质流、能量流将可实现废物协同处置、能源共享、副产品互换的处置设施临近建设，构建资源节约的空间布局，谋求废物处置产业的共生组合。以生活垃圾焚烧发电厂为核心，在周边合理布置生活垃圾填埋场、餐厨垃圾处理厂、炉渣综合利用厂、医疗废物处置等设施。生活垃圾焚烧厂的余热提供给餐厨垃圾处理厂，蒸汽用于医疗废物的高温蒸煮，焚烧炉渣作为原料制备环保砖等建材；餐厨垃圾预处理后的废油脂用于制备生物质柴油，经厌氧制备的沼气输入生活垃圾焚烧发电厂助燃发电，餐厨垃圾处理过程中产生的臭气输送至生活垃圾焚烧发电厂协同处置；餐厨渣、污水处理厂的干化污泥、高温蒸煮后的医疗废物，以及其他垃圾一同作为生活垃圾焚烧发电厂的原料进行焚烧发电（图 2-48）。

（三）开展环保设施旅游示范，提升公众认同

在园区规划建设管理科教区，在生活垃圾焚烧厂和餐厨垃圾处理厂增设科普长廊，定期组织环保设施向公众开放（图 2-49），提升公众的环保参与感和获得感，推进园区向工业旅游示范园发展，推动解决公众的"邻避"心理。

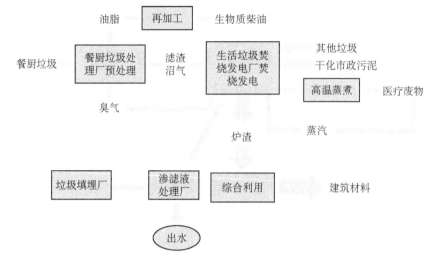

图 2-48 三亚市固体废物协同共治、资源耦合示意图

图 2-49 环保设施向公众开放

（引自"三亚环保"微信公众号）

三、取得成效

为城市提供了各类固体废物处理的基础设施和用地保障，探索形成了适合中小城市固体废物处理的设施布局和技术模式，固体废物处置能力显著提升。已建成生活垃圾焚烧发电厂一期、二期、三期，餐厨废物处理厂、建筑垃圾综合利用厂、医疗废物协同处置、垃圾填埋场、渗滤液处理站等 8 个项目，初步形成了餐厨垃圾处理、市政污泥处置、医疗废物处置、生活垃圾焚烧发电、建筑材料制备的产业共生发展模式，实现餐厨垃圾、市政污泥、医疗废物与其他垃圾的协同共治和资源耦合的梯级利用。生活垃圾焚烧发电厂能力由 2019 年的 1050 t/d 提升至 2250 t/d，实现全市原生生活垃圾零填埋；医疗废物处置能力由 2019 年的 5 t/d 提升至 10 t/d，统筹琼南 9 市县医疗废物的无害化处置。

四、推广应用条件

　　该模式适用于现有固体废物处置设施无法满足城市发展需要，处置设施落地难、"邻避效应"突出的中小城市。推广过程中，一是要根据城市发展需要在国土空间规划上坐实并预留设施用地，推动将固体废物处理处置纳入城市基础设施；二是要基于各类废物产生情况，发展适用技术或者区域共建共享，破解单个城市的产废总量小，单建设施成本高、负荷低、运行不稳定等制约性难题。

　　（供稿人：三亚市生态环境局副局长　杨　欣，三亚市生态环境局土壤和农村环境管理科科长　陈改众，清华大学/巴塞尔公约亚太区域中心综合办副主任段立哲，清华大学环境学院博士后　张国斌，清华大学/巴塞尔公约亚太区域中心项目助理　李丹阳）

构建区内循环为主，外销为辅的"多元利用"路径

——包头市"包钢无废园区"建设模式

一、基本情况

包钢（集团）公司是世界最大的稀土工业企业和我国重要的钢铁工业基地，拥有"包钢股份""北方稀土"两个上市公司，拥有的白云鄂博多金属共生矿是中国西北地区最大铁矿，稀土储量居世界第一位。钢铁产业，具备1650万t以上铁、钢、材配套的冶炼加工能力。其下属的中国北方稀土（集团）高科技股份有限公司是集稀土生产、科研、贸易、新材料于一体的龙头企业，另外包钢集团还拥有深加工、化工、物流、金融等多种产业，形成具有多元发展的内蒙古自治区特大企业。

包钢集团在快速发展的同时，固体废物产生量大。包钢尾矿库历史堆存近亿吨尾矿，厂区内历史遗留堆存冶炼渣约1000万t，每年高炉炼铁产生水淬渣约420万t，转炉炼钢产生钢渣约160万t，脱硫石膏约58万t，除尘灰约128万t，需要通过"无废园区"建设推动包钢集团高质量发展，将"无废园区"建设与企业发展和生态环境治理相融合，促进新旧动能转换和产业结构调整，全面提升固体废物综合利用水平。

二、主要做法

（一）高站位重视建设试点工作，加强组织领导

包钢作为包头市重点工业企业，高度重视试点建设工作，将"无废城市"和"无废园区"建设作为高质量发展的一项重要内容，结合包钢特色的固体废物制定《包钢"无废园区"试点建设实施方案》，打造包钢循环经济产业园区，结合包钢集团所产生的固体废物，补齐短板延伸产业链条，提升固体废物资源综合利用产品价值，拓宽销售渠道，并充分发挥集团园区优势特征，实现固体废物的内部利用为主，外销为辅的"多元利用"路径（图2-50）。

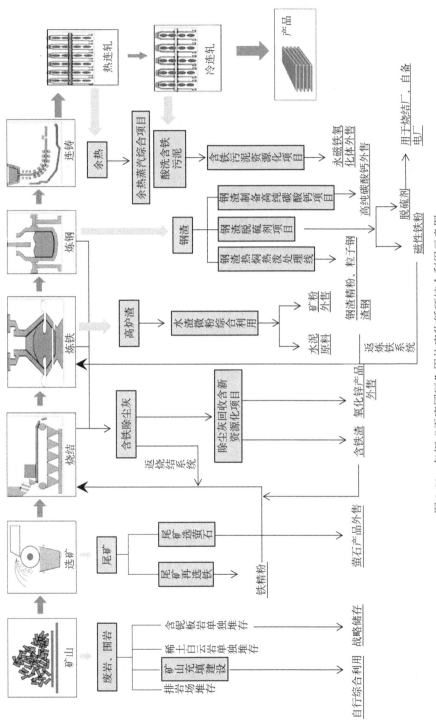

图 2-50　包钢"无废园区"固体废物循环综合利用示意图

将包钢无废园区目标、任务列入公司发展的总体规划，在"十四五"项目规划中进行统筹考虑，成立由公司分管领导任组长的"无废园区"建设试点工作领导小组，领导小组成员负责有关工作的组织协调、宣传发动以及具体项目的整体推进。坚持高起点定位、高层次推动、高水平实施，紧紧围绕方案中的具体任务，不折不扣全面推进无废园区建设工作。

（二）科学利用稀土尾矿资源，延伸产业链条

包钢集团稀土研究院对稀土尾矿进行资源开发利用，在白云鄂博矿区建设尾矿库资源综合利用项目，处理尾矿规模为 380 万 t 的稀土、萤石选矿等生产线，通过磨矿、分级、多次浮选等工艺获得可达到年产 5 万 t 的 95%萤石精矿以及年产 2.5 万 t 的 ≥80%萤石次精矿，获得高品位萤石精矿，对延伸公司产业链，提升公司盈利能力和发展氟化工产业具有重要意义。

（三）化解钢渣堆存、推动多途径高值化利用

一是包钢为化解钢渣的堆存，在原有钢渣两条钢渣热焖及磁选加工生产线下，新建设钢渣提纯工程，经棒磨、筛分、磁选的加工后，年消耗转炉喷溅渣 40 万 t，可年产粒子钢 1.8 万 t、钢渣精粉 7 万 t、渣钢 4 万 t，可用于炼铁高炉原料，剩余钢渣尾渣含烧硅酸三钙和硅酸二钙、橄榄石、蔷薇辉石等矿物，可用作集团厂区道路材料、工程回填材料消耗。

二是成立包钢冶金渣公司，突破钢渣的利用难题，投资建设钢渣尾渣生产复合矿物烟气脱硫剂项目，该项目采用钢渣粉末化分选工艺进行钢渣复合矿物脱硫剂的生产，产生的脱硫剂可回用于园区内烧结厂、电厂的烟气脱硫；伴生副产品可用作厂区内的土壤改良剂；分选出高品位磁性铁粉，可返回炼铁车间作为烧结熔剂。

三是为实现钢渣高值化利用，引进美国哥伦比亚大学最新碳化法钢铁渣利用技术，对钢铁渣进行综合处理，最终形成高纯碳酸钙、铁料等产品。已投资 3500 万元，第一阶段建成年处理 0.68 万 t 钢渣的工业验证项目，第二阶段计划投资 3.8 亿元，项目建成后每年可处理包钢钢渣 42.4 万 t，年消耗二氧化碳约 10 万 t，并具备年产高纯碳酸钙 20 万 t、铁料 31 万 t 的生产能力。

（四）提高水渣利用规模，扩宽销售路径

在包钢厂区引进冀东水泥公司，开展水渣综合利用项目，高炉水渣经原料运输系统至中间缓冲仓进行杂质分离，配料称重后送入立磨系统进行粉磨，粉磨后的矿粉由气力输灰系统运至储存仓，经过输料系统送入水泥生产系统，项目一期建设完成两条年产 60 万 t 的微粉生产线，二期建设一条年产 60 万 t 微粉生产线和水渣料

场，目前形成年产矿粉 180 万 t、水泥 200 万 t 的能力，并积极通过拓展铁路运输及铁海联运方式，增加包钢高炉水渣外销利用半径。

（五）重视科研合作，建设脱硫石膏利用项目

为解决包钢烟气脱硫产物资源化利用的问题，包钢矿研院与东北大学联合承担了"烧结烟气脱硫产物资源化利用新工艺的开发及产业化应用研究"项目。本项目以包钢烧结、球团烟气脱硫产物为原料，采用水热法工艺制备高强度、高品质的硫酸钙晶须和高强半水石膏产品。根据试验结果，包钢集团公司计划一期投资 13 000 万元，新建一条 5 万 t/a 的硫酸钙晶须生产线，根据生产效果，后续逐渐扩大至 100 万 t/a。该项目逐步建成投产后，脱硫石膏综合利用率可达到 100%。

（六）引进优势项目，实现含铁物质综合利用项目

一是在包钢厂区引进永磁铁氧体项目，充分利用包钢产区内薄板厂、金属制造公司酸再生炉产出的氧化铁红粉为原料，利用包钢资源的优势、能源优势、地源优势生产高性能永磁铁氧体预烧料，在已建成两条年生产 9000 t 预烧料的湿发生产线，可年产 BMS-6 产品 18 000 t，实现高价值利用。

二是引进包钢高炉布袋除尘灰资源化无害化综合处理项目，通过高温还原金属挥发进入气相，在气相的氧化收集金属被富集，可年处理包钢高炉除尘灰 10 万 t，可回收铁烧结渣 6.25 万 t、次氧化锌 1.6 万 t，实现有价金属的循环利用。

（七）余热充分利用，实现节能降耗

推动余热利用，建设包钢薄板厂余热回收及自产余热饱和蒸汽综合利用项目，通过回收利用薄板厂热轧板卷连轧机组（CSP）生产线加热炉 5 个供热段烟气余热产过热蒸汽，后送至新建余热发电站中 4 MW 汽轮机发电机组发电并网，每年可回收余热实现年发电量可达 3560 万 kWh，预计可年节省标煤约 2.3 万 t，年减少 CO_2 排放量 5.8 万 t。

三、取得成效

初步实现包钢集团"无废园区"的建设，形成固体废物年资源综合利用能力约 500 万 t，形成多途径钢渣利用方式，实现含铁废物高值化利用方式，水渣的综合利用率 78%，基本实现工业固体废物不出园区，集团内部综合利用为主的方式。

四、推广应用条件

大型的集团企业，拥有多个子公司产生的固体废物产量大、种类多，园区内各生产工艺和设备存在一定耦合关系，仅在厂区内配套相关固体废物综合利用企业就可实现较大规模的资源综合利用条件。

（供稿人：包头市生态环境宣传教育中心工程师　王　妮，包头市生态环境技术保障中心高级工程师　李欢欢，包头市中小企业公共服务中心科员　张　茹，包头市产品质量计量检测所科员　刘　航，包头市交通规划勘测设计院工程师班庆华）

第三篇

推行农业绿色生产，促进主要农业废弃物全量利用

生态循环"九化"协同　高效转化全量利用

——光泽县养殖农业县特色"无废产业"发展模式

一、基本情况

当前，畜禽养殖业向欠发达地区和非平原的山区转移集中趋势明显。大规模、高密度的畜禽养殖和屠宰加工业往往导致粪便、屠宰废水、污泥、血液、羽毛、下脚料等废物产生量巨大，如果处置管理不当，往往对区域流域的生态环境造成明显胁迫，导致严重的水体富营养化、水质恶化现象。在生态环境管理日益严格的背景下，养殖大县如何加快引导传统农业绿色转型发展，是当前养殖型农业县发展"无废产业"面临的重要共性议题。

光泽县县域面积 2240 km²，地处闽江上游和武夷山国家公园，水质优良、生态环境优美，但保住"绿水青山"压力始终巨大，对产业的绿色发展提出了极高要求。2020 年规模化养鸡场共计 198 座，家禽饲养总量 2.8 亿羽，粪便产生总量为 47.00 万 t；鸡血产生量为 13 172.96 t，鸡羽毛产生量为 32 932.41 t，鸡骨产生量为 14 410.52 t，鸡内脏含下脚料为 35 404.59 t。肉鸡屠宰、加工、熟食品深加工产业规模巨大、高度聚集，亚洲第一、世界第七的白羽肉鸡上市企业在我县布局了四家饲料加工厂、四家屠宰厂、五家食品厂、三家有机肥厂、两家发电厂。秸秆产生量为 8.53 万 t，化肥使用 5217 t，农药使用 217 t，地膜使用量 164 t。

结合本地实际情况，按照"无废城市"建设总体要求和创建具体工作要求，我县提出农业生产生态化、生产投入减量化、主导产业规模化、产业发展链条化、衍生产品高值化、秸秆优先饲料化、有机废物肥料化、多余固体废物燃料化、危险废物无害化的"无废产业"九化协同发展思路，形成了物料生态循环、资源高效转化、废物全量利用的特色产业体系。

二、主要做法

"无废产业"发展的主要做法共有九点，具体内容如下所述。

（一）农业生产生态化，形成种养生态系统的内循环

合理设计搭配食物链、营养级，构成特色生态系统，将养殖业废物直接转化成为种植业肥料，替代化肥施用；作物秸秆等又可直接作为畜禽饲料和农田有机质肥料，可以形成有机质和氮磷等养分在生态系统内部循环。

稻渔共生生态种养结合。稻花鱼既增粮又增鱼，水稻为鱼类提供庇荫和有机食物，鱼则发挥耕田除草、松土增肥、提供氧气、吞食害虫等功能，这种生态循环大大减少了系统对外部化学物质的依赖，增加了系统的生物多样性。大大减少稻田施肥、喷药量，促进生态环境的优化。对农户稳定增收、农村增美起积极的作用。如止马镇仁厚村，"稻花鱼"示范基地600亩，与单纯种植水稻相比，不用除草剂，不打农药，消费者可通过中国生态食品城可视化认养平台在线认养与实时查看稻花鱼生长情况，稻米收获后秸秆粉碎还田，最终收获稻花鲤鱼和绿色大米，农户增产增收。

"猪-沼-菜/果/稻"种养循环。桃林村将附近猪场沼液和厨余垃圾沤肥液，经水肥一体化设施用于火龙果、葡萄、蔬菜、花卉等种植，持续提供养分；山头村建立和完善了"畜禽—沼液—肥料—种植"生态农业、循环农业的发展模式，将附近养猪场产生的沼液经水肥一体机及管道施用于水稻种植，提供氮源、磷源。现已建成沼液池2个，沼液输送管道11 700 m。采用水肥一体化技术，不仅能节约用水，提高作物的经济效益，同时提高了畜禽粪污综合利用率和土地肥力。

（二）生产投入减量化，生态防控减肥减药高效生产

推广"无药"防控模式。积极推广绿色食品种植，探索采用释放烟蚜茧蜂、使用诱捕器、太阳能灭虫灯、黄色诱虫板、防虫网等物理、生物防治技术，有效降低了化学农药的使用量，提高了农产品的安全。

推广"无肥"种植模式。开展紫云英改良土壤研究，每年利用冬闲田示范种植绿肥紫云英2万亩以上，形成烟田推广紫云英种植独居的特色地方标准，得到云南省烟草部门借鉴并推广。全县在水稻、烟叶、茶叶、果树、蔬菜等主要深入推进测土配方施肥技术的应用，大幅提高施肥效率，避免施肥过多而产生不良的生态影响。

推广"无人"植保模式。积极推广高效植保机械化技术，利用农机购置补贴、县财政资金奖补等政策和项目，扶持发展病虫害防治专业化服务组织，支持购买无

人机等先进高效植保机械替代人工作业，结合推广甲维盐、氯虫苯甲酰胺等高效、低毒、低残留农药，提高喷洒效率，降低农药化肥用量。

科学养殖减少废物产生。圣农集团持续斥巨资优化育种，不断提升肉鸡对饲料的利用效率，目前每生产 1 kg 鸡肉仅需饲料 1.6 kg，单位出栏肉鸡的鸡粪产生量远低于行业平均水平，从源头上极大削减了固体废物产生量，减轻了后端处置利用的压力。

（三）主导产业规模化，科学谋划打通利用经济路径

养殖规模过小，下游屠宰、加工产业的固体废物往往难以资源化利用的规模经济，导致固体废物难有出路，处置成本高昂。圣农集团探索制定标准化规模养殖场，每个养鸡场肉鸡年出栏量约 120 万只。饲料加工四厂曾是亚洲最大的饲料厂，年产能达 70 万 t。圣农集团的屠宰厂、熟食品加工厂屠宰和加工能力均处于行业规模领军水平，年屠宰量达到 2.6 亿羽，熟食品产量超过 10 万 t。

圣羽生物鸡毛资源化利用项目。项目配备 5 套专业化单一饲料羽毛粉生产设备，年可处理肉鸡羽毛 2 亿羽，可生产水解羽毛粉 8000 t，年产值达 1800 万元。

海圣饲料肉鸡宰杀下脚料资源化利用项目。进口 6 条丹麦的干燥蒸煮器成套全自动设备，内购 5 条国内领先的内脏粉生产线，对圣农屠宰过程中产生的废弃物和边角料进行高温高压蒸煮、水解、自动真空干燥制成高蛋白饲料用鸡杂粉。产品蛋白质与油脂含量丰富，动物营养成分高，年可消耗鸡肠、鸡头等鸡下脚料 10 余万 t，年产动物蛋白饲料产量在 3.5 万 t 左右，年产值约 1.4 亿元；生产的蛋白饲料用作猪、鱼类的添加饲料。饲料用鸡肉粉、鸡内脏粉、鸡油等产品主要销往华东、华中及华南大型饲料用户。

明圣生物制品鸡血鸡羽毛资源化利用项目。利用圣农公司屠宰加工线上产生的鸡血、羽毛等附属产物，通过现代设备加工生产血球蛋白粉、血浆蛋白粉及羽毛粉等饲料半产品，年处理鸡血 2.6 万 t。

绿屯鸡粪制有机肥利用项目。福建绿屯生物科技有限公司是福建省最大的有机肥厂，每年可接纳圣农集团养殖场粪污 30 万 t 以上，各种有机肥（有机复混肥）总产能可达 35 万 t。

（四）产业发展链条化，产业集群强化废物循环利用

围绕白羽肉鸡育种、孵化、饲料加工、养殖、屠宰、加工、深加工的主产业链，圣农集团持续创新，有意识地为鸡粪、鸡血、鸡羽毛、鸡骨架、鸡内脏等下脚料、污泥、鸡蛋壳等各类废弃物寻找合理的资源化利用路径，促进其循环利用并形成循环经济体系（白羽肉鸡产业体系图见图 3-1）。

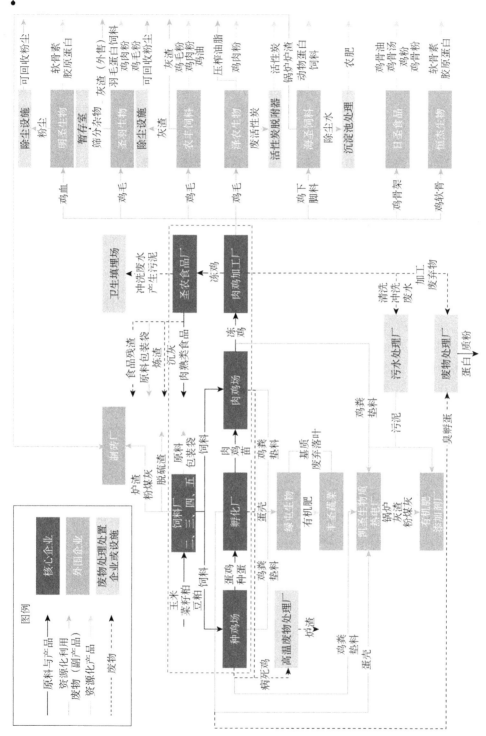

图 3-1　光泽县白羽肉鸡产业体系

（五）衍生产品高值化，研发创新高端利用销售渠道

圣农集团目前的固废资源化产品包括有机肥、电力、动物蛋白、油脂、软骨素等，其中非电力实体产品按照市场售价从四五千元到上万元和数十万元不等。

从鸡骨架中提取软骨素等高价值副产品是 2020 年圣农集团下游产业链新上项目（图 3-2），其产品终端市场售价在 30 万元/吨左右，每年产量可达数千吨。按照圣农集团的产业发展规划，今后将继续对鸡心、鸡肝等原先低值化利用的废物进行经济价值的二次挖掘，力图将其中蕴含的生物特殊功能高分子物质提取出来作为保健品和药品制剂关键原材料。

图 3-2　硫磺软骨素生产装置与产品

（六）秸秆优先饲料化，本地加工青贮饲料本地销售

秸秆富含纤维素等有机质，优先作为饲料供给羊、牛等牲畜，可实现经济价值的最大化。在无法作为饲料使用的情况下，再考虑作为肥料或燃料使用，是退而求其次的可行技术路径。我县以吴屯村为试点，大力实施无废农业，引进全自动青贮一体机，该机器每小时可以消化玉米秸秆 2.5 t，打捆约 45 个，成品可用于牛羊养殖饲料，推动玉米秸秆"变废为宝"，达到收益和环保双赢。

（七）有机废物肥料化，实现种植业氮磷养分再循环

对于饲料化路线无法消化的秸秆以及市政污泥、屠宰废水和食品废水污泥，通过堆肥发酵制备有机肥利用其中的氮磷元素，是较为合理的利用方式。圣农集团绿屯有机肥厂共有三条生产线，总产能达 35 万 t/a，可协同处理部分烟秆。引入厦门江平新三板上市公司合作生产膜发酵高品质有机肥项目即将投产运营，食品加工环节产生的食品污泥将得到资源化利用、无害化处理。推广全喂式水稻收割机，以粉碎回田的方式对废弃秸秆进行综合利用，年综合利用量 5.6 万 t，综合利用率达

97%。建立肥料、沼液相互补充的肥料供给体系，可实现沼渣、沼液以有机肥形式充分还田。

（八）多余固废燃料化，末端实现减量化资源化处置

以生物质为主的固体废物，如果无法完全转化成为饲料和肥料，生物质发电、沼气发电等燃料化方式是资源化利用的可行选择。

作为亚洲第一座高效、环保的以鸡粪为主要燃料的生物质电厂，凯圣以圣农集团鸡粪为主要燃料，通过循环流化床锅炉直接燃烧所产生的能量发电，设计规模为 2×12 MW。电厂每年消耗鸡粪约 28 万 t 和 3 万 t 圣农污水处理厂污泥，年可减排 COD 12.9 万 t、氨氮 2500 t，总量减排及节能降耗效益突出。2018 年发电量 1.63 亿 kWh，供电量 1.4 亿 kWh；每年鸡粪燃烧产生灰渣量约 3.6 万 t，是很好的磷钾肥原料，综合利用价值较高。

为配套产能扩增项目，目前圣农集团正在推动圣新生物质发电项目建设，建成后年发电量 1.47 亿 kWh，可实现圣农鸡粪全量处理，同时联产的蒸汽可供应集团内饲料加工厂、屠宰厂等用户，取代原有燃煤小锅炉传统供热模式。

（九）危险废物无害化，小众废物交付第三方外循环

按照"谁销售谁回收、谁使用谁交回"原则，明确农药经营店农药包装废弃物回收主体责任，构建"农资企业收集、县转运仓储"农药包装废弃物回收体系，设置 26 个村级回收点和 1 个县回收总站，专门委托第三方公司负责，目前已建成农药废弃包装物回收体系。建立"公司+合作社+农户"的烟草种植废弃地膜回收模式，废旧地膜由基本种烟农户向种烟大户（合作社）集中，由烟草公司给予适当补助，2019 年烟叶地膜实现 100%回收再利用，占全县废弃地膜总量的 96%。养猪场的病死猪化制处理；圣农集团病死鸡采用高温处理。

三、取得成效

通过以圣农集团为主的白羽肉鸡产业循环经济体系的持续完善和一批减肥减药、种养循环特色生态农业的发展，我县通过"九化"协同实现了各类主要工业、农业固体废弃物的高效转化、全量利用，构建出了养殖型农业县生态循环的特色"无废产业"体系（图 3-3）。

（一）形成特色养殖业循环经济体系

积极培育绿色产业，打造循环经济体系。依托龙头企业着力打造循环经济产业链，形成废弃物综合利用无污染、零废弃的循环经济模式。圣农主产业链各类固体

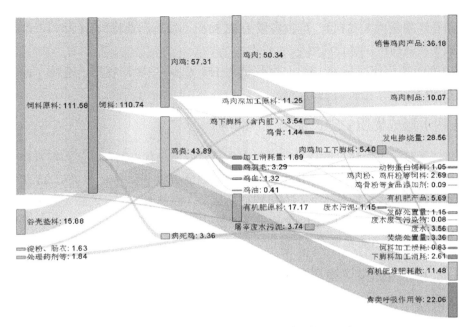

图 3-3　光泽县白羽肉鸡产业链资源消耗与转化情况（单位：万 t）

废物综合利用率高达 95%，废弃物利用产业链增值 4.0 亿/年以上。积极培育凯圣电厂、海圣饲料、明圣生物和恒杰生物等一批利用鸡粪发电和鸡下脚料、羽毛、鸡血和鸡骨头生产动物蛋白饲料、软骨素的固体废物利用企业。如圣农公司积极破解鸡粪治理难题，利用鸡粪和谷壳混合燃烧发电，月处理鸡粪 1.2 万 t，月发电量达 1380 万 kWh；利用鸡粪生产有机肥，月处理鸡粪 0.83 万 t，实现经济效益和生态效益双丰收。

（二）农业生产投入品使用稳步减少

建立水稻、蔬菜、茶叶、水果病虫绿色防控示范点 8 个 2300 亩，推广应用面积 32.1 万亩次，推广烟田生物防虫 2.8 万亩，黄板黏虫 5000 亩，性诱剂 2000 个。推广使用有机肥和测土配方施肥技术 55 万亩次，示范种植绿肥紫云英 2.1 万亩，使得土壤中有机质含量增至 41 g/kg；测土配方施肥使得稻田化肥使用量减量 15%，水稻产品增加 50～75 kg/亩。全县水稻、烟叶、茶叶、果树、蔬菜等主要农作物测土配方施肥技术面积 30.15 万亩次，覆盖率达 90.1%。自"无废城市"创建两年以来，农药化肥使用量连续同比减少 3%以上。

（三）资源能源转化利用率明显提升

2020 年生猪、牛、羊、家禽的粪便产生总量为 48.83 万 t；综合利用量为 48.79 万 t，综合利用率为 99.92%，主要利用方式是生产有机肥和燃烧发电。

秸秆产生量为 85 314 t，可收集量为 63 516 t，综合利用量为 61 845 t，综合利用方式主要是回田，综合利用率为 97.4%。

2020 年地膜使用量为 164 t，回收量为 158 万 t，主要回收用于造粒，地膜回收率为 96.3%。

（四）形成优质生态产品与品牌体系

将"无废城市"建设试点与中国生态食品名城建设有机结合，努力探索建立种养循环生态农业模式，不断做优生态农产品。截至 2020 年，光泽县共有 25 家农产品企业获得无公害、绿色食品、有机农产品认证，涉及茶油、水、蜂蜜、茶叶等；有 23 家农业企业正在申报绿色食品，涵盖茶叶、蔬菜、稻谷三大类。培育无公害农产品 17 个，绿色食品 6 个。

（五）增强优良环境质量的保障水平

"无废产业"体系的建设取得了明显的生态效益。2019 年，光泽县空气优良比例天数达 100%，位列南平市第一；地表水、集中式饮用水源全年水质达标率均为100%，是福建省唯一小流域监测水质全部达到国家 Ⅱ 类以上标准的城市，全省环境质量提升考核中位列第一名，并获得省财政厅下达的环境质量提升奖励金 2950 万元。

四、推广应用条件

畜禽养殖业的规模经济是构建"无废产业"体系的先决条件。只有主产业链规模化达到一定水平，才有可能促使下游各类废弃物达到资源化利用的经济规模。

固废资源化技术的创新投入是构建"无废产业"体系的必要条件。农业及延伸加工业产生的固体废物有机质含量较高，需结合本地实际和市场需求，合理选择饲料化、肥料化、基质化、燃料化等利用路线，才能最大化消纳利用各类固体废物。

核心企业对于各类废弃物产生和利用的统筹调配、维持产业链稳定性、实现持续运行至关重要。周边企业和与核心企业通过签订长期供货协议、共享基础设施、随主产品浮动定价等方式，形成紧密合作的产业生态系统，才有可能实现各类固体废物的稳妥、安全、高效处置利用和转化。

对于种养循环模式，需要根据本地主栽作物、特色农产品、畜禽养殖业特点，因地制宜设计和优化种养循环生态经济体系，促进秸秆、粪便等高效转化利用。

（供稿人：光泽县人民政府副县长　罗旭辉，南平市生态环境局光泽分局副局长傅龙润，圣农集团常务副总裁　陈剑华，光泽县农业农村局农技推广中心主任龚建军，生态环境部华南环境科学研究所生态经济与清洁生产研究室主任　石海佳）

强化种养平衡　实现粪污资源全量利用

——西宁市农牧业高质量发展的生态牧场模式

一、基本情况

西宁市位于青藏高原与黄土高原交界处，平均海拔 3137 米；全市共有耕地面积 14.4 万公顷，其中浅山地和脑山地占比高达 77.5%。西宁市 2019 年正常营业的省级认定各类畜禽规模养殖（小区）133 家，存栏生猪 21 753 头、奶牛 4417 头、肉牛 11 587 头、肉羊 35 196 只、家禽 358 800 只。

2016 年以来，为解决川水地区高密度圈养式养殖场搬迁消纳、浅山地和脑山地种植困难经济效益低等双重问题，西宁市提出大力发展生态畜牧业和种养结合循环农业，合理布局规模化养殖，实施养殖业出川上山，加大力度建设生态牧场，加快推进畜牧业发展方式转变。各县区结合实际，合理划定适宜发展生态牧场的区域、乡镇、村社等计划。

生态牧场以构建生态循环畜牧业为发展思路，以饲草种植和规模养殖相结合、舍饲圈养和适度放牧相结合，以"草+畜+粪+肥"为循环闭合养殖方式，充分利用本地区天然草场和弃耕地、退耕地等资源，加大浅脑山地区的饲草种植面积，在合理利用天然草场、实现草畜平衡的前提下，以草养畜、草畜联动、适度放牧，降低饲养成本，提高肉品品质，打造绿色、优质、高效生态循环畜牧业发展模式（图 3-4）。

二、具体做法

（一）创新机制体制，构建种养一体化闭环循环模式

一是注重顶层设计，以"无废城市"建设试点、青海省建设绿色有机农畜产品示范省、西宁市建设绿色发展样板城市为引领，制定专项实施方案和《青海绿色有机农畜产品示范省建设西宁市工作方案》，加快推进形成"区域化布局+规模化种养+标准化生产+品牌化营销"的产业发展模式，助力农牧业高质量发展。

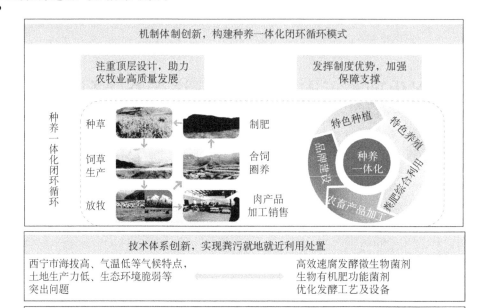

图 3-4 农牧业高质量发展的生态牧场模式流程图

二是发挥制度优势，市农牧、发改、财政等部门编制出台《西宁市生态牧场发展规划》，制定生态牧场建设标准和绩效考核标准，加强保障支撑。

三是把握生态牧场的核心内涵（图 3-5），构建"草+畜+粪+肥"循环闭合养殖方式，在工作推进过程中遵循以下几点要求：①遵循生态保护优先，以饲草种植和规模养殖、舍饲圈养和适度放牧相结合，减轻天然草场养畜压力，实现草畜平衡；②遵循绿色循环，充分利用本地区天然草场和弃耕地、退耕地等资源，加大浅脑山地的饲草种植面积，以草养畜，实现种养一体化；③配备完善的基础设施，强化粪污收集和无害化处理区建设；④依托场区发酵和周边有机肥厂，实现畜禽粪污资源全量综合利用，生产的有机肥用于饲草养殖，回归田间，实现闭环。

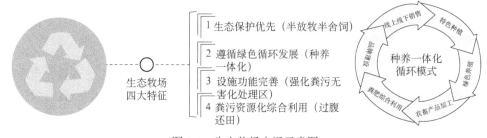

图 3-5 生态牧场内涵示意图

（二）强化科技支撑，实现粪污就地就近利用

1. 粪肥综合利用技术创新

一是充分发挥科技示范和引领作用，针对西宁市海拔高、气温低等气候特点以及土地生产力低、生态环境脆弱等突出问题，支持开展"有机肥及生物有机肥生产技术"等科研项目，筛选了一批高效速腐发酵微生物菌剂，研制了生物有机肥功能菌剂，开展了牛粪堆积发酵、有机肥种植试验效果研究等工作，为补齐技术短板提供基础支撑。二是充分调动企业积极性，采取企业与科研单位联合，研发引进小型发酵设备，在完善牧场内畜禽粪污收集设施的同时开展畜禽粪污发酵和还田技术应用，研发推广便捷有效的畜禽粪污综合利用技术（图3-6）。

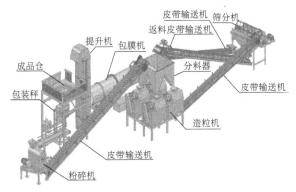

图 3-6　粪肥综合利用技术示意图

2. 科学种养技术创新

一是开展信息化建设。通过配备无人机、GPS，实现家畜精准定位，实现草场动态监控，引导轮换、合理放牧，缓解草畜矛盾，维护高原草场生态平衡。二是制定科学放牧计划。分析草场长期监测数据，结合季节特点和牲畜食草量等数据，优化放牧策略，并与舍饲圈养相结合，不断提高良品率和出栏率。

（三）发挥市场作用，保障循环链条良性运行

一是强化财政扶持，带动市场资本投入。政府持续推进生态牧场建设项目，充分发挥财政资金的扶持作用，撬动金融资本、民间资本和社会资本投入畜牧业发展。2016～2019年市级财政累计投入专项资金5550万元，占总投资的26%，主要用于基础设施、粪污处理设施、动物防疫设施等方面，拉动企业累计自筹资金15 300万元（不包括生产经营性投资），占总投资的74%。

二是培育龙头企业，做大粪肥利用循环圈。一方面，推动饲草+养殖企业、有机肥厂+养殖销售企业联手，提高集约化水平，保障畜禽粪污肥料化生产能力和有机肥消纳量。另一方面，强化规模化养殖，标准化生产，科学化管理，进一步规范

标准化养殖体系建设，目前建成并运行 30 家生态牧场，其中年出栏肉牛 500 头以上、肉羊 2500 只以上和奶牛存栏 500 头以上的生态牧场有 18 家；年出栏肉牛 1000 头以上、肉羊 5000 只以上和奶牛存栏 1000 头以上的生态牧场有 12 家；养殖规模的提升进一步保障了畜禽粪污收集和集中处置效率。

三是注重品牌培育，形成市场反哺模式。开展私人订制养畜，采用线上、线下相结合销售渠道，提升经济效益反哺模式良性运行。引导培育大通"乡土岭"藏香猪等品牌，产品远销北京、南京等地，销售价格达 120 元/kg，重点打造品牌效益。

四是助力精准扶贫，综合效益不断提升。生态牧场主要沿湟源环南山、环北山、湟中小南川、环拉脊山及大通县环大坂山等 5 个重点贫困地区，因该区域耕地面积有限且种植难度大，当地农民主要以牲畜养殖为主，但养殖规模小，养殖技术欠缺，总体经济收入较低。通过生态牧场建设，一方面通过租用本地区天然草场和弃耕地、退耕地等种草，为当地农民创收；另一方面提供就业岗位，为当地农民增收，在发展循环畜牧业的同时实现村民脱贫致富，综合效益不断显现。

三、取得成效

通过"无废城市"建设试点工作的开展，西宁市以农牧业高质量发展为引领，构建农牧业高质量发展的生态牧场模式，取得以下几点成效：一是建成生态牧场 30 家，巩固优化"草+畜+粪+肥"的闭合循环利用方式，实现了生态牧场内畜禽粪污的全量利用，推动区域畜禽粪污利用率提升至 78%以上。二是以饲草种植和规模养殖相结合、舍饲圈养和适度放牧相结合，在不断扩大畜禽粪污利用的同时有效维护区域草畜平衡，提升污染物综合利用效率、防治农业面源污染，同时提升了生态系统稳定性，有效改善了区域生态环境质量。三是充分发挥市场调节引导作用，通过财政扶持，培育龙头企业等，培育系列绿色品牌，发挥生态牧场循环产业链的综合经济效益，通过市场反哺模式良性长效运行。四是深化模式内涵，助力区域精准扶贫，通过生态牧场模式建设带领当地群众脱贫致富，在保住"绿水青山"的同时创造"金山银山"，人民群众幸福感和获得感不断提升。生态牧场全景图见图 3-7。

四、推广应用条件

西宁市农牧业高质量发展的生态牧场模式适用于西北农牧交错区并有天然草场和弃耕地、退耕地的城市，在该模式运用过程中还应注意以下几点：一是把握住生态牧场的核心内涵，做到草畜平衡和畜禽粪污全量还田消纳；二是发挥市场引导作用，通过提升生态牧场产出产品的品牌效益，提升附加值，通过经济效益提升反哺模式良性运行，保障长久运营。

图 3-7　生态牧场全景

（供稿人：西宁市生态环境局三级调研员　张全录，西宁市固体废物污染防治中心主任　董发辉，西宁市固体废物污染防治中心干部　聂小林，西宁市生态环境局三级调研员　张全录，青海省环境科学研究设计院有限公司土壤污染防治所所长巢世刚，中国环境科学研究院工程师　吴　昊）

发挥公司经营优势，打造"无废农场"

——铜陵市"无废农场"建设模式

一、基本情况

铜陵市普济圩现代农业（集团）有限公司（简称"普农集团"）经营的普济圩农场占地 80 km²，拥有耕地 8 万亩，主要农作物品种有水稻、小麦、大豆等。"无废城市"试点以来，该公司针对生态循环农业发展基础较好，但农业废弃物回收处理体系不健全的现状，印发《普农集团"无废农场"建设工作方案》，发挥公司化经营优势，组织公司下属分场及承租土地农户开展农业废弃物回收处理、发展稻渔共生生态循环农业（图 3-8），建设"无废农场"，努力打造国家级现代农业庄园和现代农业产业园，现代农业创新发展先行区、长三角优质农产品供给基地、长江经济带生态旅游休闲观光区。

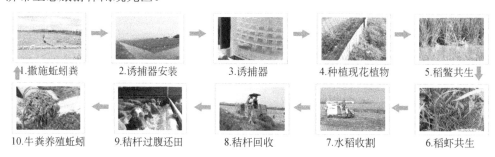

1.撒施蚯蚓粪　　2.诱捕器安装　　3.诱捕器　　4.种植现花植物　　5.稻鳖共生

10.牛粪养殖蚯蚓　9.秸秆过腹还田　8.秸秆回收　7.水稻收割　6.稻虾共生

图 3-8　稻渔共生生态循环农业系统

二、主要做法

一是发展生态循环农业。建成 3 万亩稻渔（虾鱼鸭鳖鳅）综合种养示范基地，年产优质虾稻米可达 2.3 万 t。通过秸秆过腹还田、稻渔共生 ["稻-虾（小龙虾）-甲鱼""稻-澳龙""稻-鸭"共生]，实现一田两用，增产增效的目标。"稻-虾（小龙虾）-甲鱼"模式是在小龙虾捕捞结束后，通过机插秧，在秧苗返青后投放 500 g/只左右的甲鱼苗，利用田中未捕捞完全的小龙虾作为甲鱼的饵料；水稻收割后，捕捞甲鱼集中起来第二年利用小龙虾分拣后的小杂鱼、软壳虾等养殖三龄甲鱼，稻谷收割后一部分秸秆通过深翻还田，另一部分通过养殖肉牛"过腹还田"；肉牛生产过程中产生的排泄物通过发酵后养殖日本赤子爱胜蚓，获得高品质的蚯蚓和顶级有机肥——蚯蚓粪，蚯蚓粪可用于种植有机水稻，实现农业生产闭合循环。技术路线如图 3-9 所示。

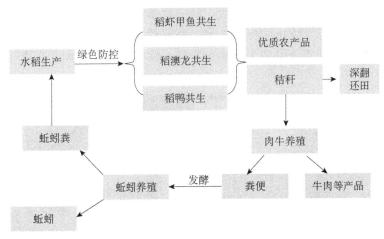

图 3-9 技术路线

二是农业病虫绿色防控。稻渔（虾鱼鸭鳖鳅）综合田按照二化螟性诱剂 200 套每千亩，稻纵卷叶螟性诱剂 100 套每千亩，黄板 40 张/亩，有机肥 200 kg/亩，使用高效、低毒、环保型药剂并达到使用率 50%以上为标准作为示范区，通过使用无人机开展病虫害防治，综合运用生物、物理杀虫，种植富花植物（硫化菊）吸引赤眼蜂等有益生物，撒施有机肥，减少化肥、农药的投入量，推动粮食绿色增产增效工作落实（图 3-10）。

图 3-10 太阳能杀虫灯和紫云英（有机肥料）

三是农作物秸秆综合利用。投入秸秆打捆机 60 余辆，全面开展秸秆粉碎还田、离田作业，建立农作物秸秆还田示范区 1.2 万亩，辐射带动周边承包户秸秆机械还田 6.82 万亩。主要农作物秸秆 5.71 万 t，可收集量 4.2 万 t，"五化"利用量 3.9 万 t，综合利用率达 92.86%。

四是农业投入品统一回收处理。制定了《农业投入品废弃物回收处理方案（试行）》，对农药、化肥、农膜、育苗盘、滴喷管带等农业投入品回收按每亩 5 元进行补贴。设置农业废弃物回收点 17 个，临时收储点 23 个，集中点收储点 4 个（图 3-11），所有农业投入品废弃物由公司统一回收处理，定期交有资质单位处置利用。

图 3-11 农业投入品回收暂存点

五是践行绿色生活方式。引导职工在衣食住行等方面践行简约适度、绿色低碳的生活方式，减少使用一次性不可降解塑料袋、塑料餐具，推动集团公司无纸化办公。在机关办公室及各下属单位所管辖区域投放垃圾分类桶 290 个，在农场小区建立升降式智能环保垃圾存储设备，由第三方服务公司负责每日垃圾清运。

三、取得成效

通过"无废农场"建设，实现农业投入品废弃物当季使用和当季回收，生活垃圾全部无害化处置，稻虾共养、绿色防控，减少了化肥、农药使用量。2019~2020年，普农集团入选农业农村部"国家级水产健康养殖示范场（第十四批）名单（稻鱼综合种养类）"（图 3-12）、获得中国渔业协会颁发的绿色发展突出贡献奖，在全国稻渔综合种养模式创新大赛中荣获二等奖，在"安徽好米"大赛评比中荣获金奖，入选安徽省农业产业化省级重点龙头企业。

图 3-12　国家级稻渔综合种养示范区（2020 年）

四、推广应用条件

铜陵普农集团"无废农场"建设模式适用于公司化经营或农村土地流转承包经营大户对农业废弃物统一回收处理，稻渔共养生态循环农业模式优点是规模可大可小，便于农户组织生产，适用于在南方水稻田推广。在推广和过程中应注意：一是充分发挥农业龙头企业带动作用，以农业产业化建设推进农业废弃物利用处置；二是结合当地自然地理环境和生态市场需求，合理发展"稻-鱼（蟹、虾）"等循环农业模式。

（供稿人：普济圩现代农业（集团）有限公司副总经理　徐国东，铜陵市农业农村局菜篮子办主任　裴万智，铜陵市郊区生态环境分局局长　文　忠，铜陵市生态环境局水生态环境科副科长　方　丽，铜陵市生态环境局土壤生态环境科副科长　汪　清）

"三源三统筹"综合治理海洋废弃物

——威海市海洋废弃物综合治理模式

一、基本情况

威海市是海洋经济大市，2020 年海洋经济总产值超过 1000 亿元，占 GDP 比重 1/3 以上。2020 年全市海水养殖面积达 8.02 万 hm²，产量 186.3 万 t，海水养殖产量连续 30 多年稳居全国地级市首位，是全国最大的藻类养殖基地和海洋食品、渔具生产基地。威海成山头水域是我国南北海上物流通道的支点，每年航经该水域的商船交通流量达 11 万余艘次（图 3-13），船舶污染物防治压力巨大。

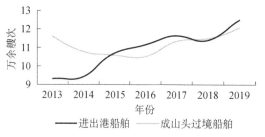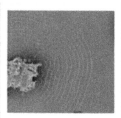

图 3-13　成山头水域航线密集区示意图

威海市海洋废弃物主要包括渔网、渔具、牡蛎壳等渔业养殖和加工废弃物、船舶污染物、海洋垃圾以及季节性爆发的浒苔等。据测算，2020 年，威海市共产生废弃渔网约 1.2 万 t，清理处置浒苔 1.5 万 t，收集上岸的船舶污染物有 5303 m³。此前，威海市海洋废弃物管理主要存在以下几方面的问题：一是对渔业养殖和加工废弃物缺乏规范化管理；二是渔港防污染基础较差，缺乏对船舶污染物的计量统计；三是渔业加工副产物资源化利用水平低。

近年来，威海市立足"海洋强市"战略，积极谋划海洋绿色发展大局，不断强化海陆、区域、政策三个统筹，着力解决养殖加工废弃物、季节性浒苔污染和船舶污染物污染防治问题，探索形成了"海洋废弃物三源三统筹综合治理模式"（图 3-14）。

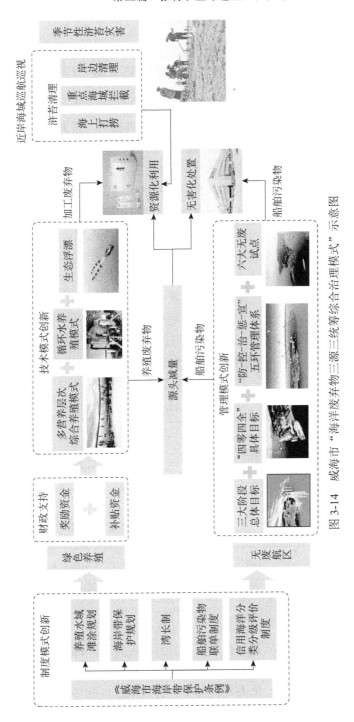

图 3-14　威海市"海洋废弃物三源三统筹综合治理模式"示意图

二、主要做法

（一）坚持生态护海，全面打造"海洋废弃物"综合管控制度体系

一是出台《威海市海岸带保护条例》，以立法的形式对海岸带范围内"海洋废弃物"污染防治提出了具体要求和管控措施。二是编制《威海市养殖水域滩涂规划（2018—2030）》《威海市域海岸带保护规划（2020—2035）》等文件，科学划定养殖空间，明确各养殖海域主导养殖方式和养殖密度，合理确定养殖容量，从规划布局、资金支持、产业发展等方面着力支持"一核引领、两翼延伸、多园支撑"的水产健康养殖示范区建设。三是出台《加强海洋执法监管工作实施办法》，建立了海事、海洋发展、生态环境、公安等部门联合执法工作机制，开展海空联合巡航执法。印发《威海市湾长制工作方案》，在实行河长制的基础上，建立起覆盖全市 27个主要海湾的市县镇三级湾长制组织体系和湾长河长联席会议制度、信息共享制度。四是制定了《船舶污染物接收、转运及处置监管联单制度（试行）》，构建了船舶污染物接收、转运及处置联合监管和闭环管理体系。五是制定《威海市信用海洋分级分类管理办法》，将海洋生态与资源保护纳入信用评价范围，对各类涉海生产经营主体实行"红黑名单"等信用分级分类管理。管控制度体系框架图见图 3-15。

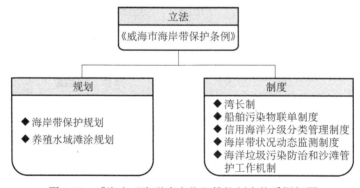

图 3-15　威海市"海洋废弃物"管控制度体系框架图

（二）发展绿色养殖，全面推进养殖废弃物源头减量

1. 技术模式创新

多营养层次综合养殖模式。在同一养殖区域内合理搭配不同营养层级、养殖生态位互补的动植物，利用海带、海水鱼、海参、鲍鱼等养殖品种之间的互补，有效将养殖过程中脱落的藻类、鱼类残饵及产生的氨氮进行循环利用，在提高养殖效益的同时减少养殖废物排放，实现源头减量。该模式与传统单一养殖模式相比，年产出增加 30%，固碳量 11 万 t。威海市寻山集团与水科院黄海水产研究所合作构建的桑沟湾多营养层次综合养殖模式已成为绿色养殖样板（模式见图 3-16）。

图 3-16　多营养层次综合养殖模式示意图

工业化循环水养殖技术模式。采用标准化、模块化、工业化循环水养殖技术，通过水质测控、粪便收集、水体净化、恒温供氧、鱼菜共生和智慧渔业等功能模块，实现资源高效利用、循环用水、环保节能和风险控制。该模式可实现水资源循环利用、饲料精准投喂、污水与废物近乎零排放，单位水体产出约是普通池塘养殖的 20 倍，单位产量耗能仅为普通池塘养殖的 1/3。

生态浮漂。针对近海筏式、吊笼养殖用泡沫浮漂、劣质塑料浮漂易破碎、回收价值低的问题，威海市自 2019 年起，在全国率先开展"海上生态浮漂更新行动"，组织更换 500 万个"聚乙烯（PE）"等新材料环保浮漂，减少约 1 万 t 塑料垃圾泄漏到海洋中，对海洋生态环境保护具有重要意义。

2. 财政支持

出台《关于加快推进水产养殖业绿色发展的若干意见》《关于支持海洋渔业转型升级的若干政策措施实施细则》《威海市区养殖用海整治规范实施方案》等政策措施，明确奖励标准，对省级以上健康养殖示范场、国家级海洋牧场创建、生态浮漂更换等养殖环保及基础设施改造提升类项目、自主清理拆除划定海域内筏架及网箱养殖设施等给予资金奖励。

（三）建设无废航区，全面加强船舶污染物全流程管控

成山头水域在管理上严格遵守国际公约和国内法规要求，航经成山头水域的国际和国内航行船舶均已建立并有效实施船舶垃圾管理计划、油污应急计划，严格实施垃圾分类管理以及船舶污染物排放和接收管理。为进一步加强对成山头水域的管理，针对船舶污染物产生量大、监管难、海陆处置体系衔接不畅的问题，威海市坚持目标导向和问题导向，聚焦主要矛盾，精准靶向破题攻坚，建设性地提出在成山头水域探索建设"无废航区"，通过一系列措施推动实现船舶废弃物的精细化管理和无害化处置。

一是做好船舶固体废物三大流程管控，包括源头减量和控制、迁移过程控制、

海陆界面和海上治理处置。二是建立"四零四全"工作目标体系，即航区内实现"船舶生活垃圾'零'排放、船舶压载水和沉积物'零'置换、船舶油污水（残油、油渣）'零'排放、船舶有毒有害物质'零'排放"，船员教育全覆盖、船舶监控全覆盖、航区巡航全覆盖、污染处置全覆盖。三是建立"防-控-治-惩-宣"五环管理体系（图3-17），即船舶污染预防体系、船舶污染监控体系、船舶污染治理体系、船舶外源性污染惩处体系和"无废航区"宣传体系。同时根据海上航运污染来源，将"无废航区"分解为6大版块，通过无废航线、无废港口、无废锚地、无废岸线、无废客船、无废船厂建设推动各项管理制度落实。

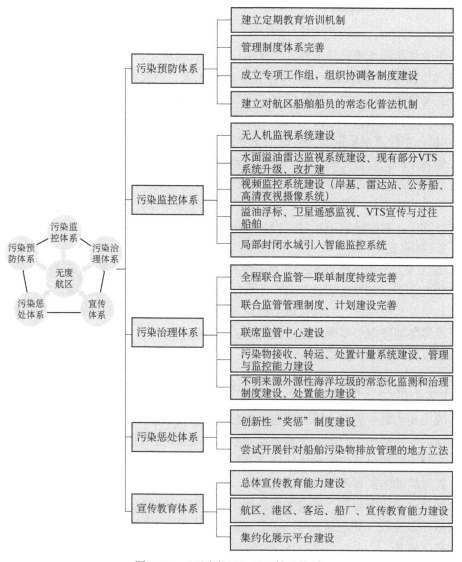

图 3-17　"无废航区"五环管理体系

（四）聚焦创新突破，全面做好海洋废弃物资源化利用和无害化处置

一是管理机制创新。针对季节性污染物浒苔，建立了监控与监测机制，开展近岸海域巡航巡视，组织各相关区市调集挖掘机、运输船、沙滩清理机、大马力渔船待命，根据要求分梯次参与打捞、清理作业，形成了海上浒苔打捞线、重点海域拦截线、岸边清理线"三道防线"，全面加强浒苔灾害防治工作。

二是市场模式创新。以争创国家绿色金融改革创新试验区为抓手，大力发展绿色金融，建立并动态更新绿色产业项目库，将包括功能型海洋生物蛋白饲料添加剂制备项目在内的重点项目纳入项目库，引导金融机构提供精准融资支持。同时将市科技创新、服务业发展等专项资金及山东省新旧动能转换威海产业发展基金逐步向固废资源化利用项目聚集。

三是技术模式创新。通过研发生物发酵技术，构建了浒苔综合利用产业链，生产有机肥、土壤调理剂，可年处理鲜浒苔 10 余万 t，实现产值 3500 余万元。针对废弃牡蛎壳，依托山东地宝土壤修复科技有限公司，利用高温增氧活化等技术，可日生产 300 t 功能性土壤调理剂，年销售产品 5 万余 t。针对金枪鱼加工后剩余的鱼骨、鱼皮等，推动蓝润集团研发酶组合技术，开发生产金枪鱼胶原蛋白肽粉、口服液、面膜等系列产品，附加值翻了数十倍，真正实现将一条金枪鱼"吃干榨净"。

四是制度模式创新。制定《威海市渔港环境综合整治项目建设标准》，要求在大中型渔船上推行配置"两桶"，在渔港配备配齐污染防治设施设备，对废弃网衣、浮球、船舶垃圾、油污水等实现分类收集。同时，有效实施船舶污染物接收、转运及处置监管联单制度，实现海陆处理处置体系相互衔接，使船舶垃圾进入生活垃圾收运体系，油污水进入危险废物利用处置体系，废弃网衣、浮球等进入再生资源回收体系。

三、取得成效

一是通过完善制度体系，基本形成了以《海岸带保护条例》为保障，以《威海市养殖水域滩涂规划（2018—2030）》和《威海市域海岸带保护规划（2020—2035）》为引领，以"湾长制"、信用分级分类管理、船舶污染物转运联单等制度为抓手的"海洋废弃物"管控制度体系，为推进海洋绿色发展奠定了坚实制度基础。

二是海洋生态健康养殖面积大幅提升，海洋生态环境持续好转，近岸海域环境功能区达标率为 100%。截至 2020 年年底，威海市海洋生态健康养殖面积占全市海水养殖总面积的 60% 以上。绿色生态不仅成为威海海洋经济的底色和底线，也正在成为威海海洋经济的主成分和主导力，2020 年海洋经济总产值超过 1000 亿

元，占 GDP 比重 1/3 以上。2019 年以海洋牧场为依托的休闲渔业和旅游观光业收入超过 100 亿元，游客量超过 700 万人次。

三是通过"无废航区"建设，构建了"联合统筹、陆海共治"的污染防治体系，基本实现了对船舶污染物源头减量化、过程可控化。2020 年威海市接收船舶垃圾量 5303 m³，同比减少 1950 m³，减量效果明显。

四是通过市场、技术、制度创新，提升了海洋废弃物资源化利用能力。2020年，威海市利用处置各类海洋废弃物 20 余万 t，基本建立起海陆衔接流畅的海洋废弃物处理处置体系，有力促进了海洋与城市协调发展。

四、推广应用条件

威海市海洋废弃物"三源三统筹"综合治理模式，聚焦海水养殖和加工废弃物、季节性爆发的浒苔、船舶污染物三类海洋废弃物，创新体制机制，建立起"海洋废弃物"源头减量和预防、迁移过程有效管控，海陆处理处置体系相互衔接的治理体系，对于推进海洋绿色发展具有重要意义，可在海水养殖业和航运业较为发达的沿海城市进行推广。

结合威海经验，全国其他同类城市在推广应用过程中还应注意以下问题：①结合当地自然地理和水环境情况，科学选择贝-藻、鲍-参-海带、鱼-贝-藻等多营养层次综合养殖模式；②进一步加强养殖装备和技术的机械化、信息化、智能化以及标准化，提升水产养殖的现代化水平；③对更换生态浮漂给予财政补贴，并统一补助标准；④建立废弃渔具管理制度，实行台账管理；⑤完善海洋环境信息公开制度，将海洋废弃物纳入信息公开范围；⑥建立海上环卫制度，有条件的地区可以设置专门机构或购买第三方服务，开展常态化海上环卫。

（供稿人：威海市生态环境局局长　毕建康，威海市生态环境局二级调研员李　彬，生态环境部华南环境科学研究所博士　石海佳，威海市生态环境监控中心副主任　董　琳，中国循环经济协会战略规划部主任　刘君霞）

发展种养结合循环农业
就地就近消纳畜禽粪污
——瑞金市畜禽粪污资源化利用模式

一、基本情况

瑞金农业生产以粮食、脐橙、蔬菜、油茶、白莲、烟叶种植及生猪、肉牛、家禽养殖为主。2020年实现生猪出栏43.7万头，肉牛出栏33 450头，家禽出笼678万羽。全市年末生猪存栏25.76万头，其中能繁殖母猪存栏27 300头，牛存栏48 960头，家禽存笼230.5万羽，其中蛋鸡存笼60万羽，全市畜禽粪污产生总量约85.13万t。

瑞金市畜禽粪污等废弃物资源化利用工作始终坚持"源头减量、过程控制、末端利用"的原则，以实施乡村振兴战略为契机，以创建"国家生态文明示范县"和打造"无废城市"建设为目标，加快推进畜禽粪污资源化利用工作，促进畜牧业绿色发展，努力实现经济、生态、社会效益"三赢"。以"猪-沼-果（林、菜、莲……）"循环利用模式为主体，推行"三改、二分三池+综合利用"的模式；推行大型养殖场链接有机肥厂，链接蚯蚓养殖等模式来实现循环生态现代农业；大力推广畜禽粪便堆肥、蚯蚓养殖生产有机肥技术，鼓励发展水产品废弃物制水溶性肥料、生物肥料利用技术，促进畜禽粪便和水产加工废弃物高值化利用（图3-18）。

二、主要做法

（一）大力推广"猪-沼-果"种养平衡生态农业模式

瑞金市依托粮食种植面积53.1万亩，蔬菜、白莲、烟叶为主的经济作物种植

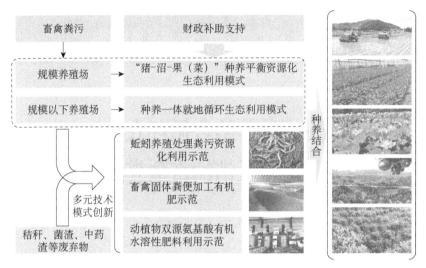

图 3-18　瑞金市畜禽粪污资源化利用种养结合循环发展模式示意图

面积 37.3 万亩，脐橙、油茶等为主的林果种植面积 30 多万亩土地，作为畜禽粪污资源化利用消纳地，实施循环农业战略，以沼气为纽带，带动畜牧业、农、林、果业等相关农业产业共同发展"猪-沼-果（菜）"生态农业模式。该模式利用山地、农田、水面、庭院等资源，通过实施"猪舍、沼气池、脐橙（茶、蔬菜等）"三结合工程，围绕主导产业，因地制宜开展"三沼（沼气、沼渣、沼液）"综合利用，从而实现对畜禽粪污的高效利用。

为加快畜禽养殖粪污资源化利用，瑞金市根据《瑞金市人民政府关于瑞金市畜禽养殖粪污综合治理资源化利用项目实施奖励补对象、奖补标准等有关事项的复函》（瑞府办函〔2020〕12 号），结合瑞金实际，制定了《瑞金市畜禽养殖粪污综合利用资源化利用项目实施方案》（瑞市环农委办字〔2020〕2 号），从中央环境整治资金中划拨 1470 万元，先后支持三批畜禽养殖粪污综合治理资源化利用项目，对全市 34 家存栏 1000 头以上的生猪规模养殖场粪污处理设施设备升级改造进行奖补，带动企业投入自有资金 1580 余万元。截至目前，全市 76 多个规模养殖场及近 100 多个规模以下养殖场均实现了"猪-沼-果""猪-沼-茶""猪-沼-菜"生态利用模式，规模养殖场粪污处理设施装备配套率 100%。

（二）积极开展技术示范

大力推广畜禽粪便堆肥、蚯蚓养殖生产有机肥技术，鼓励发展水产品废弃物制水溶性肥料、生物肥料利用技术，促进畜禽粪便和水产加工废弃物高值化利用。

蚯蚓养殖处理粪污资源化利用技术示范。依托瑞金市杰仕柏蚯蚓养殖有限公司，充分利用瑞金市及周边县市大型规模畜禽养殖场的牛粪、猪粪，以及秸秆、菌渣、餐厨垃圾和食品废渣等农牧业有机废弃物，通过添加 EM 菌剂制备蚯蚓饲料进行发酵预处理和蚯蚓养殖堆肥，利用蚯蚓吞食、消化降解等作用将废弃物转化制备高品质蚯蚓粪肥。在此基础上，根据作物营养需求，添加腐殖酸、氨基酸有机钾粉、氨基酸精华素、益菌微生物制备高品质蚯蚓粪有机配方肥（图 3-19）。2020年，处理农牧业有机废弃物约 15 000 t，其中畜禽粪污 12 000 t，生产销售蚯蚓粪有机肥 5000 t。

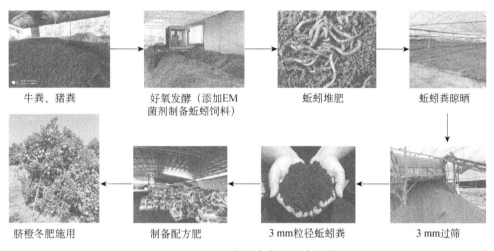

牛粪、猪粪　　　　好氧发酵（添加EM　　　　蚯蚓堆肥　　　　蚯蚓粪晾晒
　　　　　　　　菌剂制备蚯蚓饲料）

脐橙冬肥施用　　　　制备配方肥　　　　3 mm粒径蚯蚓粪　　　　3 mm过筛

图 3-19　蚯蚓粪肥生产工艺流程图

鸡粪加工有机肥技术示范。依托瑞金市东升蛋鸡养殖专业合作社，利用先进微生物发酵工艺，通过精心选育、纯化、培养、发酵等多项研究，筛选多功能复合工程功能菌，以纯植物源发酵而来的高活性生化黄腐酸、游离氨基酸、烟茎、菌渣等为有机载体，复配整合态中微量元素，把合作社养鸡场全部鸡粪加工成生物有机肥。现已推出"裕兴农""台兴"牌精制生物有机肥、测土配方费、土壤调理剂、生物性能量肥等系列产品，广泛应用于瓜果蔬菜等农作物。2020 年生产有机肥20 000 余吨，创造产值 4560 万元。

动植物双源氨基酸有机水溶性肥料利用技术示范。依托江西益地生物科技有限公司，建设以双源发酵型有机水溶肥为主的现代化生态投入品生产线，采用高效低耗能微生物发酵法，以周边地区产生的低值畜禽及水产加工废弃物等动物源蛋白和甘蔗、木薯、豆粉、糖蜜等植物源蛋白类废弃物为原料，通过添加不同的微生物菌剂及应用物质，经过发酵及提纯得到富含复合氨基酸及多种活性酶的有机营养液，根据土壤特性及作物生长要求，进行功能营养复配，制备具有不同功能的有机水溶性肥料产品（图 3-20）。

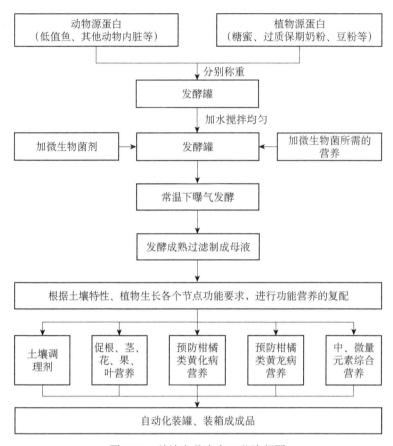

图 3-20 益地产品生产工艺流程图

（三）大力推进有机肥使用与土壤质量提升

加大有机肥使用推广力度。支持规模化养殖企业利用畜禽粪便生产有机肥，推广"规模化养殖+沼气+社会化出渣运肥"模式；支持农民制造农家肥，施用商品有机肥；积极推广沼渣、沼肥、有机肥及畜禽粪便发酵直接还田等综合利用。培植建成有机肥加工企业 6 家，年处理畜禽粪便能力为 7.50 万 t。2020 年，共处理利用农业废弃物（畜禽粪污及秸秆）3.65 万 t，年产有机肥 1.35 万 t。目前全市年沼肥综合利用面积 65 万亩，有机肥利用面积 28 万亩，亩均减少使用化肥使用量20%～30%，亩均节省化肥约 30 kg，亩均节本增效 100 元。

积极创建有机肥利用示范基地。一是开展宣传培训。多次举办农业种植管理技术培训活动，通过专家课堂上传授理论知识和果园实地指导相结合方式，提高种植户管理水平和增施有机肥认知水平。二是经过充分调研，实地考察，在坳背岗建设有机肥利用示范基地，通过观察脐橙质量和品质对比试验，提高广大果农使用生物有机肥料积极性。三是通过对比试验，总结使用有机肥的优势和长处，形成可复制的经验，通过施加有机肥、土壤改良剂，可实现果树复绿健壮，脐橙产品果实均匀、挂果量大、口感好，农户及市场认可度高，提高果农收入。

深入开展化肥使用减量行动。印发了《瑞金市农业化肥零增长行动工作方案》，明确工作目标，严控总量，科学施用。深入推进测土配肥施肥，通过举办技术培训班、印发技术资料、发放测土配方施肥建议卡、电视宣传等方式开展宣传培训活动，大力推广农作物实施测土配方施肥，测土配肥的施肥面积达 85 万亩次，配方肥施用数量 5000 t，总减不合理施肥量（纯量）1275 t，化肥利用率平均达到 42.2%。改进施肥方式，优化施肥结构，推广"因地-因苗-因水-因时"分期施肥技术，以及滴灌施肥、喷灌施肥等水肥一体化技术，示范推广缓释肥料、水溶性肥料、液体肥料、叶面肥、生物肥料、土壤调理剂等高效新型肥料 2000 亩，提高肥料利用率。

三、取得成效

通过发展种养结合生态农业，实现了畜禽粪污就地就近综合利用，将畜禽粪污变为"金色资源"，全面提升了畜禽粪污资源化利用水平。目前，瑞金规模养殖场畜禽粪污主要通过"与周边农户签订协议就近消纳、种养一体就地循环利用、有机肥厂收集加工销售"三种模式进行利用；规模以下畜禽养殖场全部采用种养一体就地循环利用模式。2020 年，全市畜禽粪污资源化利用量 82.83 万 t，综合利用率达 96.15%。

四、推广应用条件

瑞金市种养结合循环发展的畜禽粪污资源化利用模式适合在种养结合紧密，土地面积足够消纳畜禽粪污量的地区推广。在推广应用过程中应注意以下几个问题：一是政府要综合考虑养殖业布局、规模，科学制定种养平衡控制策略；二是强化畜禽规模化养殖场粪污循环利用设施设备建设，确保养殖设施建设与粪污收集、处理利用模式相适应；三是建立健全畜禽粪污资源化利用市场机制，采用多元化政策扶持方式（处理运行费补贴、以奖替补）支持畜禽粪污资源化利用；四是加强对规模养殖场的监管和有机肥施用技术指导、效果宣传，提高企业资源化处理粪污和农户施加有机肥的积极性。

（供稿人：江西省生态环境厅水生态环境处处长 董良云，赣州市瑞金生态环境局局长 何 为，赣州市瑞金生态环境局副局长 刘小年，赣州市瑞金生态环境局副局长 钟建华，赣州市瑞金生态环境局"无废办"负责人，刘书俊）

立足生态循环　加强综合利用

——徐州市秸秆高效还田及收储用一体多元化利用模式

一、基本情况

徐州是农业大市，2020 年全市农作物秸秆可收集量约 530 万 t，以小麦、玉米、水稻秸秆为主，其中小麦秸秆为 220.7 万 t，以邳州市和睢宁县秸秆产生量最大。徐州市农业种植结构和秸秆产生情况见图 3-21。

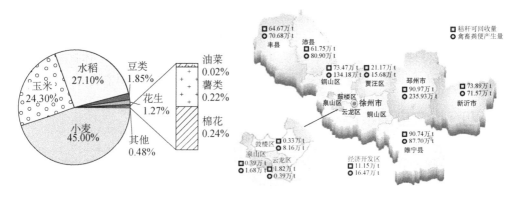

图 3-21　徐州市各区县农业种植结构和秸秆产生情况分布图

2013 年以前，夏秋两季徐州市有大量秸秆被露天焚烧或弃置在沟渠边、田边，造成空气质量及水体污染，人民群众反响强烈，地方政府监管压力较大。在秸秆还田过程中，由于破碎效果不好以及普遍采用的浅旋耕方式，导致还田效果差，影响下茬作物栽种和正常生长，病虫草害现象严重，农民对秸秆机械化还田存在抵触情绪，间接造成秸秆露天焚烧难以控制。秸秆收集作业时间短、占地面积大、机械化水平低、农民积极性不高等因素，导致收储运成为秸秆综合利用的难点和堵点，秸秆终端利用普遍以低值化为主，规模与效益较低。

针对以上问题，徐州市立足机械化大农业优势，统筹现代化农业生产体系建设和新农村建设，探索形成了秸秆高效还田及收储用一体多元化利用模式（图 3-22）。

图 3-22　徐州市秸秆高效还田及收储用一体多元化利用模式示意图

二、主要做法

（一）推广高留茬秸秆还田技术，提高秸秆还田质量

1. 技术模式创新

徐州市秸秆机械化还田的核心技术为"高留茬+机械破碎+合理耕作方式+配套农艺技术"。该技术创新的点是将低留茬改为高留茬收获，高度大约控制在 22～30 cm 后，采用秸秆粉碎机就地粉碎并匀抛在地表，根据不同作物选择相应还田方式，具体可总结归纳为三种：小麦秸秆全量还田玉米（大豆）免耕条播技术模式（图 3-23）以及麦稻轮作小麦秸秆全量机械化还田技术模式、水稻秸秆全量机械化还田技术模式（图 3-24）。

2. 落实政府补贴

徐州市对实施秸秆还田且达到作业标准的农户或种植大户由农机、财政部门给予 25 元/亩的补贴。2013～2019 年徐州市获得省财政补助秸秆机械化还田补助资金共计 72 736 万元，市财政补贴秸秆机械化还田资金共计 8400 万元；此外还获得省财政用于支持秸秆多种形式利用的补贴资金共计 5153 万元。

图 3-23　小麦秸秆全量还田免耕条播玉米（大豆）技术图

图 3-24　麦稻轮作小麦秸秆全量机械化还田技术图（左）和水稻秸秆全量机械化还田技术图（右）

3. 实施效果

2020 年徐州市全年秸秆机械化还田面积 868.82 万亩，其中小麦秸秆机械化还田面积达到 458.98 万亩，还田率达到 87.11%；水稻秸秆还田 170.31 万亩，还田率63.18%；玉米秸秆还田 239.53 万亩，还田率 83%。

该项技术模式具有以下优势：一是减少粮食收获损失，每亩可减少粮食损失20 kg 左右。同时提高作业效率，减少作业成本。二是提高还田质量。采用高留茬收获，大大提高秸秆破碎效果，便于旋耕作业，有效破解低留茬收获秸秆还田与土壤不能有效结合的难题，有利于下茬作物的种植和生长。监测数据显示，2019 年徐州市土壤有机质含量为 24.15 g/kg，比 2008 年增加了 2.32 g/kg，增幅达 10.6%；土壤速效钾含量由 119.1 mg/kg 增至 176.36 mg/kg，增幅达 48.1%。

（二）完善收储运体系建设，提升秸秆收储能力

1. 市场模式创新

鉴于农作物秸秆的产生季节性强、疏松、运输和储存困难等特殊属性，综合考虑终端利用企业的利用规模、利用特点以及秸秆禁烧重点区域划分和对重要水体、水质的保护等因素，按照就地利用、利用成本和效益最大化的原则，徐州市从以下

几方面完善秸秆收储运体系建设（图3-25）。

图 3-25 徐州市秸秆收储运体系建设

因地制宜科学布局。徐州市合理安排秸秆还田和秸秆离田利用范围，从空间上对秸秆收储企业进行合理布局。目前，徐州市主城区（含云龙区、鼓楼区、泉山区、经济开发区）以及铜山区重点安排秸秆还田任务，沛县、睢宁县、邳州市重点发展秸秆收储运企业。

创新市场运作模式。徐州市大力发展"合作服务""村企结合""劳务外包"等多种形式的秸秆收储服务，鼓励企业与个人深入田间地头开展专业化收储服务。以睢宁县官山镇为示范，探索实施了"秸秆收储企业+秸秆合作社+种植大户+低收入农户""秸秆利用企业+秸秆收储企业+秸秆合作社+农民秸秆经纪人"等收储运模式。培育了以徐州昊源生物燃料有限公司、邳州市彦东农业发展有限公司等为代表的骨干收储企业，建立了以政府引导、市场主导、企业和农户广泛参与的市场化运作机制。

2. 制度保障

徐州市先后制定印发了《市政府关于全面推进农作物秸秆综合利用的意见》《徐州市秸秆禁烧与综合利用工作实施方案及考核奖惩办法》，要求实施"政府推动+市场运作+经纪人队伍建设"模式推动农作物秸秆收储运体系建设，要求各县（市）、区每个乡镇（办事处）均要建成1处以上秸秆收储转运中心（面积不少于20亩），并对秸秆收集储运、秸秆多种形式利用环节实行按量奖补。新建的秸秆收储中心，县级财政给予适当补助，用于基础设施建设、生产设备购买、电力增容等。对秸秆收储运、秸秆多种形式利用环节实行按量奖补，补贴价格20～50元/吨。对秸秆收储临时堆放场地和其他秸秆利用项目用地，鼓励尽量利用农村空闲土地和十边隙地，确需占用农地的，按照设施农用地进行管理，使用结束后及时恢复耕作条件。

3. 实施效果

徐州市在邳州市、睢宁县、新沂市、铜山区、丰县、沛县等重点县市区及秸秆产生大镇设立秸秆收储中心（面积不少于 20 亩），对尚未实现秸秆机械化还田全覆盖的行政村，至少设立一个秸秆临时集中堆放点，形成了"镇有秸秆收储中心（站、点），村、组有秸秆临时堆放点"的收储体系。目前已建成秸秆收储中心及临时收储站点 1200 余处，全市秸秆收储能力达 150 万 t，秸秆收储运体系已覆盖全市全部涉农街道办事处。

通过秸秆经纪人模式和政府补贴措施，建立起高效便捷的秸秆收储运网络，大大提高了秸秆离田利用效率，盘活了秸秆收储市场，加速秸秆综合利用的产业化、市场化，实现了环境保护、农民增收和经济发展的多重共赢。

（三）培育多元利用企业，促进产业规模化发展

1. 市场模式创新

徐州市结合自身农业生产和农业固体废物产生特点，依托完备的秸秆收储运体系，积极探索秸秆肥料化、燃料化、饲料化、基料化、原料化利用路径，形成了成熟稳定的多元化市场模式。主要技术路线、代表企业及消耗秸秆量见表 3-1。

表 3-1 秸秆综合利用技术路线及代表企业

综合利用方式	技术路线	代表企业	2019 年消耗秸秆量
燃料化	发电或热电联产的秸秆固化成型制生物质燃料技术、农村集中居住区燃气供应的秸秆太阳能沼气发酵技术	国能邳州生物发电有限公司、徐州勇智生物质燃料有限公司、徐州国新生物质能源科技有限公司等、徐州市环能生态技术有限公司	53.3 万 t，占比 10.06%
肥料化	农作物秸秆生产有机肥技术，宽行作物田间秸秆覆盖技术、秸秆微生物速腐技术等	协心家庭农场、中科家庭种植农场、徐州东升农场	392.2 万 t（含秸秆还田），占比 74.02%
饲料化	秸秆青储、氨化、微储技术	徐州永浩奶牛养殖有限公司、徐州乐源牧业有限公司、徐州市雪花奶牛场	35.5 万 t，占比 6.71%
基料化	农作物秸秆栽培蘑菇、双孢菇、草菇等技术，农作物秸秆生产基质技术	江苏众友兴和菌业科技有限公司	13.2 万 t，占比 2.48%
原料化	用秸秆生产防水、阻燃、无甲醛环保板材新技术，秸秆编织技术	徐州宝树草工艺品有限公司	3.3 万 t，占比 1.63%

2. 技术模式创新

徐州市积极鼓励并支持科技企业、大专院校开展农业废弃物综合利用技术攻关及技术推广，先后获得《植物秸秆太阳能气化及废渣、废水收集利用装置》和农业

废弃物"共燃"综合利用以及农业废弃物制微生物絮凝剂等发明专利 17 个，实用新型专利 15 个。

在燃料化方面，为突破农村沼气事业发展面临的低温瓶颈，组织技术人员开展多年研发试验，形成以太阳能沼气集中供气技术为代表的"马庄模式"。该技术将太阳能沼气集中供气技术与太阳能热水器、日光能温室、燃气输送供给、有机废弃物资源化利用、生态环保等技术有机结合、优化集成。其核心技术成果获江苏省、淮海经济区科学技术进步奖各 1 项，获国家发明专利 2 项，并作为"全国节能宣传周——农村能源典型技术模式"之一向全国推介。

3. 制度保障

项目建设过程统筹规划。2019 年，徐州市政府创新性出台《关于印发〈徐州市改善农民住房条件项目配套太阳能沼气集中供气工作实施方案〉的通知》（徐政办发（2019）72 号），将沼气集中供气工程（"沼气站"）作为改善农民住房条件项目的功能配套设施，要求新建改善农民住房条件项目须配套太阳能沼气集中供气工程。文件中明确要求该项技术模式分为三个阶段在全市以及结合农村集中居住区进行建设推广，其中 2020 年年底前在全市新建的 228 个农村集中居住社区、2022 年底前全市计划建设的 100 个特色田园乡村进行重点推广。同时，还明确了该项工作的实施内容、推进步骤、保障措施等，并将"沼气站"建设费用纳入改善农民住房条件项目公益配套设置，由实施主体同步投资建设。

通过税收、补贴支持企业发展。2015 年，市政府出台《关于全面推进农作物秸秆综合利用的意见》，提出按照实际利用秸秆数量对已建终端利用稻麦秸秆企业给予补助。对符合条件的秸秆初加工企业用电，执行农业生产用电类别价格。对农作物秸秆及其产品的运输车辆，给予农产品绿色通道待遇免收车辆通行费。对利用秸秆发电、使用固化成型燃料、加工板材等综合利用企业，根据规定落实相关税收政策。要求金融机构及有关部门加大对秸秆综合利用项目的信贷支持。要求国土资源部门对秸秆综合利用项目建设用地优先给予支持。

4. 实施效果

太阳能沼气集中供气技术模式先后在徐州市多地示范推广。到 2020 年年底，结合农村集中居住区建设，全市建成千户规模农村集中居住区太阳能沼气集中供气工程 16 处。多年推广实践表明，沼气集中供气马庄模式（图 3-26）与农村集中居住区有机结合，能有效推进当地农业废弃物资源化利用，解决农民使用清洁能源的难题，推动农村人居环境整治和美丽乡村建设。

经过多年实践，徐州市探索形成了与农业种植结构相适应、与秸秆综合利用技术相衔接、与终端产品应用市场相匹配，农民增收、企业增效的秸秆多元化利用产业体系。2020 年全市秸秆综合利用骨干企业达到 189 家。

图 3-26　秸秆（粪污）太阳能沼气集中供气马庄模式

三、取得成效

2020 年全市秸秆利用量达 809.33 万 t，综合利用率达 96.1%。秸秆收储运体系已覆盖全市全部涉农村（街道办事处）。连续四年实现秸秆"零焚烧"，空气质量明显提高，因秸秆抛河造成的水体污染现象基本消失，群众满意度大幅度提高。

四、推广应用条件

徐州市秸秆高效还田及收储用一体多元化利用模式对于我国广大农村可进行机械化作业的地区具有借鉴意义。结合徐州市秸秆治理经验，全国其他同类城市在推广应用过程中还应注意以下问题：①对秸秆还田和秸秆离田给予财政补贴，统一补助标准；②根据农业区划和终端利用情况，因地制宜划定秸秆离田作业重点区域；③允许将秸秆收储中心作为农业生产的附属设施，按设施农业农地进行使用；④对秸秆收储企业实行免税政策；⑤加大有机肥使用补贴力度和覆盖范围；⑥农业废弃物和有机易腐垃圾肥料化利用企业作为资源再生企业进行管理，不归为化工类企业。

（供稿人：徐州市农业农村局副局长　黄广杰，徐州市农业农村局研究员邱淮海，徐州市住房和城乡建设局副局长　张元岭，徐州市农业农村局副处长胡熙伟）

一网多用，整合资源，有效抑制白色污染

——重庆市废弃农膜回收体系模式

一、基本情况

地膜覆盖栽培具有提高土壤温度、保持土壤水分、防止害虫侵袭、促进农作物生长功能，是我国农业稳产高产的功臣之一。但大量残留在土壤中的农膜难以降解，对土壤造成污染和损害，形成大面积白色污染，影响农业可持续发展能力。减少农业农村白色污染，促进农业绿色发展是当前急需解决的问题。

二、主要经验做法

一是构建网络体系。发挥供销合作社扎根农村、贴近农民、服务农业和农资供应、再生资源回收网络优势，整合资源、拓展功能、一网多用，加快推进回收网络体系建设（图3-27）。回收网点覆盖所有涉农镇街和85%的行政村（社区），形成了村、镇街回收转运，区级贮运三级回收体系（图3-28）。

图3-27　九龙坡区铜罐驿镇观音桥村农资废弃物回收和九龙坡区西彭镇长石村农资废弃物回收点

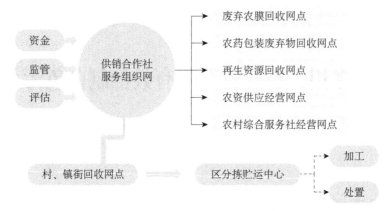

图 3-28　重庆市废弃农膜回收体系模式流程图

二是建立财政资金保障机制。落实市级财政资金以政府购买服务方式扶持回收企业，农膜回收每吨补助 2500 元，肥料包装物回收每吨补助 1000 元，加工每吨补助 500 元。

三是建立督查监管机制。按职责分工，市级抓总、抓督查，区负主责、具体抓落实。建立回收利用开收据、建台账、月报进度、季度通报、半年推进、年终验收总结考核机制，以会代训，先后召开废弃农膜回收利用性培训、调度会推进会 4 次。开发全市废弃农膜回收利用综合管理平台，督促回收、企业及时登录回收数据时时掌握进度动态，形成线上线下融合监管，推进回收利用数据可溯源。

四是建立第三方评估机制。年底由市供销合作社委托第三方中介机构对各区废弃农膜回收利用情况开展专项审计验收评估，确保财政资金安全，有针对性提升工作成效。

五是强化宣传引导。把握春耕等重要时间节点，在重庆新闻联播时段集中宣传报道废弃农膜回收利用目标任务和相关资金政策支持。在重庆日报、华龙网、新华社、人民网等媒体宣传废弃农膜回收利用以来取得的成效。

三、取得成效

一是白色污染得到有效遏制。三年来，中心城区回收废弃农膜 881.14 t，完成三年目标任务的 123.58%，2020 年农膜回收率达到 91.85%。有效减少了农业农村面源污染。

二是一网多用减少成本费用。整合废弃农膜和农药包装物回收利用网络，减少贮运中心环节，大幅减少了农药包装物、废弃农膜等回收费用。例如，九龙坡区农药包装物回收费用补贴降至 1500 元/吨。

四、推广应用条件

适用于农业较为发达，农村人口与面积比例相对较大的城市，通过高效利用现有回收体系，推进废弃农膜、肥料包装物和农药包装物的回收利用。在推广应用中应注意以下问题：一是坚持政府引导、公众参与。废弃农膜回收公益性强，从回收到资源化利用，链条长、监管难度大，必须建立财政资金激励机制，引导相关企业积极参与，加强有关部门协作配合，层层压实责任，增强农民和各类农业经营主体环保意识，养成自觉捡的良好习惯。二是坚持市场化运作，培育实施主体。通过购买服务方式，公开、公平、公正竞争确定实施主体，发挥财政资金作用最大化，优选熟悉农村、管理规范、内部制度健全、社会责任感强的企业作为实施主体。三是整合资源、发挥行业优势。发挥热爱基层、扎根农村、服务农业行业优势，整合服务农业、农村生产生活经营网络，拓展服务范围，"一网多用"由供应保障服务网络，同时变为农膜、肥料、农药等农业投入品回收网络，减少网络重复建设，节约回收成本费用，实现社会效益和经济效益双赢。

（供稿人：重庆市供销合作总社副主任 张海清，重庆市供销合作总社二级巡视员 皮 晋，重庆市供销合作总社经济发展处二级调研员 高仁伟，重庆市九龙坡区供销合作社主任 王 芳，重庆市九龙坡区供销合作社业务科科长 陈 伟）

建立完善回收机制　实现农膜闭环管理

——西宁市机制创新促进农用残膜回收利用模式

一、基本情况

西宁市地处青藏高原东北部，海拔 2200～4800 m，辖五区二县 50 个乡镇 917 个行政村，农村户数 26.77 万户，农村人口 109.19 万人，耕地面积 222.2 万亩，可利用天然草场 576 万亩。西宁市属大陆性高原半干旱气候，年平均降水量 380 mm，蒸发量 1363.6 mm，气候冷凉，光照充足，是蚕豆、油菜、马铃薯和藏羊、牦牛等特色农产品的理想生产地。

近年来，由于地膜具有集雨、蓄水、增温、保墒等特点，在玉米、马铃薯等农作物种植中广泛推广全膜覆盖栽培技术，农用塑料薄膜与地膜使用量逐年增加（详见图 3-29）。2019 年农用塑料薄膜使用量为 1338 t，地膜使用量为 948 t。全市地膜覆盖面积为 24.9 万亩，占全市耕地面积的 11.2%。

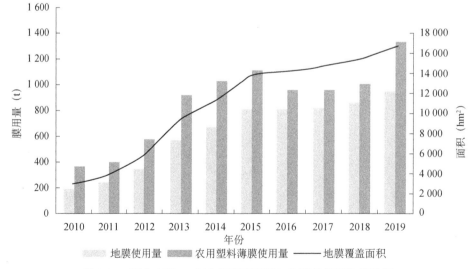

图 3-29　西宁市近 10 年农用塑料薄膜与地膜使用变化情况图

随着农用地膜使用量的不断增长，废弃后的残膜"冬上树、春满天"乱象时常出现，农用残膜危害开始不断显现，突出表现在三个方面：一是破坏土壤理化性状，改变水肥运移特性，降低土壤生物活性；二是影响作物生长发育；三是农用残膜污染防治成为打赢白色污染防治攻坚战、建设美丽乡村的制约因素。为解决以上问题，西宁市自 2016 年着手开展农用残膜回收利用工作，但回收环节成为农用残膜综合利用的难点、堵点，田间回收率低，回收后随意丢弃田间地头的现象时有发生，与白色污染治理总体要求仍有差距。

二、主要做法

（一）建立健全机制，强化保障支撑

1. 建立长效机制

针对污染防治工作机制不稳固、机制不长效等问题，制定发布《加强农膜使用管理促进残膜回收处理的指导意见》《农业残膜全回收利用工作方案》《农田残膜回收项目实施方案》，形成政府主导、各方参与、因地制宜、简便易行的保障机制。

2. 培育市场机制

与重点专业合作社签订农用残膜回收承诺书，采取贴息、减免资源综合利用企业所得税、专项补贴等方式，扶持引导企业与农户建立长期合作关系，积极鼓励采取"以旧换新""以销定收"等措施。

3. 健全监管机制

质量监督部门和市场管理部门督促地膜生产企业，产品达到《聚乙烯吹塑农用地面覆盖薄膜》标准要求，严厉查处生产质量不符合标准要求的企业。

建立奖罚机制，对拒不配合农用残膜回收工作的专业合作社、种植大户和种植户采取奖罚措施，与强农惠农政策挂钩，严重的将取消相应的政策支持和资金扶持。

建立农用残膜监测点，开展常态化制度化巡查。巡查人员做好巡查工作的有关会议和谈话内容记录，对巡查中发现的问题提出相应的整改建议。

4. 鼓励公众参与

采取宣传教育与实例说明相结合的方法，使农民认识到回收农用残膜对增产增效、可持续发展的有利作用，充分调动广大农民参与农用残膜污染治理的积极性。发挥合作社的引导作用，提高农民组织化程度，组织农民积极参与农用残膜污染治理，提高工作效率。

（二）多措并举，促进源头减量

1. 推广先进技术和材料

一是参照《聚乙烯吹塑农用地面覆盖薄膜》标准，统一规范生产企业农用地膜

厚度标准，把好"生产关"。在全膜覆盖技术推广中全部使用厚度大于 0.01 mm 的地膜，减轻农田地膜残留量，便于人工或机械化回收利用。二是积极研究推广地膜覆盖的替代技术，逐年减少农用地膜的使用量。三是探索生物降解地膜的使用试点。

2. 强化监督管理

积极发挥政府部门治理监督和市场管理职能，对不符合质量标准的产品，坚决杜绝流入农贸市场，并加大市场检查力度，打击不合格产品或假冒伪劣产品，优化农资市场环境，把好"监督关"，从源头上为农用残膜回收打好基础。

（三）压实责任，建立健全回收利用体系

1. 运行模式创新

1）切实落实各方责任

充分利用政府补贴资金的撬动作用，将各地农业技术推广中心作为关键节点，在开展全膜覆盖栽培技术推广等工作的同时布置安排农用残膜回收工作，实行"谁供应、谁回收，谁使用，谁捡拾，谁回收，谁拉运"的运行模式。

谁供应、谁回收：农业技术推广中心与地膜供应企业对地膜使用方（合作社、种植大户、农户等）捡拾的农用残膜进行回收。全膜覆盖栽培技术推广项目以外使用的地膜，其回收工作由建设、水利、交通等项目实施单位负责回收，并实行属地管理，由各乡镇加强与项目单位的联系，明确回收责任，确保回收工作落实。

谁使用，谁捡拾：当地膜使用方为普通村民时，将农用残膜回收任务分解至各乡镇，再由乡级政府部门分解至各村，捡拾工作由村干部组织村民进行。当地膜使用方为重点合作社、种植大户时，由农业技术推广中心等农技部门与其签订回收承诺书，分解回收任务，收取保证金。

谁回收、谁拉运：由回收农用残膜的合作社或种植大户负责将农用残膜拉运指定地点，由农业技术推广中心会同回收企业进行验收，运输补助与农用残膜回收补助一并兑现。

农用残膜回收利用流程（图 3-30）如下：第一步由农业技术推广中心发放地膜同时确定田间农用残膜回收率，由农户（合作社、种植大户）采用机械、人工方式自主开展捡拾，补贴购买农用残膜捡拾机械。第二步实行"谁回收，谁拉运"的运输方法。第三步，由地膜供应企业将定点收集的农用残膜统一转运至地膜综合利用企业。

该模式中，主要涉及三方：地膜集中供应方——农业技术推广中心，地膜使用方——农户、合作社、种植大户，配合方——村干部、农用残膜利用企业等，具体责任分工如图 3-31 所示。

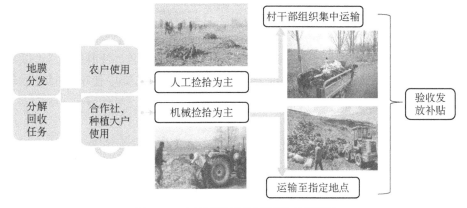

图 3-30　农用残膜回收利用模式流程图

地膜集中供应方——农业技术推广中心
①负责推广全膜覆盖栽培技术，补贴和分发农用地膜（7千克/亩），分发地膜同时确定残膜回收责任人；②分解残膜回收任务，收取保证金，验收合格后退付保证金及兑现补助；③与残膜利用企业签订回收加工合同，根据完成量及时拨付补助资金 1

地膜使用方——农户、合作社、种植大户
①负责残膜田间捡拾和集中；②合作社和种植大户负责运输至指定地点 2

配合方——村干部、残膜利用企业等
村干部负责组织协调监督；残膜企业配合进行验收，拉运至企业仓库等 3

图 3-31　农用残膜回收各方责任分工

2）保证金和后补助制度

对合作社或种植大户的农用残膜回收，根据所下达的地膜覆盖任务，由农业技术推广部门按照 25%收取残膜回收保证金，当年农用残膜回收任务完成后，经农业农村局、各乡镇、专业合作社验收合格，退付保证金并兑现每千克 1.5 元的农用残膜回收补助资金。

2. 政府补助保障

在尊重市场经济规律的基础上，政府积极发挥引导作用，对地膜使用、农用残膜回收机械购买、农用残膜收集和运输进行补贴，保障了农用地膜质量、残膜回收机械使用率和残膜的回收率。

（四）发挥市场效应，扶持龙头企业全量利用

1. 市场模式创新

扶持当地已有的地膜生产企业，采用贴息、减免资源综合利用企业所得税等方式，支持建设农用残膜回收利用生产线，生产规模为 2 万 t/a，此规模除可实现

西宁地区回收残膜的全量利用，还可辐射全省，保障青海省农区回收农用残膜综合利用。二是按照 1～1.5 元/千克补贴企业运行费，提升企业生产积极性。三是引导企业与农户建立长期合作关系，积极探索地膜产业"以旧换新""以销定收"模式，达到企业生产销售与回收利用相统一，农民推广使用与回收治理相结合。

2. 技术模式创新

购置塑料挤出机、造粒机、粉碎机，500 t 油压机、残膜清洗流水线，运输车辆等设备 23 台（套），以农用残膜为主要原料，混合木粉，按比例添加稳定剂、老化剂、润滑剂、增强剂等辅料加工生产木塑产品，产值超过 2000 万元。在农用残膜回收加工过程中积极探索科技创新，研发新工艺新产品（图 3-32），实施"农用残膜综合利用技术与示范""农用残膜回收综合利用技术研究""废旧农膜回收加工木塑系列产品"等项目，其生产工艺和成果被评为省内领先水平。

图 3-32　农用残膜回收利用产品示意图

三、主要成效

通过"无废城市"建设试点工作的开展，西宁市以机制创新，打造农用残膜回收利用模式，取得以下成效：一是牢固构筑户收集-供应企业回收-再生企业利用体系，建立"企业回收、农户参与、政府监管、市场推进"的闭环运行长效机制，疏通"残膜回收"这一堵点环节。二是西宁市农用残膜回收率提升至 90%以上，回收农用残膜实现 100%利用，基本实现田间地头无裸露残膜，村庄、道路、林带无飘挂残膜，群众满意度大幅度提升。三是促进农用残膜变废为宝，实现循环再利用，进而推进农业面源污染治理和白色污染防治，保护农业生态环境，助力美丽乡村建设（图 3-33）。

图 3-33　农用残膜回收利用助力美丽乡村建设

四、推广应用条件

西宁市农用残膜废弃物回收利用模式可在西北干旱农膜使用范围广的城市进行推广，结合西宁市农用残膜回收利用经验，全国其他同类城市在推广应用过程中还应注意以下几点：①深刻认识农用残膜污染治理工作的重要性，协调相关部门力量，统一推进；②充分发挥补贴资金的撬动作用，对于农用残膜的转运、回收需补贴资金，调动企业、农民积极性；③要因地制宜研发和引进田间农用残膜捡拾机械，不断提高捡拾率；④加大农用残膜污染危害和治理工作的宣传，提高农民认识程度。

（供稿人：西宁市生态环境局三级调研员　张全录，西宁市固体废物污染防治中心主任　董发辉，西宁市固体废物污染防治中心干部　聂小林，青海省环境科学研究设计院有限公司土壤污染防治所所长　巢世刚，中国环境科学研究院工程师吴　昊）

形成全链条监管合力　破解回收处置难题
——绍兴市包装物回收处置模式

一、基本情况

绍兴市处于浙西山地丘陵、浙东丘陵山地和浙北平原三大地貌单元交接地带，地势南高北低，形成群山环绕、盆地内含、平原集中的地貌特征，素有"七山一水二分田"之说，全市现有耕地 288.53 万亩，永久基本农田 240 万亩，粮食生产功能区 100.24 万亩。近年来，以发展"品质农业"为主线，坚持质量兴农、绿色兴农、品牌兴农，茶叶、蔬菜、畜牧、水产、花卉、干鲜果等特色主导产业快速发展，主导产业产值占比超过 80%，2019 年全市农林牧渔业总产值 316.18 亿元，增长 2.5%，增加值 211.07 亿元，增长 2.4%。全市小麦种植面积 10.51 万亩，总产量 2.9 万 t；早稻种植面积 24.48 万亩，总产量 10.87 万 t。2020 年绍兴市农药使用量 4761.11 t，产生农药废弃包装物产生量 333.29 t。

我市农药废弃包装物回收处置工作的突出问题主要表现为：分布零散、农户回收意识低、运输困难、储存场地少、处置能力不足。自"无废城市"试点建设工作开展以来，针对以上问题，我市推出制度、市场、技术等一系列举措，探索形成了农药废弃包装物"绿色农业助推源头减量、标准化助推收储运体系建设、产业培育助推无害化处置"的全链条监管回收处置模式（图 3-34）。

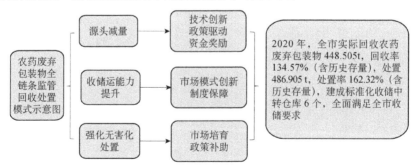

图 3-34　农药废弃包装物全链条监管回收处置模式示意图

二、主要做法

（一）推动绿色农业发展，实现农药废弃包装物源头减量

1. 技术创新

绍兴市实现农药废弃包装物源头减量的特点是"统防统治+绿色防控"。统防统治是病虫防治组织方式的创新，它指的是具有相应植物保护技术和设备的服务组织，开展社会化、规模化、集约化农作物病虫害防治服务。绍兴的具体做法是通过培育和扶持统防统治服务主体，建设整村制、整畈制、整社制植保统防统治与绿色防控服务试点，探索和丰富病虫害绿色防控技术体系，建设绿色防控技术示范区。绿色防控是病虫防治技术体系的创新，它指的是从农田生态系统整体出发，以农业防治为基础，积极保护利用自然天敌，恶化病虫的生存条件，提高农作物抗虫能力，在必要时合理地使用化学农药，将病虫危害损失降到最低限度。绍兴市通过积极推广绿色防控中的农业防治技术、生态调控技术、理化诱控技术、科学用药技术，2020 年全市在早春二化螟化蛹高峰期进行翻耕灌水杀蛹面积 10.2 万亩；稻田机耕路两侧种植显花植物 30 200 亩，田埂种植诱虫植物香根草 8000 株，田埂留草 91 000 亩；在水稻绿色防控示范区安装性诱剂 32 800 套、杀虫灯 444 盏，释放天敌赤眼蜂 2670 万头；引进推广高效施药器械和高效、低毒、低残留、环境友好型农药，开展集中用药、轮换用药与交替用药，示范区内 95%以上农户实行专业化统防统治。

2. 政策推动

推进农业绿色发展先行县创建，在 2019 年上虞成功创建的基础上，各区、县（市）全面启动创建工作，2020 年诸暨、嵊州、新昌成功创建农业绿色发展先行县。全市域推进农药实名制改革，抓好农资经营体系建设，重点推广"刷脸""刷卡"等实名销购新技术，2019 年我市已完成 623 家农资店实名制销购全覆盖，同时，推进《种植业生产记录管理本》制度，鼓励农户记录农药使用时间、使用量等信息，实现农药"进-销-用-回"闭环管理。

3. 资金奖励

推动绿色防控技术示范区建设，2017～2020 年，全市共建成省级绿色防控技术示范区 17 个，市级绿色防控技术示范区 36 个。对新建的市级绿色防控示范区奖励 8 万元/个，对维护已建的市级绿色防控示范区奖励 4 万/个，2017～2020 年，共完成政策资金奖励 240 余万元。同时，定期和不定期对统防统治和绿色防控融合工作开展监督检查，督促实施主体严格执行实施方案的技术要求，特别是绿色防控产品和技术要真正落实到位。

4. 实施效果

通过实施以"统防统治+绿色防控"为重点的农药减量技术，全市 2016 年农药使用量 5850 t，产生农药废弃包装物 409.5 t，2020 年农药使用量 4761 t，产生农药废弃包装物 333.29 t，通过实施绿色防控和统防统治技术，实现农药废弃包装物源头减量 76.21 t。

（二）完善收储运体系建设，提升农药废弃包装物收储能力

1. 市场模式创新

农药废弃包装物属于危险废物，归集后的运输要按照危化品运输管理规定。一是危化品运输专用车价格较高，造成处置成本增加；二是农药废弃包装物压缩打包会造成残液外泄，引起二次污染，不压缩打包，运输量小，占用仓库空间大，成本增加。

合理布局农药废弃包装物归集单位。目前全市有 6 家归集公司，623 家回收点，归集公司为越城区、柯桥区共用绍兴农丰农资有限公司，上虞区农业生产资料有限公司，诸暨市农业生产资料有限公司和农业综合服务有限公司，嵊州市田田圈农业科技服务有限公司和新昌县惠多利农资有限公司。目前我市农药废弃包装物回收、运输工作的特点是"回收点统一回收+归集单位集中运输储存"，由回收点负责回收农户交还的农药废弃包装物，先行垫付回收资金，回收价格标准由各地确定，一般按种类大小为 0.2～1 元/瓶或 0.1～0.2 元/袋。归集公司定期安排专用车辆到各乡镇（街道）回收点，将已回收的农药废弃包装物至仓库，按照《关于进一步规范浙江省危险废物运输管理工作的意见》要求，规范农药废弃包装物归集后的运输行为，落实专用车辆负责农药废弃包装物归集后的运输，做到防雨、防渗漏、防遗撒。

开展农药废弃包装物标准化仓库项目建设。推进农药废弃包装物标准化收储中转仓库建设，按照危险废物收储标准，委托专业单位制定设计方案、开展环评报告编制、实施项目建设，对收储池、地坪和墙面做环氧乙烷防渗措施，配备光催化氧化+活性炭吸附处理、废气处理、监控等设备，在回收农药废弃包装物的同时实现废气残液密闭收集，目前已完成 6 个标准化收储仓库建设，覆盖所有区、县（市）。如上虞区投入资金 45 万元，建成农药废弃包装物收储仓库标准化建设项目（图 3-35），仓库最大储存量为 30 t，年流转量可达 210 t，对全区 126 个分回收点回收的农药废弃包装物（包括袋、瓶、桶等）进行分类、计量和清点，并登记造册后送至收储仓库，通过整理、压缩、打包收储，适时送上虞春晖固废处理有限公司和众联保有限公司进行无害化处置。

图 3-35　上虞区农药废弃包装物标准化收储仓库

2. 制度保障

为强化农药废弃包装物回收处置工作，2015 年 10 月，市农业局在上虞区召开全市农药废弃包装物回收处置现场推进会。2016 年 7 月，由市农业局联合市环保局、市发改委、市财政局四部门印发了《关于进一步加强农药废弃包装物回收和集中处置工作的通知》，文件明确提出目标任务，落实各部门职责与工作保障措施，组建部门联席会议，协调解决了部分区、县（市）农药废弃包装物集中无害化处置单位和处置价格难确定的困难。2019 年 6 月，由市农业农村局起草、市"无废办"印发了《深入推进农药废弃包装物回收和集中处置工作实施意见》，对原文件进行修订，在完善回收处置体系、压实经营者主体责任和提升储运管理水平三个方面提出了更高要求，要求各地修订完善农药废弃包装物回收处置实施办法，按照"方式灵活、竞争择优"的原则，通过政府购买服务的方式，深入推进网点折价回收、收储单位集中归集、压缩打包运输存放、专业单位处置等工作。

3. 实施效果

目前归集公司在全市布置了 623 个回收点，已实现农药废弃包装物全市域收储运全覆盖，2016～2020 年，全市共回收农药废弃包装物 2483.93 t。同时建成了 6 个标准化收储中转仓库，实现废气残液密闭收集，彻底消除对周围环境的影响。

（三）培育处置企业，促进产业规模化发展

1. 市场培育

2016 年，我市农药废弃包装物处置资源比较紧张，共有农药废弃包装物处置企业 2 家，包括柯桥的绍兴华鑫环保科技有限公司和上虞的浙江春晖环保能源有限公司（无害化处置设施见图 3-36）。经多年培育，2020 年全市共有处置企业 4 家，

新增上虞的众联环保有限公司、诸暨的兆山环保有限公司，处置能力增长一倍。

图 3-36　上虞春晖固废工业焚烧无害化处置设施

2. 政策补助

根据《关于进一步加强农药废弃包装物回收和集中处置工作的通知》和《深入推进农药废弃包装物回收和集中处置工作实施意见》要求，各地要落实农药废弃包装物回收处置经费，支持回收网点建设、标准化收储中转仓库建设、专业化处置等工作，2016～2020 年，全市共投入资金 7168.1 万元用于农药废弃包装物回收处置工作。

3. 实施效果

通过培育处置企业，我市农药废弃包装物处置能力增长了一倍，原本到年底处置量集中导致无法完全处置的情况已基本消除。2016～2020 年，全市共处置农药废弃包装物 2409.19 吨，大大减轻了环境压力。

三、取得成效

2020 年，全市实际回收农药废弃包装物 448.505 t，回收率 134.57%（含历史存量），处置 486.905 t，处置率 162.32%（含历史存量），建成标准化收储中转仓库 6 个，全面满足全市收储要求。

四、推广应用条件

绍兴市农药废弃包装物全链条监管回收处置模式，在有危废处置企业的城市有较强的借鉴意义，同时此项工作需要财政稳定投入，每年需要地方财政安排一定的资金用于收储运体系建设和处置补贴。

结合绍兴农药废弃包装物回收处置经验，全国其他同类城市在推广应用过程中还应注意以下问题：①农药废弃包装物属于危险废物，运输受到的制约条件较多；②由于地区间农药废弃包装物回收价格差异，个别回收点存在投机性回收现象；③随着农药包装物的轻质化，塑料瓶、袋的占比增多，农药废弃包装物产生量的换算方式可能需要逐年调整。

（供稿人：绍兴市粮油作物技术推广中心助理农艺师　平岳华，绍兴市农业综合行政执法队三级主任科员　赵利民，绍兴市粮油作物技术推广中心中级农艺师　冯　波，绍兴市粮油作物技术推广中心副主任　伍少福，绍兴市粮油作物技术推广中心中级农艺师　顾昊男）

创新市场机制 打造胶东半岛农村环境固体废物治理模式

——威海市农村环境固体废物综合治理模式

一、基本情况

威海市地处胶东半岛，属于北方沿海城市，四季气候分明，冬季气温较低。按照威海市最新统计数据，全市共有乡村人口数 132.1 万人，乡村户数 53.4 万户，耕地面积 19.37 万公顷，农林牧业总产值 159.8 亿元。2020 年，威海市产生秸秆 95.79 万 t、畜禽粪污 363.9 万 t，使用地膜 1659.04 t。

开展"无废城市"建设试点前，威海市农村环境固体废物治理存在如下问题：一是居民垃圾分类积极性较低，生活垃圾中海鲜贝壳及渣土等不可燃烧成分占比较高，同时存在"源头分类、中端混运"问题，垃圾焚烧热值较低；二是农业废弃物较为分散，收集困难；三是全市病死动物无害化集中处理率较低，存在疫病传播和畜产品质量安全隐患。

试点期间，针对农村环境固体废物处理存在的问题，威海市积极开展农村生活垃圾分类、农业废弃物综合利用和病死畜禽无害化处理，统筹推进农村固体废物综合治理，取得了显著成效，探索形成了农村环境固体废物综合治理威海模式。

二、主要做法

（一）建立农村生活垃圾分类长效机制

1. 坚持因地制宜，明确分类模式

结合沿海城市垃圾属性特点和威海市垃圾焚烧存在的热值低的问题，将垃圾中的海鲜贝壳及渣土等不可燃烧垃圾和可燃垃圾分类收集。将有害垃圾、可回收物、大件垃圾单独分类。形成了农村生活垃圾分类"4+1"模式，有害垃圾单独放、可回收垃圾拿去卖，再将剩余其他垃圾按可燃和不可燃进行分类，这种分法村民"易

懂、易记，易接受、易操作"。

2. 完善收运体系，实现高效收运

一是合理配备分类基础设施，每 10 户一个配备"红蓝灰绿"四色垃圾分类桶，每 10 户一平方米、每村至少一个配建垃圾分类房，每户一组为村民发放可燃和不可燃垃圾桶（图 3-37）。二是采取"村民自送与上门收集相结合"的方式分类收集垃圾，安排村居专职收运员为垃圾分类质量把好"农户关"。三是建立智能化运输体系，分类运输、日产日清，并通过垃圾分类智慧化管理平台，实现对垃圾分类情况的实时统计。四是建立科学化中转体系，确保覆盖范围最优化、设备效益最大化。

图 3-37　威海市农村生活垃圾分类收集房和小型分类垃圾桶

3. 分类处理垃圾，提升利用效率

可燃垃圾焚烧处置，转换为电能、热能，产生的炉渣制成加气砖和标砖。可回收垃圾，由村民自行联系或村居预约再生资源综合利用企业上门分类回收再利用。有害垃圾由环卫部门每月直接到镇村收运，交由专业化公司进行处理，市财政按照每户每年 20 元的标准安排约 500 万元奖励资金对村民进行补助。不可燃垃圾资源化利用，制成草坪砖、透水砖、水泥砖、挡土砖等新型建筑材料。

4. 聚焦三类群体，培养行为自觉

坚持政府主导、全民参与，实施宣传、走访、宣讲、培训、激励、约束多措并举，培养村民的自觉行为。一是聚焦镇村干部抓点上突破，打造垃圾分类"第一梯队"，发挥带头作用；二是聚焦志愿服务抓扩面提升，建立了有奖有惩的"征信+垃圾分类"志愿服务管理体系；三是聚焦全民全员抓全域覆盖，营造"以参与分类为荣、以准确分类为荣"的浓厚氛围。

5. 借力征信体系，建立长效机制

创新性将垃圾分类与社会信用体系相衔接，通过信用评价实现了社会治理的高效能，建立了垃圾分类长效机制（图 3-38）。一是将农村垃圾分类纳入市级征信管理体系，垃圾分类评分结果直接与信用基金、福利待遇、评先选优等挂钩，定期开展总结表彰活动。二是建立"月度+季度+半年+全年"考核机制，定期开展实地检查。

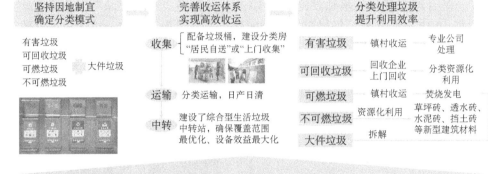

图3-38　农村生活垃圾分类处理模式示意图

（二）全面推动农业废弃物综合利用

1. 完善收运体系，提升回收比例

针对农作物秸秆，探索建立了以镇、村、企业或经纪人为主体，以秸秆收储中心（站点）为依托，提供秸秆收集、储存、销售、加工、运输等服务功能的农作物秸秆收集储运体系；针对畜禽粪污，采取政府和社会资本合作的模式，建立了畜禽粪污收集、转化、利用三级网络体系，探索建立了规模化、专业化、社会化运营机制；针对废旧农膜，建立了"村收集、乡（镇）、区（市）处理"的一体化废旧农膜回收处理体系；针对废旧农药包装，按照"政府引导、属地管理、全社会参与、市场化运作"的原则，建立了"谁使用谁交回、谁销售谁收集、专业机构处置"为主要模式的农药包装废弃物回收处理体系。并创新推行"以物易物"的废弃物收集模式，企业通过"买进"综合利用农村废弃物形成利润，群众通过"卖出"农村废弃物得到实惠，实现民企双赢互惠。

2. 推进项目建设，提升处置能力

坚持把废弃资源"吃干榨净"，建设了乳山国润中恒能环境治理有限公司年产730万 m³生物燃气项目，新增农业废弃物资源化利用能力约 18 万 t/a；建成光大生物能源（威海）有限公司文登生物质热电联产项目，新增农作物秸秆、林木废弃物等废弃物资源化利用能力约 30 万 t/a。资源化利用产生的沼气既能为周边企业提供能源，又能解决周边镇域居民或商户生活及采暖用气，还能通过发电并入全市电网，年发电量达到 1300 万 kWh。产生的沼液直接还田利用，沼渣用于生产有机肥、园林土等（图 3-39）。

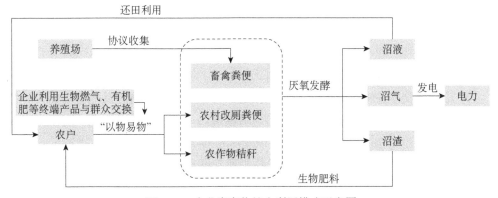

图 3-39　农业废弃物综合利用模式示意图

3. 强化宣传倡导，营造舆论氛围

通过印发明白纸和宣传册、报纸广播、手机短信、电视、网络、张贴标语、悬挂横幅、出动宣传车等多种方式，进行全方位、立体式宣传，定期组织培训，营造农业废弃物资源化利用和无害化处置的舆论氛围，提高广大农民和农业生产单位对随意丢弃废旧农膜、农药化肥包装废弃物危害性的认识，增强农民群众参与秸秆、废旧农膜、农药化肥包装物回收的自觉性和主动性。

（三）保处联动建立病死畜禽无害化处理机制

1. 强化责任落实，加强监督管理

一是明确各方责任。政府对本地区病死畜禽无害化处理工作负总责，统一领导本行政区域无害化处理工作；畜禽养殖场（户）、屠宰企业履行无害化处理主体责任；病死畜禽专业无害化处理厂承担无害化处理任务。二是健全监督管理机制。建立了畜牧兽医、财政、保险监管等部门联动工作机制，实行市、县、镇、收集暂存点四级监控，实现从暂存、收集、运输、处理和产品流向全程可控、可追溯；同时采取激励性措施鼓励农村基层组织对相关违法行为进行监督和举报（图 3-40）。

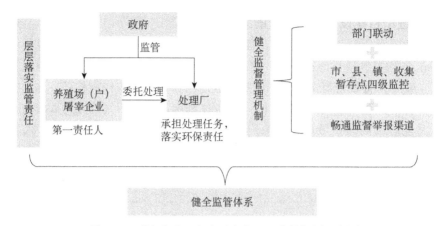

图 3-40　威海市病死畜禽无害化处理监管机制示意图

2. 强化政策保障，建立长效机制

一是充分发挥各级财政的统筹保障作用。将牛、羊、家禽等其他畜禽品种一并纳入病死畜禽集中无害化处理财政补助政策范围。二是明确补助标准。对集中专业无害化处理的病死猪体长尺寸实行分档补助，每头 40～60 元；对病死牛、羊、禽、兔等其他病死畜禽及毛皮动物胴体按重量补助，每吨 2000 元。

3. 实行保处联动，形成工作合力

一是实行畜牧业政策性保险共保体运作模式，各保险公司共同承担市场风险。二是建立了威海市病死畜禽无害化处理与保险联动监管服务平台，将病死动物无害化处理作为理赔的前提条件（图 3-41）。在病死畜禽无害化处理与保险联动监管服务平台设计上，强化移动 APP、GIS 地理信息系统等技术应用，实现对畜禽无害化收集及处理的全程跟踪和监管。

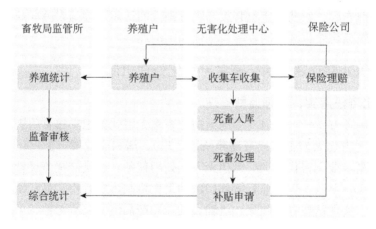

图 3-41　威海市畜牧业保处联动机制示意图

4. 完善收运体系，实现无害处理

建立了以"镇布点，重点村、企业收集暂存，无害化处理厂转运处理"的病死畜禽无害化收集处理体系，由无害化处理厂负责统一收集、运输、处理病死畜禽。全市饲养场户利用"保处联动"平台进行申报，畜牧部门、保险公司通过平台审核，审核通过后由无害化处理厂负责运输、处理。

三、主要成效

一是农村垃圾分类工作取得积极进展。威海市 48 个乡镇、1056 个村（其中荣成 883 个，实现全覆盖）开展农村生活垃圾分类试点，涉及居民 27.7 万户。农村生活垃圾分类基础设施逐步完善，配备垃圾分类桶 3.3 万个、配建垃圾分类房 1130个、发放简便易携式户用小型分类垃圾桶 21.3 万组，实现车辆智能化管理，推动农村垃圾分类设施设备实现"城市化"。

二是实现对农业废弃物的分类收集处理，从根本上破解了农村环境整治瓶颈，满足了群众多样化民生需求，用最适合的处置方式获取最大化的经济效益，真正实现经济价值和生态价值"两条腿走路"。农作物秸秆综合利用率达到 96%，高于全省平均水平 5 个百分点；全市规模养殖场畜禽粪污处理利用设施配建率达到100%，畜禽粪污综合利用率 97.05%；设置农药包装废弃物暂存点 3195 处，累计回收农药包装废弃物 47.26 t，无害化处理率达到 100%。

三是实现对全市病死畜禽到场收集全覆盖，病死畜禽无害化收集处理率达到100%。保处联动模式推动提升了监管规范化，使数据采集更为真实、过程监管更为严格、风险防范更加科学、数据分析更加到位、工作效率更高。通过设置死亡率预警点，实现了重大动物疫病防控。同时通过资源化利用生产有机肥和工业用油，最大限度提升了病死畜禽的经济价值。

四、推广应用条件

威海市农村环境固体废物综合治理模式对于开展农村环境综合整治具有重要借鉴意义，其中农村生活垃圾分类的做法可在具有社会信用体系建设基础的地区推广，农业废弃物综合利用经验做法可在全国大部分地区进行推广，病死畜禽无害化处理模式可在畜牧业政策性保险机制较为完善的地区进行推广。

结合威海经验，全国其他同类城市在推广应用过程中应注意以下问题：①因地制宜确定垃圾分类模式，威海市农村生活垃圾"4+1"分类模式更为适合北方沿海城市；②夯实硬件基础，完善分类收运体系，才能体现垃圾分类的成效；③针对农业废弃物较为分散的特点，要因地制宜建立收运体系，充分发挥第三方处置企业的

能动性，以末端处置利用为导向，推动前端收集；④出台优惠政策，制定补助标准，对病死畜禽无害化处理、废旧农膜回收等给予财政补贴、税收、用电等优惠政策；⑤做好宣传引导，丰富宣传形式；⑥创新市场机制，将病死畜禽无害化处理与畜牧业保险相结合，提升监管水平和无害化处理率；⑦对于社会信用体系建设较为完善的地区，可以借助信用评价建立长效机制。

（供稿人：威海市生态环境局局长　毕建康，威海市生态环境局二级调研员李　彬，生态环境部华南环境科学研究所博士　石海佳，威海市生态环境监控中心副主任　董　琳，中国循环经济协会战略规划部主任　刘君霞）

健全收储运体系，推动农作物秸秆全量利用

——铜陵市秸秆产业化利用收储运一体化模式

一、基本情况

2018 年，铜陵市可收集农作物秸秆总量 109 万 t，以水稻、小麦、玉米、油菜秸秆为主。铜陵市有 32 家秸秆"五化"利用企业，但企业规模总体偏小，产业化利用水平不高，配套的秸秆收储运体系不健全，秸秆焚烧现象时有发生。

"无废城市"建设试点以来，铜陵市把"无废城市"建设与乡村振兴、农业绿色生产、美丽乡村建设有机结合起来，将秸秆综合利用纳入民生工程，着力构建秸秆产业化利用收储运一体化模式（图 3-42）。

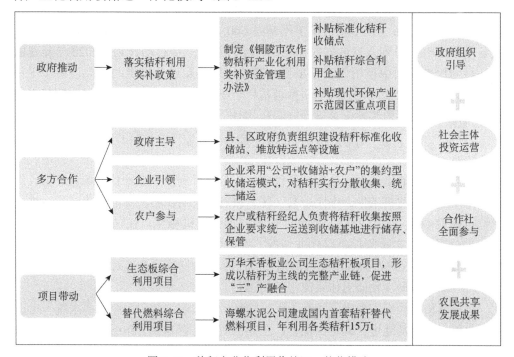

图 3-42　秸秆产业化利用收储运一体化模式

二、主要做法

（一）政府推动，落实秸秆利用奖补政策

为大力推进秸秆产业化利用工作，安徽省出台了《关于大力发展以农作物秸秆资源利用为基础的现代环保产业的实施意见》《安徽省农作物秸秆综合利用三年行动计划（2018—2020年）》《安徽省农作物秸秆产业化利用及示范园区奖补资金管理暂行办法》等政策文件，对新建秸秆收储量（能力）达1000 t（含1000 t）以上的标准化秸秆收储点，按照不超过总投资额的30%进行奖补，奖补资金由省财政承担80%、市县承担20%；对经市、县认定的2020年利用秸秆500 t（含500 t）以上的秸秆综合利用企业，根据实际利用水稻、小麦、其他农作物（油菜、玉米等）秸秆量，分别给予不超过60元/t、48元/t、36元/t的补贴；为鼓励企业多利用秸秆，对超出1万t部分提高10%、超出3万t部分提高30%、超出5万t部分提高40%、超出10万t部分提高60%，奖补资金由省市县财政共同负担；对已认定的省级秸秆综合利用现代环保产业示范园区，每个园区奖励资金500万元，奖励资金由省财政与市县财政各承担50%，奖励资金由县（区）用于示范园区内秸秆产业化利用项目；对2019年以来安徽省秸秆综合利用产业博览会重点签约项目竣工投产的，对项目投资总额在1000万元（含1000万元）以上的，按照不超过项目总投资额的10%奖补，单个项目最多不超过500万元，奖励资金由省财政与市县财政各承担50%；对列入安徽省农作物秸秆综合利用三年行动计划、2020年新建的以秸秆为原料的大中型沼气工程项目，奖补比例不超过总投资的30%，单个工程奖补金额不超过150万元。为加快推进秸秆产业化利用，铜陵市制定了《铜陵市农作物秸秆产业化利用奖补资金管理办法》，细化资金奖补、申报、管理要求。

（二）多方合作，健全秸秆收储运体系

建立秸秆收储运体系、确保秸秆稳定供应是秸秆利用企业维持市场竞争力、实现可持续发展的前提条件。铜陵市县（区）政府负责组织秸秆标准化收储站、堆放转运点建设，推广农作物联合收割、捡拾打捆全程机械化，在秸秆收割机械加装GPS定位系统，实时监控机械作业情况，及时掌握作业面积、收储量。企业采用"公司+收储站+农户"的集约型收储运模式，企业秸秆收储基地对秸秆实行分散收集、统一储运管理（收储运体系流程见图3-43）。

农户或秸秆经纪人负责将秸秆收集、晾晒后，按照综合利用企业要求统一运送到企业秸秆收储基地进行储存、保管；企业也通过培育专业合作组织，与合作组织签订合同，规定收购的数量、质量、价格等内容，由专业合作组织把分散农户组织起来，负责原料收集、预处理和小规模储存，定期运送到基地仓储，形成从农民合作

组织到秸秆收储基地再到企业的秸秆收储运体系，保证原料的长期供应（图 3-44）。

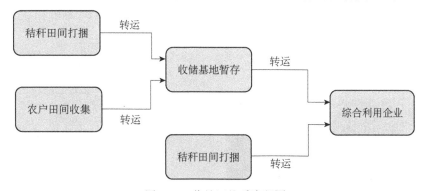

图 3-43 收储运体系流程图

图 3-44 铜陵市秸秆收储运体系建设

（三）项目带动，拓展秸秆综合利用途径

2019 年 11 月，铜陵枞阳万华禾香板业公司无醛生态秸秆板项目及万华绿色分布式大家居智造产业园建成投产（图 3-45）。依托该项目，2020 年，铜陵市枞阳县成功申报安徽省农作物秸秆综合利用现代环保产业示范园，将以园区为平台，上游带动秸秆收储体系健康发展，中游促进秸秆产业化利用发展，下游带动智能家居、

五金配件、包装、物流等产业发展，形成一条以秸秆为主线的完整产业链，促进一产、二产、三产融合发展，为县域经济绿色发展注入新动力（图3-46）。

图 3-45　铜陵市枞阳万华生态秸秆板项目　　图 3-46　农作物秸秆综合利用现代环保产业示范园项目空间布局

铜陵枞阳万华禾香板业公司主要利用品质较好的水稻、小麦秸秆，为解决水分、含沙量、霉变程度不符合要求的稻、麦秸秆及油菜秆等其他农作物秸秆综合利用问题，2020 年 10 月，铜陵枞阳海螺水泥股份有限公司建成国内首套秸秆替代燃料项目（图3-47），年利用各类秸秆 15 万 t，成为万华秸秆生态板项目重要补充。此外，试点期间，铜陵市还建成畜禽粪污及秸秆沼气发电工程（年产沼气 36.5 万 m^3、年发电 45.17 万 kWh、年生产固体沼肥 2300 t）、秸秆生物质成型燃料、生物菌等多个秸秆产业化利用项目。

图 3-47　铜陵枞阳海螺生物质替代燃料项目

三、取得成效

铜陵枞阳万华禾香板业有限公司秸秆生态板材项目 2020 年完成产值 3.8 亿

元，消耗利用稻麦秸秆等农林剩余废物 22 万 t，增加了 1500 个就业岗位，直接为农户增收 1.1 亿元；2021 年计划提产增速，完成 30 万 m³ 产量，可实现产值 5.5 亿元，利用稻麦秸秆等农林剩余废物 42 万 t，可为农户增收约 2 亿元。铜陵枞阳海螺水泥有限公司生物质替代燃料项目每年利用秸秆等生物质 15 万 t/a，实现年节约标准煤 7.3 万 t，减少水泥窑煤的用量及二氧化硫、氮氧化物、温室气体排放的排放，是推进水泥生产工业"低碳、环保、减排"的有效途径，对水泥行业节能减排和废物资源化利用具有重要意义，具有良好的社会效益、经济效益和环境效益。铜陵市配套建成秸秆标准化收储站 21 个，堆放转运点 115 个，保证了秸秆原料的长期稳定供应。2020 年，铜陵市秸秆综合利用率由试点前的 88.86% 提高到 92.44%。

四、推广应用条件

该模式适用农作物秸秆产业化利用，在运用和推广过程应注意：一是坚持政府组织引导、社会主体投资运营、农民合作社全面参与、农民共享发展成果的原则，政府要制定秸秆产业化利用奖补政策，充分利用财政资金的杠杆作用；二是坚持秸秆综合利用和秸秆禁烧"两手抓"，推动"以禁促用"向"以用促禁"转变；三是制定秸秆收储点建设、管理标准，建立企业-农户（秸秆经纪人）、专业合作组织利益共享、风险共担、产销紧密联结机制，积极吸纳农村剩余劳动力参与收储点运营管理，确保秸秆收储点建设"依法建设、持续利用、长久获益"；四是推进农作物联合收获、捡拾打捆机械化，开辟秸秆运输绿色通道；五是秸秆在水泥企业燃料化应用可在水泥企业推广应用。

（供稿人：铜陵枞阳万华禾香板业有限公司副总经理　代庆洪，铜陵枞阳海螺水泥股份有限公司安环处常务副处长　吴劲松，铜陵市生态环境局信息宣教中心主任　朱习文，铜陵市枞阳县生态环境分局局长　吴松柏，生态环境部环境规划院环境风险与损害鉴定评估研究中心助理研究员　只　艳）

第四篇

践行绿色生活方式，推动生活垃圾源头减量和资源化利用

推进精细化分类管理
实现原生生活垃圾全量焚烧和趋零填埋
——深圳市生活垃圾全链条精细化管理模式

一、基本情况

为破解垃圾分类难题，深圳坚定不移地走"市场化、专业化、社会化"道路，通过着力构建完善生活垃圾分类"四个体系"（法规标准体系，分流分类体系、宣传督导体系和责任落实体系），积极做好"两篇文章"（算好减量账、算好参与账），实现生活垃圾从源头到末端的全链条分类治理体系。

截至 2020 年底，深圳生活垃圾产量 32 292 t/d（折合 1178 万 t/a），全市生活垃圾分流分类回收量达到 9636 t/d，其他垃圾量 15 356 t/d，市场化再生资源量达到 7300 t/d，人均生活垃圾产生量降到 1.38 kg/d，生活垃圾回收利用率 41.1%，在住房和城乡建设部组织的 46 个重点城市垃圾分类考核中名列前茅；全市共建成五大生活垃圾能源生态园，焚烧处理能力 1.8 万 t/d，实际处理能力可达 2 万 t/d，基本实现原生垃圾的全量焚烧和趋零填埋。

二、主要做法

（一）推进生活垃圾源头产量

加快构建绿色行动体系，广泛推广绿色简约适度、绿色低碳、文明健康的生活理念，形成崇尚绿色的社会氛围。广泛开展绿色机关、绿色学校、绿色酒店、绿色商场、绿色家庭等"无废细胞"创建行动，编制印发 5 个标准和 5 个考评细则，为各类"无废细胞"创建提供明确的评价指标体系。深圳在全国率先上线投用生态文明碳币服务平台（图 4-1），注册用户分类投放生活垃圾、回收利用废塑料等绿色低碳行为，以及参与垃圾分类志愿督导活动和"无废城市"相关知识竞答均可获得碳币奖励，使用碳币兑换生活、体育、文化用品及运动场馆、手机话费等电子优惠券，正面引导、广泛激励公众积极参与"无废城市"建设。

图 4-1　深圳市生态文明碳币服务平台

开展塑料污染治理升级行动，印发《深圳市关于进一步加强塑料污染治理的实施方案》，严格限制禁止类塑料产业立项审批，开展淘汰类塑料制品生产企业产能摸排调查，全面推进产业转型升级、技术改造，淘汰落后低端塑料生产企业。设立循环经济与节能减排专项资金，扶持可降解塑料企业申请绿色制造体系。举办"2020 深圳塑料替代品之全生物降解塑料相关技术论坛"，推动企业发掘可降解塑料市场潜力。通过开展倡议活动，举办 2020 年塑料购物袋替代品现场推广会等形式在商场超市、集贸市场、餐饮行业等重点领域禁止、限制销售、使用塑料制品。举办"无塑城市"建设高峰论坛，从政策、技术、产业、公众意识四个角度探索推进塑料减量、替代、循环、回收、处置全产业链综合治理。

加快推进同城快递绿色包装和循环利用。为应对快递行业业务量大，一次性包装物造成大量资源浪费的突出问题，深圳出台《深圳市同城快递绿色包装管理指南（试行）》等文件，规范了绿色快递包装材料、胶带使用（"瘦身"）规格，以及循环包装的开拆、内件填充、回收操作等要求，推进了快递包装物的循环利用，创新研发了丰·BOX 循环包装箱（图 4-2），累计投放了 8.5 万个，推进了"快递宝"共享包装箱，累计投放了 4 万个青流箱、循环中转袋的使用。以此全面推动绿色快递发展，从源头上减少固体废物 2125 吨/年。

全民倡导"光盘行动"，倡导勤俭节约、文明就餐的良好风气。制作宣传海报和倡议书 30 余万份，在全市 5000 多家餐厅播放"光盘行动"系列视频，形成宣传效应。所有星级酒店设置"光盘行动"标识牌呼吁适量点餐，打造 11 月 8 日"垃圾减量日"，开展"光盘行动 拒绝舌尖上的浪费""光盘行动·每天快乐进行时"

等大型公益活动。

图 4-2　丰·BOX 循环包装箱

（二）建立宣传督导体系

深圳牢固树立"做垃圾分类，就是做城市文明"的理念，以行为引导为重点，加大宣传策划力度，夯实学校基础教育，创新公众教育，全力构建市区联动的宣传督导体系，营造了社会参与的良好氛围。

为帮助居民做好生活垃圾分类投放，让居民养成生活垃圾分类投放习惯，深圳出台《深圳市城市管理和综合执法局关于规范垃圾分类定时定点督导工作的通知》，聘用 2 万余名由物业管理人员、辖区热心居民为主的督导员，于每天家庭厨余垃圾投放时间段在投放点现场开展督导，政府按照 40～80 元/（人·日）发放补贴。各投放点全部实现规范分类，分类回收利用率显著提高。

为培养居民进行生活垃圾分类投放意识，养成生活垃圾分类投放习惯，深圳制作发布一系列垃圾分类公益广告，聘请王石、郎朗、易建联、周笔畅等社会知名人士作为深圳垃圾分类代言人，加大公益宣传。深圳在全市范围开展"蒲公英"公众教育计划，建成 17 座分类科普教育馆，聘用 830 余名讲师，开展 1.1 万场垃圾分类大讲堂、微课堂等活动。在全国首个编制中学、小学、幼儿园等垃圾分类知识读本（图 4-3），将垃圾分类纳入学校德育课程。设立垃圾分类"环保银行"兑换文具、打造垃圾分类"碳币"兑换礼物系统、开发"生态文明我最美环保随手拍"家庭垃圾分类等行动，全市 2635 所学校，超过 500 万人次市民、学生参与生活垃圾分类活动，全面普及无废文化。

出台全国首个与新《中华人民共和国固体废物污染环境防治法》罚则衔接的地方性法规——《深圳市生活垃圾分类管理条例》，个人违反生活垃圾分类投放规定最高处罚 200 元，单位违反生活垃圾分类投放规定最高处罚 50 万元。出台"活动代罚"措施，违规个人自愿参加生活垃圾分类培训、宣传服务或者现场督导等活动可以代替罚款。出台《深圳市生活垃圾分类工作激励办法》，采取通报表扬为主、资金补助为辅的方式，评选"生活垃圾分类绿色单位""生活垃圾分类绿色小区""生活垃圾分类好家庭""生活垃圾分类积极个人"，引导全社会积极参与生活垃圾分类。

图4-3   深圳市生活垃圾分类知识读本

（三）建立分类治理体系

深圳严格按照"分类投放、分类收集、分类运输、分类处理"的要求，努力推动生活垃圾全过程分类治理。在前端分类上，遵循国家标准，以"可回收物、厨余垃圾、有害垃圾和其他垃圾"四分类为基础，按照"大分流细分类"的具体推进策略，对产生量大且相对集中的餐厨垃圾、果蔬垃圾、绿化垃圾实行大分流；对居民产生的家庭厨余垃圾、玻金塑纸、废旧家具、废旧织物、年花年桔和有害垃圾进行细分类。在收运处理上，对不同类别的垃圾，委托不同的收运处理企业，做到专车专运、分别处理，防止"前端分、末端混"现象。另外，深圳市在全国率先开展废旧家具专项收运处理，建立预约回收制度，实行定点投放、预约清运，全市建成拆解处理设施16处，有效提高废旧家具的资源化利用率。2020年底，全市共有64处厨余垃圾（餐厨垃圾、家庭厨余垃圾、果蔬垃圾）处理设施，其中餐厨垃圾由8家特许经营企业进行资源化利用。深圳垃圾分类收集运输和处理方式如图4-4所示。

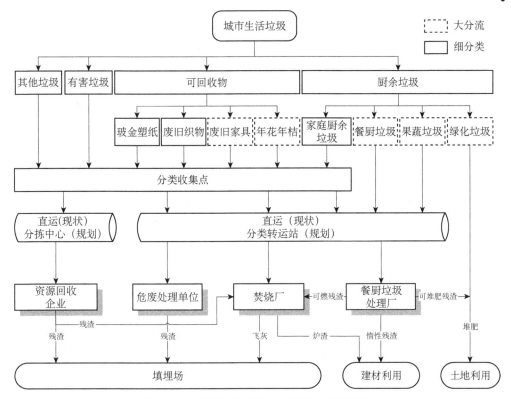

图 4-4　深圳垃圾分类收集运输和处理流程图

（四）建设兜底焚烧处置设施

建成投产宝安、龙岗、南山、平湖、盐田 5 个能源生态园，生活垃圾焚烧能力达到 1.8～2.0 万 t/d，原生生活垃圾实现全量焚烧和零填埋，生活垃圾 100% 无害化处置。出台全球最严生活垃圾焚烧污染控制标准之一，主要污染物排放限值均优于欧标、国标（图 4-5）。生活垃圾焚烧发电厂建筑外观实施去工业化设计，并提升项目周边配套景观环境，生活垃圾焚烧炉、烟气净化系统采用当前最先进技术和设备。创新生活垃圾焚烧发电项目企业社区共建模式，按照焚烧处置量给予项目所在社区 50～60 元/吨的社区回馈金，采用热电联供为社区提供低价能源，投资建设登山道、游泳馆和科普展厅回馈社区居民，促进企业与社区居民和谐相处，有效化解邻避问题。出台生活垃圾跨区处置经济补偿制度，产废行政区委托其他行政区协同处置生活垃圾，须向处置行政区缴纳高额跨区处理补偿费。

（五）建立全过程监管体系

建立健全"全覆盖、全过程、分层次"生活垃圾清运处理监管体系，全面强化垃圾清运处理监管。一是明确市、区城管部门职责划分，层层落实监管责任，市一

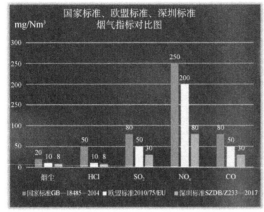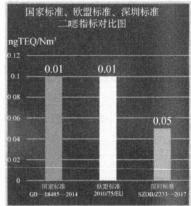

图 4-5 《深圳市生活垃圾处理设施运营规范》（SZDB/Z 233—2017）典型污染物排放标准与相关标准对比图

级专门成立垃圾处理监管中心，指导、督促各区加强监管；各区城管部门落实日常监管工作，采取派驻监管小组、委托第三方专业机构等方式，确保环卫设施全部纳管。二是建成智慧城管平台（图 4-6），利用物联网、大数据等技术，对垃圾产生、转运、处理进行全过程监管，发现问题及时处理，确保生活垃圾清运处理工作规范有序。

图 4-6 深圳智慧城管平台

三、取得成效

截至 2020 年底，生活垃圾"集中分类投放+定时定点督导"模式已在全市所有 3815 个小区和 1690 个城中村推广，共有 20 499 名督导员常态化进行现场督导，居民参与率不断提升。生活垃圾分流分类回收量达 9636 t/d，市场化再生资源回收 7300 t/d，回收利用率达到 41.1%，已超额完成住建部的考核要求。

全市配置 3641 台分类收运车辆，建成分类处理设施设备 122 处。分类后的垃圾处理方式和处理量如下：

绿化垃圾。收集粉碎后沤肥或运至生物质电厂发电，较大的树干去除枝叶后直接资源化利用收运处理量为 1307 t/d。

厨余垃圾。全市共有 64 处厨余垃圾（餐厨垃圾、家庭厨余垃圾、果蔬垃圾）处理设施，4 座集中处理设施，主要采用厌氧发酵工艺产沼发电。家庭厨余垃圾的处理方式是与餐厨垃圾协同处理或者通过分散式小型处理设施处理。2020 年底，厨余垃圾收运处理量为 6268 t/d。

废旧家具。在全国率先开展专项收运处理，建立预约回收制度，实行定点投放、预约清运。在全市建成拆解处理设施 16 处，收运处理量 1148 t/d。

废旧织物。引进专业企业，在全市设置 7000 余个回收箱，回收后制成再生包装材料等产品，收运处理量 24 t/d。

年花年桔。每年春节后组织回收，2020 年全市回收处理 198 万盆，回收利用花盆 130 万个，回收支架 253 万个，移植栽培 1.2 万株。

有害垃圾。主要是电池、灯管和家用化学品，居民分类投放后委托专业公司进行无害化处理，收运处理量 0.6 t/d。

可回收物。主要是玻璃、金属、塑料、纸类。居民在小区分类投放后由市场化回收企业回收利用，收运处理量 10 667 t/d（玻金塑纸回收量+市场化再生资源量）。深圳着力推进生活垃圾分类体系与再生资源回收体系"两网融合"，在收集、转运、分拣、处理等环节全面加强对接，促进可回收物的深度回收。

四、推广应用条件

深圳市以强制分类为依托的生活垃圾全链条分类管理模式，通过倡导绿色生活理念促进垃圾源头减量，通过"大分流细分类"推动生活垃圾分类收运处理，通过高标准的焚烧设施对分类后剩下的其他垃圾进行无害化处理，这一模式对市民素质、城市经济实力和管理水平有一定要求，适合在经济相对发达、土地资源紧缺、城市治理体系较完善的大中型城市推广应用。

深圳利用"志愿者之城"的城市积淀，开展蒲公英公众教育计划，培养了一大批生活垃圾分类志愿教师，建立了一系列生活垃圾分类科普教育基地，通过编制垃圾分类教育读本、开设专题课程等方式将生活垃圾分类纳入学校德育体系，通过"一个学生带动一个家庭、影响一个群体"，实现垃圾分类理念深入人心，为提升垃圾分类参与度奠定了良好的公众基础，这种公众教育模式适合在全国各类城市推广应用。

（供稿人：深圳市生活垃圾分类管理事务中心职员 冉艳睿，深圳市环境科学研究院高工 余波平，深圳市环境科学研究院高工 杨 娜，深圳深态环境科技有限公司工程师 朱逸斐，深圳市能源环保有限公司工程师 刘 川）

全程闭环管控　多元综合治理

——绍兴市五化并举打造生活垃圾治理模式

一、基本情况

绍兴市下辖 6 个行政区，总面积 8273.3 平方千米，常住人口 505.7 万。根据相关统计数据，2019 年绍兴全体居民人均可支配收入 53 839 元，位居浙江省第 3 位，居民消费水平强劲，餐饮业发达。2019 年绍兴全年接待游客约 1.15 亿人次，位列全国内地城市接待游客总数第 25 位，旅游带来的输入性生活垃圾量明显。"无废城市"建设试点前，我市生活垃圾分类主要问题表现在处置手段传统，填埋方式仍占垃圾处置的相当大比重；处置能力存在一定短板，餐厨、焚烧处置设施能力不能满足分类处置需要；前端分类模式单一，分类精准化、科学化程度不高。再生资源回收系统未规划统一，个体经营环境脏、乱、差。"无废城市"建设试点以来，我市积极贯彻"应减尽减、应分尽分、应收尽收、应用尽用、应建必建、应管严管、应纳尽纳"的"无废城市"理念，以制度创新、平台监管、项目推进、市场运作为手段，重点从源头减量、分类投放、分类收运、分类处置的全过程闭环管控，深入推进生活垃圾治理工作，实现了绍兴市生活垃圾资源集约化、分类精准化、收运专业化、处置科学化、城市无废化的"五化"治理模式（图 4-7）。

二、主要做法

（一）源头减量推动资源集约化

通过推进"限塑令"、过度包装专项整治、开展"光盘行动"等源头减量八大专项行动，从源头控制垃圾产量，实现垃圾减量化、资源化。一是持续推行"限塑令"。出台《关于限制一次性消费用品的通知》，全市星级宾馆全面推行限制一次性消费用品工作。印发《关于鼓励使用生物可降解垃圾袋的通知》，现已向市区发放生物可降解垃圾袋 11.4 万只；在全市 120 家超市门店（农贸市场）推广使用环保

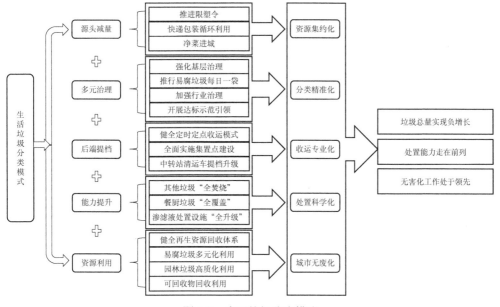

图 4-7 生活垃圾分类模式

可重复使用的袋子或篮子。通过多措并举，让"限塑令"落在实处，绍兴"限塑"的经验也到了陈奕君副省长的批示肯定。二是深入推进快递包装循环利用。从快递包装、配送、回收等环节减少快递包装用品，构建快递包装共享循环利用机制。目前我市快递客户电子运单使用率达到 99%，电商快件无二次包装率约 60%，快递分拨中心循环中转袋使用率约 80%，并投放 417 个符合国家标准的快递网点包装废弃物回收装置。三是加大回收利用力度。回收从社会生产和生活消费过程中产生的、可利用的各种废旧物资，主要包括金属类、家具类、纺织类、旧车类、纸品类、塑料类、橡胶类、玻璃类、电器类、有害物质类等十类，有效推进城乡垃圾源头分类工作，每天减少生活垃圾产出量近 70 t，累计减少生活垃圾产出量 6.1 万 t。

（二）多元治理推动分类精准化

综合运用制度、平台、基层等多种治理手段，充分发挥自治、智治等多元治理模式，助推生活垃圾精准分类。一是注重制度建设。编制《绍兴市生活垃圾治理专项规划》《绍兴市城镇生活垃圾分类和资源回收利用中长期发展规划》，出台《绍兴市城镇生活垃圾分类管理办法》《绍兴市餐厨垃圾管理办法》《绍兴市城镇生活垃圾分类处理三年行动方案（2020—2022 年）》《关于加强城市社区再生资源回收利用工作的实施办法》《关于做好农村再生资源回收利用工作的通知》等 20 余个规范文件。二是运用数字监管。建成包含源头减量、分类投放、分类收运、分类处置、检查考核、数据申报等模块的智能化监管平台，实现垃圾分类全流程、全链条、全覆盖监管，特别是运用手持 APP 和后台综合分析软件，对居民"每日一袋"的易腐垃圾进行扫描打分和综合评定，实行积分兑换，激发了人民群众垃圾分类的主动性、积极性，从而提高分类质量。建立绍兴市再生资源回收体系数据平台，采用再生资源 APP、微信公众号、114 热线电话预约回收，形成区域回收站点、用户、物资、销售等业务主体数据库，实现智慧回收。三是强化基层治理。积极探索推行垃圾分类"契约化"共治模式，以借鉴"枫桥经验"的基层治理模式为依托，通过党员包户、契约签订、星级评比、红黑榜等正向激励、反面曝光方式，形成多方有约束、基层共治理的"枫桥式"工作机制。在全市党政机关、企事业单位以及公共场所、社区（小区）等区域，选树一批垃圾分类行业示范，积极打造垃圾分类"头雁"工程。采取"周检查、月通报、季曝光、年评定"的方式，深入开展垃圾分类达标镇街创建，充分发挥街道（乡镇）一线作战功能。开展省级高标准示范小区和片区建设，累计创建垃圾分类示范片区 17 个、垃圾分类高标准小区 131 个。

（三）中端提档推动收运专业化

通过多年努力，不断加大中端收运设施建设，补齐短板，努力提高垃圾分类收运专业化水平。一是推广"定时定点"模式。全面开展"定时定点"模式，目前全市155 条商业街、377 个小区实行"定时定点"投放清运。二是全面实施站点、中心建设。按照因地制宜、科学合理的原则推进垃圾分类集置点建设，有效促动分类收集效率，2020 年全市完成 681 个。再生资源回收按照全区域推广回收站点建设、全链条规范处置、全方位智慧监管的"三全"模式，建立健全由点（站）、分拣中心、回收企业组成的回收利用体系。根据城市 1000 户/个、农村乡镇 2000 户/个布局规范，按照"六统一"（布局统一规划、外观统一标识、人员统一着装、收购统一价格、计量统一衡器、业务统一管理）要求，建成城镇可回收物社区回收站点 207 个，农村再生资源回收站点 595 个，按规范建设分拣中心，建成可回收物分拣中心 8 个（图 4-8），实现各区、县（市）全覆盖。三是开展中转站和清运车辆提档升级（图 4-9）。按照标志清晰、标识准确的原则，2020 年完成 954 辆清运车辆的规范配置；按照功能匹配、环境协调的原则，进一步推进中转站升级，新（改、扩）建中转站 49 座。

图 4-8　再生资源回收分拣中心

图4-9　生活垃圾集置和垃圾中转站提档升级

（四）能力提升推进处置科学化

试点建设以来，绍兴通过合理补缺、科学布局，生活垃圾处置能力已实现"多级连跳"。一是实现其他垃圾"全焚烧"。2020年市区循环生态产业园（二期）、诸暨、嵊州、新昌等4个总计2650 t/d的焚烧项目先后建成投入运行，城镇生活垃圾焚烧能力达到6700 t/d，全市全面实现"全焚烧""零填埋"。二是实现餐厨垃圾（易腐垃圾）"全覆盖"。2018年，完成循环生态产业园（一期）和新昌餐厨项目建设（图4-10），新增餐厨垃圾处置能力450 t/d；2019年4月，嵊州市50 t/d的餐厨垃圾处理项目投入试运行；2020年5月诸暨300 t/d餐厨垃圾综合利用项目投入试运行，全市餐厨垃圾设计处置能力达到1000 t/d，实现城区餐厨垃圾全收集、处置设施全覆盖。三是实现渗滤液处置设施全修复。2018年以来全面完成全市6座垃圾填埋场渗滤液处置设施提升工程。新增渗滤液处置能力1200 t/d，其中大坞岙垃圾填埋场新增渗滤液处置扩建项目800 t/d，嵊州市六夹岙垃圾填埋场新增一期渗滤液处置改扩建项目400 t/d。

图4-10　生态循环产业园和新昌县餐厨垃圾处置中心

（五）资源利用推动城市无废化

以"无废城市"建设为契机，一体谋划终端处置设施建设，不断优化处理技术，提升处置能力，实现资源利用效率最大化。一是其他垃圾焚烧发电供热。目前全市现有运行的生活垃圾焚烧厂 6 座，焚烧占比从 2017 年的 30.5%提高到目前 90.65%，以绍兴市循环生态产业园生活垃圾焚烧厂为例，每吨生活垃圾可日发电 400 kWh、供应蒸汽 2.2 t。二是易腐垃圾炼油制肥。由以前简单粗放式破碎堆肥拓展到厌氧产沼、毛油回收、生物养殖（新昌黑水虻养殖）等精细化处理模式，其中新昌采用"黑水虻生物处理"先进工艺手段（图 4-11），实现餐厨垃圾 100%无害化处置，每 50 t 餐厨垃圾可提炼 1 t 毛油、培育 4 t 成虫、20 余 t 肥料。目前，新昌县已在着手打造餐厨垃圾循环利用 2.0 版本。三是园林垃圾碳化制汽。绍兴市首个园林废弃物碳化处置项目（一期年处置 3 万 t）已建成投产（图 4-11），该项目使园林废弃物在全封闭缺氧条件下热解，大约 2/3 转化为生物炭、1/3 转化为蒸汽，全程无污染源产生，有助于构建低碳、高效、循环经济发展模式，在全省尚属领先，预计可年节约标煤 1.5 万 t、减排二氧化碳约 4 万 t、减排氮氧化物约 110 t、减排二氧化硫约 130 t。四是可回收物回收利用。可回收物回收实现由分散点状向集中联网转变，按照"点、站、中心"全覆盖的要求，推进回收点、中转站、中转储存中心建设，通过"互联网+"回收模式，实现线上交投、线下回收。收编原收废队伍，回收人员统一培训考核发证并持证上岗，规范经营队伍，累计培育再生资源回收利用企业 16 家。城市社区再生资源回收利用工作受到全国供销总社领导的肯定，并列为全国供销总社综合改革现场会参观点项目。

浙江瓴昆生物科技有限公司

昆虫产品链-黑水虻养殖流程

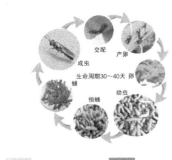

图 4-11 黑水虻生物养和园林垃圾碳化处理

三、取得成效

借助"无废城市"有力平台，绍兴积极践行绿色发展生活方式，高度注重生活垃圾治理，通过源头减量、多元治理、后端提升、资源利用等措施和途径，实现了资源集约化、分类精准化、收运专业化、处置科学化、城市无废化，有力推进"无废城市"建设试点工作。指标任务全面完成：2020年绍兴市城镇生活垃圾分类覆盖率达到93.71%，全市生活垃圾回收利用率47.42%，生活垃圾资源化利用率90.93%，生活垃圾量增长率-5.17%，无害化处理率100%。累计再生物资回收45.69万t，开卡用户25.32万人。绍兴市再生资源回收实现垃圾减量45.69万t，换算后大致节约能源63.97万t，碳排放减量1.86万t，节约木材资源1.85万t。垃圾总量实现负增长：2019年绍兴城市生活垃圾总量增幅为-1.57%，2020年在此基础上，生活垃圾总量增幅进一步削减，增长率-5.17%，实现了生活垃圾总量负增长。处置能力走在前列：自2017年以来，投资44.85亿元，先后建设实施了循环生态产业园等9个处置设施，全市焚烧和餐厨处置能力达到7700 t/d，另有农村生活垃圾资源化处置能力915 t/d，实现全市县县生活垃圾"零填埋"和焚烧、餐厨垃圾处置设施全覆盖。无害化工作处于领先。绍兴成为2019年国家生活垃圾焚烧厂、填埋场新标准执行后全省首批达到AAA级无害化等级的地级市。在生态环境部2020年每日生活垃圾焚烧发电厂烟气排放通报中，绍兴成为全省11个地级市中达标排放工作成绩最好的城市。

四、推广应用条件

绍兴市生活垃圾分类模式推进生态文明建设具有一定借鉴意义。建设生态文明，是关系人民福祉、关乎民族未来的长远大计。生态文明建设功在当代、利在千秋。我们要牢固树立社会主义生态文明观，推动形成人与自然和谐发展现代化建设新格局，为保护生态环境做出我们这代人的努力。绍兴生活垃圾分类立足源头减量、多元治理、后端提升、资源利用等多种途径，寻求从分类的各个环节逐一击破垃圾分类的痛点、难点，收到了不错的成效，向着生态文明建设迈出了坚实步伐，对其他城市的垃圾分类工作具有一定的学习、参考意义。

本模式更适合在经济程度较为发达、社会文明水平相对较高的国内大中型城市推广，特别对于城市土地供应紧张、居民"邻避效应"明显的城市，能起到较好的收效。同时还应特别注重各政府部门间的密切配合。如环卫部门与商务、供销部门环卫网络与回收网络的"两网融合"；如本模式下"限塑令"推广、快递包装循环利用、净菜进城以及可回收物回收利用方面等涉及多部门职能的，尤其需要闭环衔接。

　　（供稿人：绍兴市综合行政执法局市容和环境卫生管理服务中心副主任　中级管员　邬立明，绍兴市综合行政执法局市容和环境卫生管理服务中心垃圾分类管理科副科长　中级工程师　陈竹争，绍兴市时代再生资源有限公司综合部经理　中级工程师　鲁　军，绍兴市综合行政执法局市容环卫监管处　高级工程师　黄鉴晖）

多措并举 实现精细化治理

——中新天津生态城基于小城镇的生活垃圾管理模式

一、基本情况

中新天津生态城（以下简称"生态城"）是中国和新加坡政府合作的旗舰项目，具有国际化合作及小型区域化特征。随着生态城的快速发展，居民的入住，企业的进驻，生活垃圾产生量呈持续上升趋势。2020 年生态城生活垃圾总产生量为 23 605 t，日人均垃圾产生量约为 0.65 千克/（人·日）。

作为国家首批垃圾分类示范区，生态城已在全区域、全行业范围内开展垃圾分类工作，城区内垃圾分类设施布设相对完善、宣传推广持续开展，取得了一定的工作成效。但在深入垃圾分类工作的过程中，分类效果提升不明显、居民分类积极性不高、分类制度措施亟待突破、综合利用水平不高等问题逐步凸显，有待进一步重点探索提高。

生态城借鉴国内外先进理念和技术，按照"减量化、资源化、无害化"原则，通过制定标准导则、完善设施配置、推行实名管理、开展全面考核、培育无废文化等系统举措，积极构建了一套基于小城镇的生活垃圾精细化管理模式（图 4-12）。

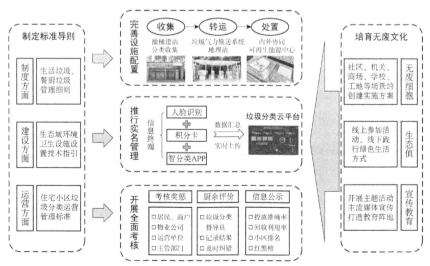

图 4-12 生态城基于小城镇的生活垃圾精细化管理模式流程图

二、主要做法

（一）制定标准导则，完善垃圾分类工作机制

在制度方面，出台《中新天津生态城生活垃圾管理细则》《中新天津生态城餐厨垃圾管理细则》等系列制度文件，从设施规划、源头申报、转运管控、终端处理等进行全过程管理，将垃圾分类纳入制度化轨道。

在建设方面，编制《生态城环境卫生设施设置技术指引》，根据居住区、公共建筑类等场所规定相应的环境卫生设施设置标准，并要求垃圾收集系统和分类设施与建设项目同步设计、同步施工、同步投入使用，有效提高环境卫生管理水平，有力保障了后续垃圾分类工作的顺利实施。

在运营方面，制定《住宅小区垃圾分类运营管理标准》《中新天津生态城垃圾分类督导员管理制度》等管理制度，强化培训考核，对分类投放站周边环境、设施维护、督导管理提出标准，明确具体要求，提升精细化的管理运营水平。

（二）完善设施配置，强化垃圾分类工作基础

完善的硬件设施配置，是垃圾分类工作有效推进的基础。生态城坚持高标准推进硬件设施建设，提高环境卫生管理水平，推动垃圾分类工作。

1. 源头分类设施

将分类设施配置标准纳入修详规，实现"一类型一办法""一小区一方案"，切实避免"邻避效应"。居民小区内推行"撤桶建站"，考虑居民生活习惯及活动路线，每1000户设置一个八分类环保驿站（图4-13），每200～300户设置一个两分类站亭，使居民在2分钟、100米内就能找到分类投放站，且投放站具备自动称重、语音控制、定时启闭功能。

图4-13　生态城智慧垃圾分类环保驿站

在全部垃圾运输车辆加装 GPS，安装自动称重设备，每户居民、商户垃圾投放类别、数量、分类质量，实时上传垃圾分类云平台，实现对运输车辆轨迹的动态跟踪、智能管控。

2. 过程转运设施

在南部片区、中部片区和北部片区分别建设垃圾气力输送系统（图 4-14），将居住区、公共建筑类等场所产生的其他垃圾、厨余垃圾通过气力输送系统输送至中央收集站进行压缩处理，既可减少转运，节约垃圾运输交通量，又能避免二次污染。南部片区 4 套垃圾气力输送系统已建成投入使用，设计规模 87 t/d，服务总人口约 10 万人，中部片区、北部片区气力输送系统正在建设中。在旅游区建设地埋站，作为气力转运系统的有效补充。

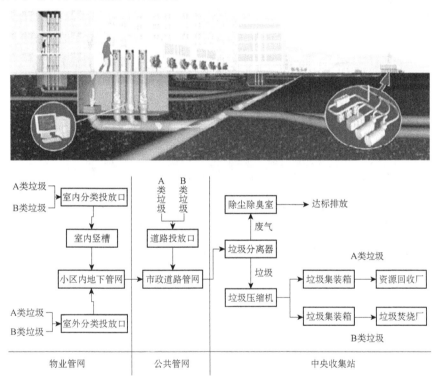

图 4-14　生活垃圾气力输送系统工艺流程图

3. 末端处理设施

建设生态城可再生能源循环利用工程项目，处理规模 95 t/d，对生态城内产生的厨余垃圾、餐厨垃圾进行统一资源化处理。引进先进的分拣-破碎生产线，同步建设可回收物分拣中心，对可回收物进行粗加工，提高其回收利用附加值。在医院和酒店设置试点试行餐厨垃圾就地处理。有害垃圾由专用的密闭运输车转运至有资质的处理单位进行无害化处置。其他垃圾在中央收集站压缩处理后，密闭转运至滨海新区第一垃圾焚烧发电厂进行最终处置，共同构成生态城固体废物内外协同处理体系。

（三）推行实名管理，引导垃圾分类自觉参与

生态城通过智慧化引领垃圾分类，打造垃圾分类云平台，结合一定的激励手段，推行垃圾分类投放实名制，引导居民主动参与源头分类。

1. 智慧监管平台

通过搭建生态城垃圾分类云平台（图4-15），配套平台开发智分类小程序（图4-16），汇总垃圾分类的全口径数据，链接至无废信息化管理平台，通过大数据分析垃圾产生的特点及居民的分类习惯，实时调度监控生活垃圾投放、收集、转运、处理全链条的管理工作及来自居民的投诉建议，第一时间进行高效处理，线上反馈配合线下执法，实现垃圾管理从"被动反馈"到"主动应对"的转变。

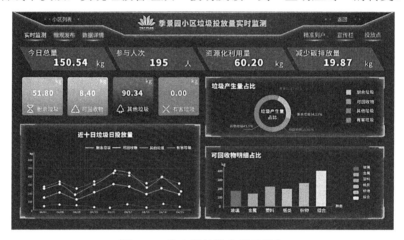

图 4-15 生态城垃圾分类云平台

图 4-16 生态城智分类小程序

2. 激励手段

以人脸识别、积分卡、APP 三种识别手段作为信息终端，确保各年龄段居民都能方便参与垃圾分类。通过构建积分兑换、计量收费等激励机制，每户家庭配发积分卡，积分可换购垃圾袋、日常生活用品等或享受其他优惠权益；探索建立垃圾分类效果与收费挂钩的弹性收费政策，正确进行垃圾分类可下调垃圾处理费，引导居民和企业主动参与源头分类。

（四）开展全面考核，保障垃圾分类顺利实施

垃圾分类工作要形成闭环，离不开系统的考核评价体系，生态城制定了《生态城垃圾分类考核办法》，由主管部门、运营单位和物业公司构建联动机制，借助垃圾分类云平台的大数据进行全方位考核评价。

1. 考核奖惩

每月通过分类投放大数据由物业公司对居民开展抽查，设立红黑榜，评比"分类明星"给予精神或物质激励；对物业公司考核，将垃圾分类工作开展情况纳入物业业绩考核，直接影响物业等级及市场准入；对运营单位考核，每季度由主管部门从分类设施运维、宣传培训推广、分类收集转运等方面进行全面考核，与年度运营费用挂钩；对主管部门考核，垃圾分类年度工作开展情况列入部门考核项目，与部门和个人绩效挂钩。

2. 厨余评价

厨余垃圾分类效果是垃圾分类工作成败的重要参考指标，建立厨余垃圾评价体系，在投放站设置垃圾分类督导员，引导监督垃圾分类。督导员在岗期间，开启厨余垃圾投放口，督导员对居民分类效果进行评价并通过小程序记录评价结果，对分类错误的现象及时纠正，以提升居民厨余垃圾的分类准确率。

3. 信息公示

推行垃圾分类公示制度，在社区、小区、投放站设置信息公示牌，或通过微信群、公众号推送，以周/月/季度为单位将垃圾分类参与率、投放准确率、垃圾回收利用率等指标数据和垃圾分类楼栋排名、小区排名、红黑榜等考核结果进行公示，反馈垃圾分类工作进展。

（五）培育无废文化，营造垃圾分类良好氛围

思想决定行为，行为主导结果，无废文化的导入对垃圾分类工作至关重要。通过全媒体、多角度、全方位开展宣传教育，让垃圾分类成为全民的思想共识和行动自觉。

1. 创建"无废细胞"，构建无废生态圈

通过以系统推进、广泛参与、突出重点、分类施策为基本原则，突出"节水、

节能、节材、节地、环境保护"的特点，出台社区、机关、商场、景区、学校、酒店、工地、公园等典型场景的"无废细胞"创建实施方案，培养居民绿色低碳观念，指导居民和单位日常践行绿色生活方式，规范商家绿色经营，使生态城"无废城市"创建深入人心。

2. 构建生态值体系，宣贯绿色生活理念

立足于生态城智能物回积分系统，设立"生态值"体系，居民通过线上参加活动、线下践行绿色生活方式获得生态值，达到一定等级可享受相应权益，以此吸引更多的群众成为志愿者，参与垃圾分类，通过社区志愿者扩大影响力，同时利用社区志愿者居住地优势、交际圈优势，可随时帮助居民解答问题，有效推进工作，宣贯绿色生活理念。

3. 强化宣传引导，引领"无废城市"新风貌

（1）开展系列主题活动，传播垃圾分类知识。充分发挥党建引领作用，联合机关、社区、学校和社会组织，在社区、景区、商圈、学校、公园等场所开展以"无废城市我参与，垃圾分类我先行"为主题的宣传活动（图4-17），深入传播垃圾分类知识。组织跳蚤市场、变废为宝、亲子体验、趣味寻宝、垃圾分类大讲堂等各种活动，宣传垃圾分类理念。2020年，组织开展垃圾分类宣传活动160次，累计参与人数23 404人次。

图4-17　生态城"无废城市我参与，垃圾分类我先行"主题活动

（2）制定年度宣传计划，全方位营造"无废"氛围。加强主流媒体对垃圾分类的宣传报道力度。依托公众号、自媒体等新兴媒体平台，统筹户外展牌、公交站牌、智慧灯杆等垃圾分类宣传平台，加强垃圾分类宣传，营造垃圾分类氛围。截至2020年底，在抖音和微视两个平台策划发布短视频58条，累计阅读量达14 630余人次；"中新天津生态城发布"等公众号策划推送稿件77篇，转载及阅读总量超过18 410余人次。

（3）打造宣传教育阵地，培养垃圾分类意识。建设垃圾分类教育体验馆、环卫科技体验馆和城市生活垃圾管理体验馆等教育阵地，融合了垃圾分类知识科普、积分兑换、垃圾再利用实践、市民环保知识培训等功能，培养居民垃圾分类意识，切实提高居民的参与度。垃圾分类教育体验馆（图 4-18）于 2020 年 6 月 5 日开放，截至 2020 年底累计接待参观 164 次，共计接待 2170 人次。

图 4-18　垃圾分类教育体验馆

三、取得成效

建成垃圾分类精品示范小区 19 个，后期根据试点情况逐步推广。示范小区分类效果显著，垃圾分类知晓率达 100%，居民参与率达 78%，居民分类准确率达 87%，生活垃圾回收利用率达 42%。

四、推广应用条件

生态城基于小城镇精细化治理的生活垃圾管理模式适用于以居住为主、兼具旅游服务等第三产业功能的新型社区化城镇。

结合生态城生活垃圾管理经验，建议加大宣传力度，从源头做好减量，全国其他同类城市或地区在推广应用过程中还应注意以下问题：①从源头做好减量，推行撤桶建站，要注意投放站的选址布局，便于居民投放；充分发挥社区党建引领作用，开展主题活动，切实推动垃圾分类工作快速开展。②在管理方面，社区内要有督导员来指导分类投放，提高群众知晓率，并出台日常落实的考核办法，对居民、商户、督导员进行监督考核；厨余垃圾约占生活垃圾产生量的 30%～50%，应建立居民厨余垃圾分类收运和处理体系，形成厨余垃圾考核体系，核心是注重提高厨余垃圾的收集质量。③新建小区要将垃圾投放设施纳入前期规划，并作为验收标准，完善小区垃圾分类基础设施配置，为后续垃圾分类工作的推行奠定基础。

（供稿人：中新天津生态城城市管理综合执法大队市容科副科长　张　同，天津津生环境科技有限公司运营管理部部长　杨永健，天津津生环境科技有限公司运营管理部主管　袁晓明，清华大学/巴塞尔公约亚太区域中心区域废物室主任　董庆银，清华大学/巴塞尔公约亚太区域中心项目助理　朱晓晴）

创新驱动　集中处置　餐厨垃圾全量资源利用

——重庆市中心城区餐厨垃圾综合利用模式

一、基本情况

（一）背景情况

随着城市社会经济的快速发展，人民生活水平日益提高，餐桌上的浪费愈加明显，酒店、学校、机关、餐饮企业等单位每天都会产生大量的餐厨垃圾，给城市生活垃圾处置带来巨大挑战。餐厨垃圾如果由不法商贩、私人收运，可能会用于饲养"潲水猪"、提炼地沟油和进入下水管网，将严重威胁食品安全卫生与市民身体健康，进入到污水处理系统会造成有机物含量的增加，加重污水处理厂的负担。餐厨垃圾处置事关城市形象和市容环境，事关食品卫生安全和三峡库区水环境保护。2003年以来，重庆市中心城区生活垃圾处理逐步形成了从源头收集、中间运输到终端处置的完善体系，但作为生活垃圾一部分的餐厨垃圾，其产生量较大，给末端达标治理带来较大压力。

（二）重庆市餐厨垃圾处理面临的挑战

由于重庆的地域特色及餐厨垃圾的特性，对餐厨垃圾的处置与管理面临几个方面的挑战。一是重庆市作为新兴的网红城市和旅游城市，餐饮业伴随着旅游业发展迅速，餐厨垃圾产生量增长较快，减量化和资源化压力巨大；二是重庆市的餐饮行业具有浓郁的地方特色，尤其以火锅餐饮为主，产生的餐厨垃圾具有高含水率、高含油率和高含盐率等特征（图4-19），若进入生活垃圾处置，会给生活垃圾填埋场和焚烧厂相关设施造成损害。

二、主要做法

重庆已建成较完备的餐厨垃圾处理基础设施，处理技术先进，资源化利用程度高，较好地实现了垃圾变资源、资源变能源，形成了可复制、可推广的餐厨垃圾综合利用模式（图4-20）。

图 4-19　重庆市餐饮具有高含水率、高含油率和高含盐率等特征

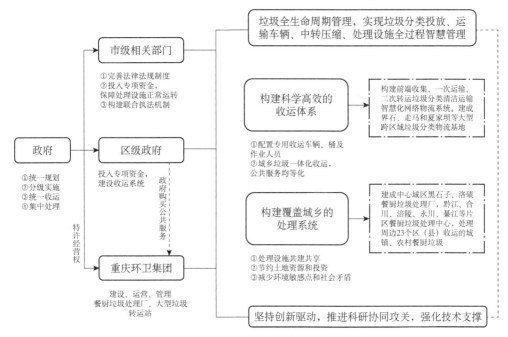

图 4-20　重庆市餐厨垃圾综合利用模式

（一）做好顶层设计，完善管理体制机制，加强监督执法

近年来，重庆市委、市政府高度重视餐厨垃圾管理工作，不断完善餐厨垃圾收运处理法律法规，构建联合执法机制，实现餐厨垃圾收运有法可依、执法必严。一是完善法律法规制度。2009 年 9 月，重庆市政府颁布实施了《重庆市餐厨垃圾管理办法》（渝府令〔2009〕226 号），明确了执法主体和处罚依据，为实施餐厨垃圾规范化管理提供了强有力的政策保障。例如，市市容环境卫生主管部门负责全市餐厨垃圾收集、运输、处理的政策制定、监督、管理和协调工作，市场监督管理部门负责餐饮消费环节、食品流通环节的监督管理，卫生、生态环境等其他有关部门按照职责分工做好餐厨垃圾管理的有关工作，为实施餐厨垃圾规范化管理提供了强有

力的政策保障。二是构建联合执法机制。市政府专门建立了餐厨废弃物收运处理联席会议制度，市级各部门陆续下发《关于开展餐厨垃圾专项整治工作的通知》《重庆市餐厨垃圾全链条监管工作方案》《关于加强餐厨垃圾治理做好非洲猪瘟防控工作的紧急通知》等文件，建立联合执法机制，定期开展专项执法行动，严厉打击非法收运处理餐厨垃圾的行为。三是加强餐厨垃圾收运考核。市城市管理局将餐厨垃圾收运量纳入年度目标考核，向中心城区下达日均收运量的目标任务，结合实际定期通报情况。同时，加强主城各区收运的餐厨垃圾的含固率抽查，确保收运质量。

（二）优化运营模式，培育健康市场氛围，落实资金保障

重庆市坚持采取"政府主导、企业运作"的可持续运营模式，按照"统一规划、分级实施、统一收运、集中处理"的原则，明确了市区两级政府以及企业的主体责任，大幅减少政府投入，激发市场主体活力，确保餐厨垃圾收运处理工作的正常开展。市级层面由市城市管理局负责制定全市餐厨垃圾收运处理规划，制定行业相关标准，指导中心城区餐厨垃圾调运；区级层面主要负责本行政区域内餐厨垃圾收运系统的建设和运营管理；企业层面，市环卫集团等专业企业按照市级政府授权，建设运营管理餐厨垃圾处理厂。

重庆市餐厨垃圾处置在未收取处置费的情况下，通过重庆市、区两级政府投入专项资金，保障收运处置运营。其中，市级层面的市财政专项资金主要用于保障处理设施正常运转，区级层面，由区财政投入资金建设收运系统，并保障收运系统的日常运行。

（三）坚持规划先行，推进基础设施建设，健全收运体系

重庆市坚持基础设施建设与城市规划高度融合，按照协同化、区域化原则科学构建餐厨垃圾收运处理系统，实现餐厨垃圾处置基础设施共建共享，最大限度节约土地资源和投资，减少环境敏感点和社会矛盾，充分实现了生态环境、经济、社会等综合效益。市城市管理局牵头会同市规自局、市发改委制定《主城区餐厨垃圾收运处理系统建设方案》（2011—2020年）和《统筹规划建设五大功能区餐厨垃圾收运处理系统实施方案》（2014—2020年）。中心城区各区政府负责餐厨垃圾收运系统建设运管，市政府授权市环卫集团负责餐厨垃圾处理厂建设运营，市财政负责解决运营资金，确保餐厨垃圾收运处理工作正常开展。主城以外区县，各区县政府为责任主体，负责建设运营餐厨垃圾收运处理系统，市环卫集团协助区县开展餐厨垃圾收运处理。

目前，全市共有11座餐厨垃圾处理厂，其中中心城区黑石子餐厨垃圾处理厂作为国家发展改革委、住房和城乡建设部、财政部关于餐厨垃圾资源化利用试点工作第一批试点项目，于2010年正式建成投用，由重庆市环卫集团负责运营，已于2020年底

关停。2020年底建成投运的洛碛餐厨垃圾处理厂，设计日处理能力3100吨。

结合生活垃圾分类工作，重庆市环卫集团科学规划建设运用洛碛国家资源循环利用基地，建成多个垃圾终端处理设施和夏家坝、走马、界石等垃圾分类物流基地（图4-21、图4-22）。依托中心城区现有的生活垃圾收运系统，构建了覆盖中心城区的餐厨垃圾单独收运系统，确保餐厨垃圾应收尽收。一是落实了设备及人员的配置。购置120辆全密闭专用收运车辆，专用收集桶4万个，配备近400名专业作业人员，利用餐饮企业休息时段上门收集餐厨垃圾；二是建立了完善的餐厨垃圾收运网络体系。从院校、企事业单位食堂、机关食堂，三星级以上宾馆、餐饮一条街和餐饮龙头企业各连锁店等逐步向中心城区所有餐饮企业延伸，中心城区环卫部门与3.6万家餐饮企业签订《重庆市餐厨垃圾收运协议书》，明确双方的权利和义务，共同负责做好餐厨垃圾收运工作。

图 4-21　洛碛国家资源循环利用基地

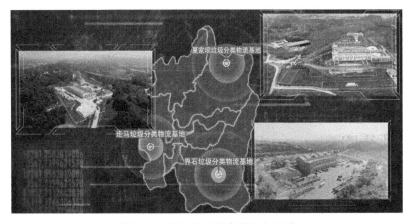

图 4-22　垃圾分类物流基地分布图

（四）坚持创新驱动，推进科研协同攻关，强化技术支撑

重庆市率先掌握餐厨垃圾处理核心装备技术，利用餐厨垃圾生产新能源［生物柴油、发电、压缩天然气（CNG）］，全国率先实现果蔬垃圾、污泥和餐厨垃圾联合厌氧消化生产新能源，开辟了果蔬垃圾、污泥资源化利用新途径，成功研发出符合中国餐厨垃圾物料特性的全套餐厨垃圾处理设备，取得100多项专利授权，打破了国外的技术垄断，实现良好经济效益、环境效益和社会效益。

黑石子餐厨垃圾处置厂采用先进的"厌氧消化、热电联产"工艺技术处理餐厨垃圾（图4-23），将餐厨垃圾进行油水分离，潲水油经过酯化和酯交换等生产生物柴油，"潲水"经高温厌氧消化后产生沼气，沼气经过净化处理后发电或生产CNG。以日处理1000 t餐厨垃圾测算，可年产生沼气2800万 m³，发电3300万 kWh，生产生物柴油8000 t，生产CNG 798万 m³，生产有机肥料2.4万 t，年减排二氧化碳22万 t。

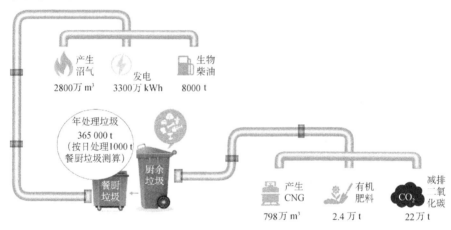

图4-23 餐厨厨余垃圾无害化处理及资源化利用工艺流程图

利用重庆环卫集团国家高新技术企业等一流科技创新平台，联合清华大学、重庆大学等院校，深入研发餐厨垃圾处理新工艺新技术新装备。其中，"城市生活垃圾单相湿式厌氧生物制气设备研发与示范工程"被科技部列入国家科技支撑计划，"城市生物质废物制气技术开发及集成示范"课题被住房和城乡建设部立项，研发出符合中国餐厨垃圾物料特性的餐厨垃圾处理设备，并获得了约40项专利授权。

三、取得成效

重庆市中心城区机关企事业单位食堂、主要餐饮企业产生的餐厨垃圾已基本纳入收运体系，2020年通过餐厨垃圾处理厂无害化处理、资源化利用餐厨厨余垃圾55万余 t，年发电1900万 kWh，沼气制成CNG 250万 m³，生产生物柴油约1.5万 t，

生产有机肥 0.2 万 t。在实现高资源化利用率的同时，获得了经济效益和环境效益双丰收，其成效主要体现在以下几个方面。

（一）餐厨垃圾基本做到应收尽收

通过构建完善合理的餐厨废弃物收运处理模式，在中心城区人口变化不大的情况下，重庆市中心城区近 10 年来餐厨垃圾收运量逐步提升（详见图 4-24），到目前基本做到了餐厨垃圾应收尽收，且通过强大的终端设施保障，有效解决了生活垃圾中的厨余垃圾先分后混的问题。

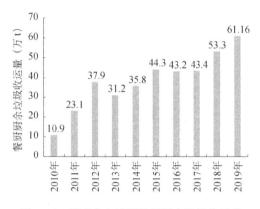

图 4-24　重庆中心城区餐厨厨余垃圾收运量

（二）保障食品卫生安全和人民群众身体健康

按照国务院加强餐厨垃圾管理、做好非洲猪瘟防控等要求和文件精神，重庆市中心城区建立起完善的餐厨垃圾收运、资源化利用和无害化处理系统，有效杜绝"地沟油"和"潲水猪"进入食物链，坚决保障食品卫生安全和人民群众身体健康。

（三）实现餐厨垃圾高效资源化利用

通过配套现代化的餐厨垃圾资源化利用和无害化综合处理系统，成功构建餐厨垃圾资源化利用产业链：餐厨垃圾厌氧消化产生的沼气除为餐厨垃圾处理厂提供热能外，富余的沼气还可用于发电上网，有效减少温室气体排放；残渣可制成有机肥料；所含油脂提炼加工生物柴油，实现餐厨垃圾变废为宝。

四、推广利用条件

本经验较适用于餐厨垃圾产生量大的较大规模的综合型城市。在运用和推广过程中应注意：一是通过法律法规制度，建立机制体制来明确各环节的主体责任；二是政府采用 PPP 模式、特许经营等方式，通过专项资金保障，确保餐厨垃圾运输和处理企业正常运行；三是用合理调配市场资源以及加强科技支撑等手段，解决综合类大型城市餐厨垃圾收运、资源化及处置问题。

（供稿人：重庆市城市管理局市容环卫处　饶於屏，重庆环卫集团办公室高级主办　杨洪萍，重庆环卫集团办公室主任　李　飓，重庆环卫集团办公室中级主办　蒋　蓉，重庆环卫集团办公室文秘　周　俊）

源头禁限、陆海统筹，构建多元化治理体系

——三亚市塑料污染综合治理模式

一、基本情况

三亚市作为著名的滨海旅游城市，旅游人口众多，每年旅游人次超过 2000 万，酒店、景区、餐饮综合体等重点场所一次性塑料制品使用量大，海面漂浮垃圾、海滩垃圾和海底垃圾等主要为塑料类垃圾，"白色污染"问题突出。

"无废城市"建设试点建设前，旅游旺季时三亚市生活垃圾日清运量最高达到 2097 t/d，入场生活垃圾组成检测结果显示橡塑类垃圾占比高达 29.87%，当时近一半的生活垃圾需填埋处置，其中的废塑料难以自然降解会长期占用土地空间。作为重要的育种基地和冬季瓜菜种植区，农膜类制品也在农业种植区广泛使用。未有效收集处理的废塑料会随着雨水和河流入海，造成海洋塑料污染。根据 2019 年发布的《2018 年海南省海洋生态环境状况公报》，三亚附近海域海面漂浮垃圾中聚苯乙烯泡沫塑料类占 75%、其他塑料类占 25%，均来源于陆地活动；海滩垃圾主要为塑料制品、织物类、其他人造物品、纸类等，均来源于陆地活动；海底垃圾主要为塑料类，平均密度为 12 kg/km²。

当前，国际社会对塑料污染，特别是对海洋塑料、微塑料污染的关注持续升温。如何建立综合治理模式有效防治塑料污染，展现三亚态度，贡献中国智慧，是三亚市"无废城市"建设试点探索解决的重要问题。

基于滨海旅游城市的特点，三亚市在构建塑料污染防治制度，实施一次性塑料制品源头减量，构建陆海统筹综合治理，加大公众"净塑"意识提升以及开展塑料污染治理国际合作等方面精准发力，探索形成了源头减量、过程管控、陆海统筹的塑料污染多元化治理体系（图 4-25）。

二、主要做法

（一）创新制度建设，提供立体化制度保障

一是全面实施"禁塑"，强化顶层设计。出台《三亚市全面禁止生产、销售和

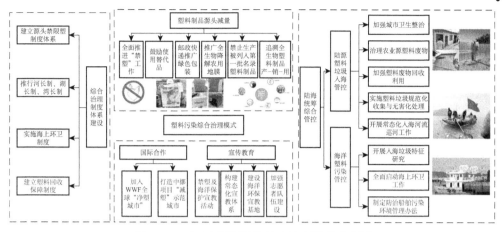

图 4-25　三亚市塑料污染综合治理模式示意图

使用一次性不可降解塑料制品实施方案》，明确"禁塑"范围、"禁塑"任务、"禁塑"时间表和路线图，作为推进"禁塑"工作的纲领性文件；配套印发《2020 年全面禁止生产销售使用一次性不可降解塑料制品工作重点任务》，明确年度重点任务，细化年度目标；发布《三亚市禁止生产销售使用一次性不可降解塑料制品试点工作任务分工方案》，细化部门分工，强化责任落实，建立月调、通报制度和监督考核机制，全方位保障"禁塑"工作落实。二是贯彻落实《三亚市全面推行河长制工作方案》，推行河长制、湖长制、湾长制，建立入海河流污染治理常态化监管制度，印发《三亚市 2020 年河长制湖长制工作要点》，推进河湖"清五乱"整治，加强河道环境卫生日常管理。三是实施海上环卫制度，加强近海水域垃圾清理，出台《三亚市推进海上环卫工作实施方案》，建立陆海环卫衔接机制。四是引导建立废塑料回收体系，出台《三亚市再生资源回收利用体系建设实施方案》，积极推进再生资源回收网点和项目建设，推动塑料制品回收再利用。

（二）坚持多措并举，推进各领域源头减量

在生活和消费领域，一是全面禁止销售和使用列入海南省禁止名录的一次性不可降解塑料袋和塑料餐具等塑料制品；二是通过绿色商场、绿色学校、绿色社区、"无废机关""无废机场""无废酒店""无废旅游景区""无废岛屿"等细胞工程创建，鼓励可重复利用的替代品的使用；三是在邮政快递行业推广绿色快递包装，从源头减少一次性塑料快递包装和胶带的使用。在农业领域，禁止生产、销售和使用厚度小于 0.01 mm 的聚乙烯农用地膜，重点推广全生物降解农膜，同时推广绿色防控技术，减少废弃农药、化肥包装物的产生量。在生产领域，禁止生产列入海南省禁止名录的一次性不可降解塑料制品，推动建设全生物降解塑料制品厂，解决"禁塑"后替代产品供应问题，保障塑料制品源头减量成效；同时，依托海南省禁

塑工作管理信息平台，探索全生物降解塑料制品生产—销售—使用的全过程可追溯管理。

（三）强化陆海统筹，推动多维度污染防治

在陆源垃圾入海防控方面，一是结合"创文巩卫"、美丽乡村建设工作，加强城乡环境卫生整治，降低塑料垃圾进入自然环境的风险；二是开展农业源塑料废弃物治理，结合"清洁田园"系列活动，对田间农业投入品实行"一管到底"，实现废弃农膜和农药包装废弃物的规范回收；三是加强塑料废物回收利用，通过市场化运作，建立以再生资源回收点、再生资源分拣中心为基础的废弃塑料制品回收网络；四是实施塑料垃圾规范化收集与无害化处置，基于城乡生活垃圾一体化收运体系，实现全市生活垃圾（包括未回收的塑料垃圾）及时收运和处置；五是筑牢陆源垃圾入海防线，推行河长制、湖长制，开展常态化入海河流巡河工作，加强河道垃圾排查整治，严防河道垃圾进入海域。在海洋塑料污染管控方面，一是开展入海垃圾特征研究，为垃圾清理工作提供决策依据和数据支撑；二是全面启动海上环卫工作（图4-26），实现岸滩和近海200米海域全覆盖，构建完整的海洋垃圾收集、打捞、运输、处理体系，陆海环卫衔接由市住建部门统筹，海上垃圾收集分类后，其他垃圾运至就近的垃圾中转站，可回收物进入各区再生资源回收体系；三是制定《三亚市防治船舶污染环境管理办法》，对市域范围内船舶及其相关活动的环境污染进行监督管理，减少入海垃圾。

图4-26 海上环卫工作

（四）加强宣传引导，提升公众"净塑"意识

将"净塑"宣传教育纳入环境保护常态化宣传教育体系（图4-27），在世界地球日、世界环境日、世界海洋日、国际海滩清洁日等，组织开展"禁塑"、海洋环境保护等系列宣传教育活动；组织环保宣传队伍，深入社区、学校、农贸市场、商超、酒店、景区等重点区域，开展塑料污染防治宣传教育活动；定期组织市民、学生、游客参与净滩活动，建立奖励机制，提升公众参与塑料垃圾治理的积极性。在

蜈支洲岛、梅联村、西岛、大东海等游客聚集地建立海洋环保宣传教育基地，为公众搭建常态化、社会化的海洋环保科普平台。面向游客开展"无废之旅"系列主题活动，通过寓教于乐的形式，普及"无废"理念，在游客聚集区域开展减塑、净滩活动，建立针对游客"净塑"意识提升的宣贯体系。加强环保志愿者队伍建设，组建志愿者宣讲团，面向公众开展常态化宣传教育活动。

图 4-27 "净塑"宣传教育

（五）加强国际合作，借鉴国际化治理经验

成为中国首个加入世界自然基金会（WWF）全球"净塑城市"倡议的城市，开展"净塑"试点，推动政府、企业、公众、研究机构等多方利益相关者寻找解决方案，加速解决塑料污染问题。加强与巴塞尔公约亚太区域中心合作交流，参与国际"净塑"经验分享，签署"中挪合作-海洋塑料及微塑料管理能力建设合作备忘录"（图 4-28），打造中挪项目"减塑"示范城市，提高海洋塑料及微塑料管理能力，推升三亚市在塑料污染治理领域的国际影响力。

图 4-28 "中挪合作-海洋塑料及微塑料管理能力建设合作备忘录"签约

三、取得成效

（一）制度体系基本建立

开展"无废城市"建设试点以来，制定《三亚市全面禁止生产、销售和使用一次性不可降解塑料制品实施方案》《三亚市推进海上环卫工作实施方案》等塑料污染治理相关市级法规、制度、方案 8 项，局级制度方案 15 项，基本建立了源头禁限、中端管控、末端治理的塑料污染综合治理制度体系，厘清部门责任，建立联防联动，形成陆上环卫、河流清废、海上环卫的有效衔接机制。

（二）源头减量成效显著

通过实施"禁塑"，据统计，每年一次性不可降解塑料袋和塑料餐具使用量将降低 8000 t，回收废塑料 4 万 t。截至目前，"禁塑"措施覆盖率达到 80%以上；一次性不可降解地膜产生量降低 10%，厚度小于 0.01 mm 的塑料农膜使用量降低约90%；通过推广绿色农业防控技术，农药、化肥废弃塑料包装物产生量下降约8%；快递电子运单使用率、"瘦身胶带"封装比例均超过 99%，节省传统多联面单超过 80%，较 60 mm 宽胶带节约 25%以上。

（三）塑料污染显著降低

目前，三亚市已实现原生生活垃圾零填埋，有效降低塑料垃圾对土壤的环境污染。通过海上环卫和河道垃圾清理等工作，近岸海域塑料垃圾得以有效清理，海洋环境得到改善。

（四）公众意识显著提升

全年组织"禁塑"与海洋环境保护系列活动超 800 场次，注册环保志愿者人数超 15 万人，2020 年超 5 万人投入"净塑"宣传及海洋垃圾清理活动（图 4-29）。基于"无废细胞工程"建设的宣贯体系基本建立，"净塑"措施及宣传辐射游客1000 多万人次。"禁塑令"实施以来，市生态环境局每天接收市民咨询、监督电话10 余次，"禁塑"实施倒逼公众"净塑"意识提升初见端倪。

（五）国际影响逐渐提升

参与塑料污染治理相关国际项目 3 项，参与国际会议减塑经验分享 2 次，组织大型禁塑论坛活动 1 次，受邀国际媒体宣传采访 1 次，与联合国环境署相关组织合作筹划"三亚减塑实践"宣传视频 1 项，塑料污染治理中国在行动的国际影响力逐步提升。

图 4-29　公众积极参与"净塑"活动

四、推广应用条件

该模式适用于滨海城市、旅游城市的塑料污染治理。推广应用过程中，要加强塑料污染治理的制度体系建设，建立从源头减量、过程管控到末端治理的全方位制度保障，同时厘清各部门责任权限，建立多部门协同联控机制。对于滨海城市，要建立陆海统筹的综合管控，一方面严控陆源塑料垃圾入海，另一方面加强码头、船舶和海域污染物治理，建立陆上环卫与海上环卫的有效衔接，解决海上污染物接收、转运、处置的问题。对于旅游城市，重点是加强塑料制品源头管控，尤其在游客聚集重点区域严格落实，并充分发挥旅游产业优势，建立提升游客"净塑"意识的宣贯体系。

（供稿人：三亚市生态环境局副局长　杨　欣，三亚市生态环境局土壤和农村环境管理科科长　陈政众，清华大学/巴塞尔公约亚太区域中心综合办副主任　段立哲，清华大学环境学院博士后　张国斌，清华大学/巴塞尔公约亚太区域中心项目助理　李丹阳）

打造美丽乡村　创建宜居家园

——盘锦市城乡固体废物一体化、精细化的大环卫模式

一、基本情况

盘锦市总面积共 4102.9 km²，下辖 1 县、3 区，全市常住人口 144 万人。2020 年生活垃圾、市政污泥等 6 类废物合计约 69 万 t，城市及农村生活垃圾分类情况较好，公共服务均等化水平较高，生活垃圾无害化处理率达到 100%，市域范围地势平坦、多水无山，城乡交通运输条件便利，323 个村柏油路面全覆盖，从规模、交通及分类基础等来看，具备开展城乡一体化环卫的良好基础。同时，市委、市政府高度重视农村人居环境整治工作，开展了全域美丽乡村建设，共实施 5 大类 20 余项工程。

为提高全市环卫管理的科学性和高效性，实现城乡环卫一体化管理，盘锦市改革城市环境卫生管理体制，精简环卫管理机构，采用市场化运作方式，与北京环境有限公司签订了特许经营协议，负责全市生活源垃圾的收运及处置，实现了服务范围城乡全覆盖，建成了垃圾分类、道路清扫、非物业小区保洁、公厕管理、垃圾收集、清运、转运到后端固体废物处置的全产业链一体化环卫综合服务体系；规划建设了盘锦市固体废物综合处理园区，形成了"前端收集收运城乡全覆盖"+"末端多源固体废物园区化协同处置"的全产业链条系统化解决方案，高效创新并因地制宜地构建了特色大环卫模式（图 4-30），为本地城乡居民生活提供了助力。

二、主要做法

围绕盘锦市"无废城市"建设试点生活源固体废物处理处置的主要任务与目标，实现城乡生活源固体废物的"蓝色分流与汇流"（图 4-31），包括：促进源头减量与两网融合；统筹城乡协同处置；加强重点领域监管与污染控制；推进美丽乡村建设，不断提高城乡人居生活环境。

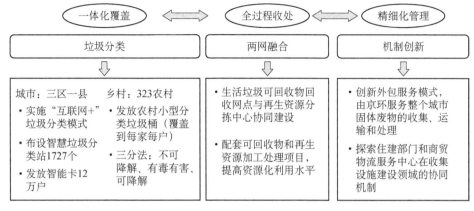

图 4-30 城乡固体废物一体化、全过程、精细化的大环卫模式

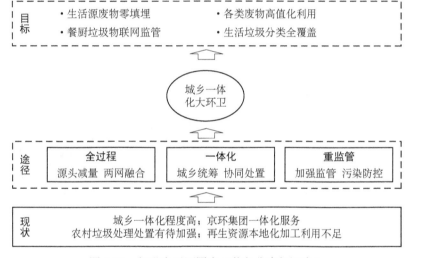

图 4-31 促进生活源固废"蓝色分流与汇流"

（一）源头减量，两网融合，促进垃圾科学分流

一是高位推动垃圾源头分类减量。作为辽宁省垃圾分类试点市，市政府编制实施了《关于加快推进城乡生活垃圾分类工作的指导意见》《盘锦市城乡生活垃圾分类和资源化利用实施方案》，市人大通过并实施了《盘锦市生活垃圾分类管理条例》，垃圾分类走上了法制化轨道。落实市、县（区）、镇（涉农街道）三级政府主体责任，成立管理机构，把工作重点和工作任务分解细化到部门和镇（涉农街道）、村，建立起"管理标准化、队伍专业化、技术先进化、机制常态化"的工作机制，推进垃圾分类处理基础设施建设，规范垃圾分类收集收运及处理处置，形成了垃圾分类闭环管理模式。市财政承担生活垃圾无害化处理费用，对垃圾中转站建设和转运车辆购置进行补助，拨付农村长效管理经费，统筹解决保洁员工资、生活

垃圾收集和清运等费用。同时加强垃圾分类监督管理考核，将垃圾分类工作作为美丽乡村考核的重要内容，对考核情况及时通报，发现问题及时督促整改，形成政府主导、群众参与、标准明确、奖惩到位的监督检查体系，确保生活垃圾分类工作落到实处。

二是探索与推广"互联网+"等新型回收手段。主城区采取政府购买服务形式，各区政府同盘锦京环环保科技有限公司签订垃圾分类委托服务协议，在151个居民小区实施"互联网+"垃圾分类模式，共布设智慧垃圾分类站点1727个、发放智能卡12万户、购置可回收和易腐电动车收集车93辆。农村地区，为每户居民发放"不可降解、有毒有害、可降解"三分法的小型分类垃圾桶，由京环公司统一收运处理。依托智慧分类云平台，建立了由微信客户端、回收员APP组成的可回收物回收管理、垃圾分类宣教激励体系。利用二维码和射频识别技术对垃圾投放人进行识别，通过教育、引导、积分激励等方式推进可回收垃圾回收及垃圾分类（图4-32）。建立更加精简的回收流程，居民不出社区就能在社区垃圾分类站"销废"，还可采用电话预约、微信小程序下单，由流动回收车统一收运至各企业分拣中心。目前，居民区配套放置垃圾分类设备2400余个，设置回收站点150个，线上回收参与人数达6000余人，基本实现四大主城区全覆盖，真正实现了便民惠民。

图4-32　推进垃圾分类回收

三是两网融合，建设再生资源回收体系。推进"生活垃圾"和"再生资源"的两网融合，在推进垃圾分类的基础上，统计全市各主要再生资源回收企业、回收站点和旧货市场等业户信息，形成基础台账，制定《盘锦市再生资源回收体系建设实施方案》，通过强化部门间协调联动、紧抓督查考核、加强行业自律、提升工作标准化程度等，提升管理水平。按照"市场主导、政府引导、全民参与"推进原则，把持续推进生活固废源头减量和资源化利用作为发展再生资源回收行业的落脚点，积极推动京环公司小区再生资源固定回收网点、市物资回收公司下属回收站点、辽宁 D 滴回收、"90 后"线上回收等企业发展，初步形成"固定+流动+线上"的"三位一体"回收模式。

（二）城乡统筹，协同处置，促进垃圾汇流处置

一是城乡高度一体化建设。政府主导、企业专业化推进，由京环公司统筹城乡生活垃圾、市政污泥、餐厨垃圾、再生资源、建筑垃圾及医疗垃圾等主要生活源固体废物的收集收运及处理处置，在全市范围内建成了垃圾分类、道路清扫、非物业小区保洁、公厕管理、垃圾收集、清运、转运到后端固体废物处置的全产业链一体化环卫综合服务体系，建设了盘锦市固体废物综合处理园区，形成了"全域全口径固废管理"和"园区化分质协同处置"生活固体废物管理治理新模式。

二是统筹建设终端综合处置园区。全市生活垃圾终端处理采取园区集中协同处置的模式（图 4-33），各项工程均于固体废物综合处理园区内建设和运营，园区占地 500 亩，基本包含生活源全部种类废物处理设施，其中包含了医疗垃圾焚烧、污泥干化项目、生活垃圾焚烧发电、有机垃圾生化处理项目等（图 4-34）。园区化集中协同处理模式将有效提升生活源垃圾的资源化利用水平，减少最终填埋量，同时可实现关联项目间的协同处置，解决沼渣、炉渣、焚烧飞灰等二次污染物的综合利用和处置问题。

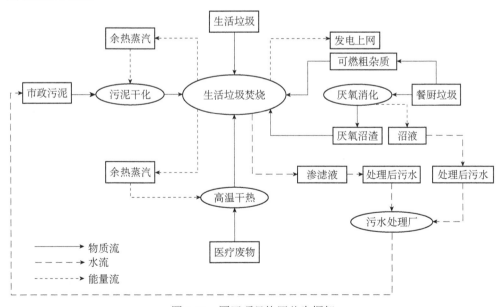

图 4-33　园区项目协同共生框架

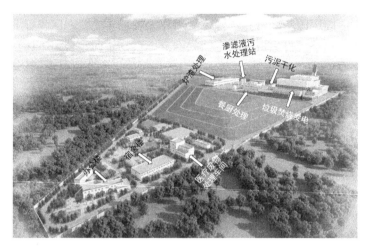

图 4-34   盘锦固体废物综合处理园区

（三）加强监管，污染防控，促进垃圾综合管理

推进生活垃圾收运监管系统和智慧环卫云平台建设，由盘锦京环公司出资，联通辽宁分公司负责建设的智慧环卫综合服务信息平台已初步建成并投入使用。平台主要包含：人员管理系统、车辆管理系统、统计分析系统、场区管理系统、事件管理系统、网格管理系统、通知管理系统、环卫一张图等模块，集中展现盘锦市全域环卫作业信息情况，实现了对环卫人员、车辆、事件、设施、作业情况的实时监控管理，通过大数据的采集实现数据共享，为城市综合服务管理提供强有力的信息支撑。

（四）实施美丽乡村建设重点工程，创建宜居家园

一是推进农村垃圾治理。全面启动农村生活垃圾分类工作，印发了《关于开展农村生活垃圾分类和资源化利用工作的通知》，采取"农户源头分类+村保洁员上门收集+保洁员二次分拣+企业专业化处理"模式，全面开展生活垃圾分类工作，充分发挥城乡一体化大环卫优势，实现了不可降解垃圾日产日清，有毒有害垃圾定期收运。

二是推进农村厕所革命。出台《2019 年盘锦市农村户厕建设项目实施方案》，印发《盘锦市农村户厕建设改造技术指南（试行）》和《盘锦市农村户厕建设改造技术指导手册》，明确农户厕所改造范围，做好资金保障支撑，选取试点开展多项改造，以质量可靠、价格合理、群众满意度为评价标准，高度完成厕所革命任务，使全域达到国家农村人居环境整治一类县标准。

三是抓好农村生活污水处理。推进"厕所革命"与农村小型污水处理设施（图 4-35）建设工作相结合，出台了《盘锦市农村小型污水处理设施建设工作指导意见》，在 118 个村安装小污设施 320 套，铺设管网 905.24 km，可覆盖总户数34 744 户，并通过将小型污水处理设施委托有资质的第三方运营公司进行管理，有

效保障了设施运行成效。

图 4-35　农村小型污水处理设施

四是推进畜禽养殖废弃物资源化利用。推进规模以下散养户畜禽粪污综合治理和资源化利用工作，印发《盘锦市畜禽粪污资源化典型利用方式技术方案》，开展粪污处理分户收集、统一处理试点。推进种养结合，引导养殖企业建设畜禽粪便贮存池、沼气站、有机肥厂（图4-36）等畜禽粪污综合处理设施，有效提高畜禽粪污综合利用率。

图 4-36　有机肥厂

五是开展村庄清洁行动。在确保村屯路边、河道水渠区域实现城乡一体化大环卫体系覆盖、垃圾日产日清基础上，进一步查找薄弱环节，定期对田边、镇村周边、集贸市场等区域的垃圾进行重点治理，并纳入全市村屯常态化管理范围，规范村屯"三堆"整治，切实改善人居环境（图4-37）。

图 4-37　清洁村庄

三、取得成效

（一）实现全市生活源垃圾的"大环卫、全覆盖、精细化"收运处置

初步建立了生活垃圾、餐厨垃圾、污泥等大分流收运和处置体系，实现了全市城乡垃圾一体化收运处理的常态化，全市城乡生活垃圾清运覆盖率和处理率达到100%，企业化专业化清扫收运效率高、居民反馈好，切实提升了幸福感和获得感。

（二）实施市场化运作，创新外包服务模式

不同于其他地区甲乙双方合作模式，盘锦市将原有政府环卫机构及部分住建机构与京环集团重组，在全新机制框架下，京环集团的技术、资本与本地的人力、机制实现充分融合。该模式既解决了原有体制内人员的就业安置问题，充分利用本地人力资源的经验和技能，又为京环集团提高本地固体废物管理效率、降低人力管理成本提供了重要的支撑和保障，很好地实现了市场、资本、技术及人力等多项生产要素的优势互补。

（三）践行生态文明思想，实现环境和社会双重效益

盘锦市城乡一体化大环卫项目荣获"中国人居环境范例奖"，盘山县、大洼区成为全国农村人居环境整治专项项目县，赵圈河镇、胡家镇被评为国家级特色小镇，甜水镇被评为国家级美丽宜居小镇，全市有41个行政村跻身省级美丽示范村行列，有国家级生态乡镇4个、省级生态乡镇28个、省级生态村227个、环境优化发展"十佳村"2个、环境优化发展"先进村"1个。人民生活水平明显提高，生态环境明显改善，真正实现了环境效益和社会效益双赢。

四、推广应用条件

盘锦市城乡固体废物一体化、全过程、精细化的大环卫模式通过政企合作共赢、环卫体制改革等系列举措，已建立职责明确、监管有力、运行高效的环卫管理体制和运行机制，形成了以政府为主导、社会力量参与的环卫管理新格局，实现了"生活垃圾收运处理"与"再生资源综合利用"两翼齐飞，有利于社会的平衡发展，在城镇化率较高、交通便利、城乡基础设施相对较完善的城市均可推广应用。

在运用和推广过程中应注意：一是政府高位推动，注重顶层设计，制定切实可行的工作方案，确保环卫体制改革无缝衔接，通过政府购买企业服务，实现管干分离的高效环卫体系；二是因地制宜做好建设规划，坚持实用、经济、可行原则，综

合考虑村庄现状分布和发展趋势，突出地方特点和文化特色，从源头上杜绝盲目建设、强行撤并等行为；三是多措并举，加强垃圾分类宣传教育，提高社会组织和公众参与的力度，调动共青团、妇联、总工会、社团组织、学校、企业等，形成全民参与共治、共享的"无废城市"建设体系，做好垃圾分类科学分流；四是加强资金保障，落实各类收运系统、处置工程建设，促进生活垃圾汇流园区后的协同处置。

（供稿人：盘锦市绿色发展服务中心正高级工程师　张淑玲，盘锦市生态环境局工程师　生加毅，盘锦市绿色发展服务中心工程师　何佳伟，盘锦市绿色发展服务中心正高级工程师　丁长红，盘锦市绿色发展服务中心高级统计师　陈新新）

干湿分类源头减量　就地利用减负增效

——南方山区农业县"无废农村"建设光泽模式

一、基本情况

南方山区县地广人稀、路途遥远，生活垃圾产生量较小且分散，按照"村收集、镇运转、县处理"的垃圾治理模式，以餐厨等湿垃圾含量较高的有机固体废物收集费用贵、长距离运输费用高、容易腐烂产生恶臭气体等二次污染问题，且会加速填埋场库容消耗、降低垃圾焚烧热值，给村、镇、县三级政府均带来较高财政负担。再生资源回收同样面临类似问题，产生量较小且过于分散、回收利用成本较高，部分低值可再生资源如玻璃等难以得到有效回收利用。

以光泽县为例，2240 km² 面积上常住人口不足 14 万，超过一半人口居住在许多地广人稀、路途遥远的山区农村，最远的村距离县城无害化生活垃圾填埋场超过 100 km，每年农村生活垃圾（不含粪便）的产生总量接近 1.5 万 t，县一级财政用于城乡垃圾收集、转运、处置的费用超过 1600 万，86 个村（场）用于垃圾转运的财政支出也在数万到数十万不等。

那么在当前的社会经济条件和居民认知水平下，如何既减轻各级政府的财政负担，同时又能够有效地实现农村生活垃圾源头分类减量、处置利用，成为光泽县"无废城市"建设过程中更好地打造"无废农村"亟待探索完善的重要议题。

二、主要做法

光泽县立足已有技术探索和实践基础，充分结合县情实际，按照源头减量、干湿分类、就地利用、减负增效的工作思路，将"无废农村"与乡村振兴、美丽乡村人居环境整治有机结合，率先在寨里镇开展了农村生活垃圾处置利用模式创新，形成"户分类、村收集、镇转运、县处理"和"户收集、村兑换、多点集中处置、就地利用"两种模式双轨运行（图4-38），并涌现出了桃林村等"无废农村"建设综合试点示范。

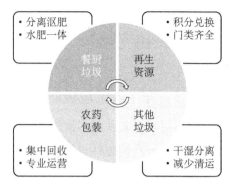

图 4-38　光泽县"无废农村"建设模式示意图

"无废农村"建设走在全县前列的寨里镇共有 16 个建制村、1 个场、184 个村民小组、236 个自然村、常住居民 21 855 人，居民点分散于各个山头、山腰和峡谷。初步统计，每年各类生活垃圾产生量约 3000 t，其中餐厨垃圾约 400 t，纸张、塑料、玻璃、金属四类可回收资源约 1700 t。

为做好"无废农村"文章，寨里镇主要做法包括以下内容。

（一）政府购买服务转化角色，生活垃圾干湿大分类

寨里镇主导引进闽源保洁服务有限公司，该公司由其专业人才团队、专业设备、现场作业队伍、专业培训指导，专门运作垃圾分类、收集，确保垃圾分类收集的常态化、制度化、体系化。使镇村干部的角色从"指挥员""战斗员"转变为"裁判员""服务员"。

开展生活垃圾分类，村里为每户发放 3 个垃圾桶，桶上张贴分类实物图，引导村民把生活垃圾分为厨余、可回收和其他垃圾 3 种，由公司安排专业保洁员队伍上门收集、再次分类，从进袋、进桶的垃圾中指导分捡，进行检查、指导、督导，促进垃圾各归其所、各尽其用，不断提升分类精准度和执行力。

（二）集中垃圾回收利用设施，积分兑换激发群众参与

利用村委会及附近已有设施和场地，专门设置村级再生资源回收兑换点、有害垃圾集中收集点、农药包装废弃物回收点、废弃农膜回收点、厨余湿垃圾沤肥利用装置等，不仅覆盖废纸、废塑料、废金属、废玻璃等常规再生资源，并将塑料瓶、酒瓶、塑料鞋、牛奶盒、烟头等农村常见废物单列，同时还覆盖了灯管、电池等包含危险废物的淘汰产品，为农村常见各类再生资源和危险废物都提供了专门回收兑换点。

依托村委会已有机构及管理体系，专门颁发《再生资源回收点管理制度及实施办法》《再生资源回收点兑换积分表》《爱心美德公益超市管理制度及物品兑换办

法》《爱心公益超市积分管理办法》等系列制度文件，明确各类废弃物资的回收和积分兑换规则，鼓励村民用积分和直接兑换形式，把可当废品卖的废弃物收集起来兑换日用品，激发群众参与。

（三）因地制宜布局选址，深挖厨余垃圾沤肥利用潜力

对于不能当废品卖、又不能用于妆点环境、产生量较大的厨余垃圾，以自然村为单位，每个村级干湿垃圾分类点一次性硬件设置投入仅需 3 万多元，运行期间需要增加支付环保专职人员费用每月 1000 元左右。农村餐厨垃圾原地分离利用后，送到沤肥池，进行 1 个月左右的发酵后制成有机肥，循环供村民浇灌农作物。试点桃林村在火龙果基地附近建立三级沤肥池（图 4-39），将厨余垃圾沤出的有机肥料连续投入水肥一体化设施，用于火龙果等蔬菜水果基地的种植，提供了有机肥源。

图 4-39 寨里镇桃林村沤肥池建设情况

光泽县在总结寨里镇"第一代"沤肥池建设经验的基础上，结合福建省农科院最新研发的专利技术设计升级形成"第二代"湿垃圾处理设施——分层发酵池，更好适应我县山区地形特点，充分利用高差因形就势而建，包含分层发酵池、物料暂存平台、固液分离沟引装置、沼液发酵池和棚屋等，利用分层处理技术使湿垃圾发酵更为充分。农村的厨余湿垃圾找到了利用渠道，标志着全镇生活垃圾源头减量、利用达到了一个较高水平。

目前，光泽县仍然在不断优化装置设计和运行管理制度，完善沤肥发酵条件，并加快推广应用。

三、取得成效

（一）餐厨湿垃圾沤肥装置大范围推广应用

光泽县已经摸索建设了两代农村厨余垃圾沤肥装置，并在各村推广应用，沤肥

装置的设计科学化和运行管理规范化水平不断提升。截至 2020 年底，已经建成 36 套第一代和第二代沤肥池装置，在建装置 13 套，其中，寨里镇率先在各村范围内建成沤肥池 17 套（参见图 4-40），实现了镇域全覆盖。

图 4-40 农村生活垃圾干湿分离简易沤肥池

（二）垃圾清运量大幅下降，显著减轻各级财政负担

"户分类、村收集、镇转运、县处理"和"户收集、村兑换、多点集中处置、就地利用"两种模式双轨运行，使得农村生活垃圾分类投放、收集、运输和处置的管理运行体系日趋完善，垃圾分类回收覆盖率可高达90%。据测算，各村生活垃圾中的餐厨垃圾重量占全部生活垃圾清运量的比重在10%～30%不等，这部分湿垃圾就地分离后，极大减少转运财政负担。试点示范村寨里镇桃林村的干湿垃圾分离减量比例达到40%，每年减轻村镇两级生活垃圾转送成本近1.2万元，如果计算县政府填埋场的处置成本，则1年内即可基本回收沤肥池的建设投资成本。同时，沤肥池、再生资源回收点、农药包装废弃物和地膜回收点的运行管理，创造了新的就业岗位，提高了从业环保人员的技能水平和收入水平，促进了社会基层环境治理能力的提升。

（三）沤肥就地还田循环利用，垃圾回收建设美丽乡村

沤肥装置的普及和回收制度的完善，促使农村厨余湿垃圾回收利用率高达到80%。每个沤肥池有机肥生产能力将近1～2吨/（个·月），发酵形成的液体肥经过水肥一体化装置共同配送到田间地头，有效替代了化肥施用，而且有机肥更易吸收，且能够连续产生，特别适用于蔬菜等连续种植的经济作用。通过可再生资源的精细分类回收，促进村民自发分拣、回收村居和村集体环境中的各类垃圾，通过回收分类表的不断优化调整，也明确了垃圾收集、回收的导向，进一步促进了美丽乡村的建设。

四、推广应用条件

光泽县"无废农村"模式主要适用于经济发展水平不高、农村人口居住点分散、餐厨垃圾产生量比例较大且收集运输成本较高的区域。沤肥装置布设点的气温条件大部分时间应在零度上为宜，以免影响发酵速度和效果，周边地区有蔬菜、水果等大棚种植业为宜，以就地就近利用沤熟的有机肥料。沤肥装置需一次性投入建设资金3万～5万，村委会或委托的环保公司需配置专人上门收集餐厨湿垃圾并管理沤肥池运行维护。为进一步优化模式运行效果，村集体必须加强沤肥装置的运行维护和餐厨垃圾的收运管理。

（供稿人：光泽县人民政府副县长　罗旭辉，光泽县住建局总工程师　王　强，光泽县住建局副局长（挂职）　陈庆懋，生态环境部华南环境科学研究所生态经济与清洁生产研究室主任　石海佳，福建省农业科学院土壤肥料研究所博士　孔庆波）

3 市政污泥无害化处置

政府统领 企业施治 市场驱动
——重庆城镇生活污水污泥无害化处置模式

一、基本情况

重庆市坚持"安全环保、资源利用,专业为主、协同为辅,城乡一体、统筹布局"的污泥处理处置工作原则,加快构建"政府统领、企业施治、市场驱动"的污泥处理处置机制。2020年,重庆市中心城区城市生活污水处理厂28座,设计日处理能力260万t/d,日均产泥1820 t/d,无害化处置率近100%,实现了环境效益、经济效益和社会效益多赢。

二、主要做法

为加快实现污泥处理处置稳定化、无害化和资源化目标,重庆市充分发挥政府引领作用,建立政府部门、社会企业等多元主体参与的工作机制,通过构建完善的行业管理和标准体系,逐步形成了重庆市生活污水污泥无害化处置模式(图4-41)。

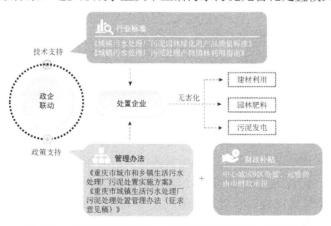

图 4-41 重庆城镇生活污水污泥无害化处置模式流程图

一是建立联动机制。制定《重庆市城市和乡镇生活污水处理厂污泥处理处置实施方案》《重庆市城镇生活污水处理厂污泥处理处置管理办法（征求意见稿）》，明确污泥产生、贮存、运输、处置各环节监管要求和资金保障，建立市住房和城乡建委统筹，市发展改革委、市财政局、市生态环境局、各区县政府、市水务集团各司其职的城镇污水污泥无害化处置联动机制。

二是夯实技术支撑。强化实地调研，形成《重庆市污泥现状调研阶段成果汇编》《重庆市污水处理厂污泥泥质调研阶段性结果》，编制发布《城镇污水处理厂污泥园林绿化用产品质量标准》《城镇污水处理厂污泥处理产物园林利用指南》等行业标准，推动建立热干化、水泥窑协同焚烧为主，建筑陶粒生产、园林肥料制备、碳化、低温干燥、热水解高级厌氧消化等为辅的污水污泥无害化多元处置技术体系。

三是加快能力建设。"十三五"期间，全市累计完成40座污泥无害化处置设施建设，新增处置能力5061 t/d。其中，珞璜污泥处置中心（图4-42）被国家能源局和生态环境部列入燃煤耦合污泥发电技改试点项目，已完成一期600 t/d建设。当前，全市共44座污泥无害化处置设施，总处置能力5651 t/d。其中水泥窑协同处置设施17座，堆肥处置设施13座，热干化处理设施2座，热电联产设施1座，焚烧制砖类设施4座，协同焚烧制陶粒设施3座，生活垃圾协同焚烧设施2座，其他设施2座。

图4-42　珞璜污泥处置中心

四是落实资金保障。建立市级财政兜底保障的资金保障机制，中心城区9区处置、运输费用由市财政全额承担，两江新区、重庆高新区由市级财政按80元/吨予以补贴。目前，污泥制园林营养土处置处理费标准为217元/吨，水泥窑协同焚烧、建材利用和餐厨垃圾混合处理处置污泥等其他方式处理处置费标准为193元/吨，运输费标准为1.85元/（t·km）。同时，市财政局每三年委托第三方机构对处置及运输成本进行核定，并根据核定结果适时调整价格标准。

三、取得成效

中心城区城镇污水污泥无害化处置能力达 2370 t/d。2020 年，中心城区累计无害化处置城镇污水污泥约 66.7 万 t，无害化处置率达 95%以上。

四、推广应用条件

该经验普遍适用于各类城镇污水污泥无害化处理处置。全国其他城市在推广应用过程中应注意以下问题：一是建立责权清晰的污泥处理处置管理体制机制，明确政府、企业的责任，强化部门单位联动，形成各司其职，协作共赢的工作局面；二是加大处理处置能力建设，强化处理处置监管，提升无害化处置率，减少污泥填埋量，节约土地资源；三是落实财政资金兜底保障，提高政府购买服务效益，适时调整补贴标准，调动社会企业参与积极性；四是稳步推进污泥资源化利用，探索污泥处理处置先进技术，制定技术标准，鼓励采用土地改良、园林利用、建材利用、干化焚烧等处置方式，引导社会企业参与污泥处置，提高污泥资源化利用率。

（供稿人：重庆市住房和城乡建设委员会排水管理处处长/正高 邹小春，重庆市住房和城乡建设委员会排水管理处副处长 陈析凤，重庆市城镇排水事务中心工程师 谭金强，重庆市住房和城乡建设委员会干部 全钊，重庆市城镇排水事务中心工程师 杨真东）

破解污泥处置难题　实现全量资源化利用

——深圳市"厂内脱水+电厂掺烧+智慧监管"模式

一、基本情况

深圳市现有水质净化厂 37 座，全市污水处理能力为 624.5 万 t/d，污泥产量高达 5300 t/d（含水率按 80%计，下同）。长期以来，深圳市土地资源紧缺，污泥处置设施规划建设落地难、建成投产难问题相对突出，导致污泥处置能力严重不足，异地处置依赖性强，污泥出路容易受困。克服邻避效应、提升本地污泥处置能力成为深圳市城市发展过程中亟须解决的关键问题之一。

为破解污泥处置困局，在"无废城市"建设试点期间，深圳市充分借鉴国内外污泥处理处置先进经验，建立了以厂内深度脱水为前提的污泥全量掺烧资源化利用模式（图 4-43）：通过污泥深度脱水技术，将水质净化厂内的污泥减容至含水率 40%以下，脱水后的污泥运输至市内燃煤发电厂，通过热电耦合、水泥窑掺烧等方式进行资源化利用。该模式实现了污泥的市内全量资源化利用，彻底解决了污泥出路问题，最大程度实现了污泥的减量化、稳定化、无害化和资源化利用。

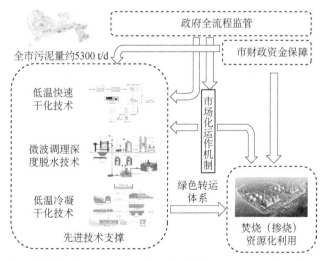

图 4-43　深圳市水质净化厂污泥"厂内深度脱水+燃煤电厂能源化利用+全过程智慧监管"
综合治理示范模式示意图

二、主要做法

（一）探索污泥深度脱水技术，全面推进污泥源头减量

一是开展技术试点示范工作。为实现污泥源头减量，深圳市从安全、技术、环境、财务等方面严格把关，结合不同水质净化厂污泥性质，采取自愿试点、自负风险方式科学选定了"微波调理+板框压滤""板框压滤+低温快速干化""板框压滤+低温冷凝干化"3 种具有代表性的先进技术，分别在上洋、沙井、平湖、罗芳等水质净化厂开展技术试点工作，将污泥深度脱水到含水率 40%以下，实现污泥源头减量 60%。二是建立健全技术标准体系。结合技术试点成功经验，配套编制了《深圳市水质净化厂污泥深度脱水技术指引》，明确深度脱水项目建设规模、工程用地指标、经济指标，污泥泥质等关键参数，为厂内深度脱水技术推广提供坚实保障。三是推动全市污泥源头减量。制定《深圳市水质净化厂污泥深度脱水改造工作实施方案》，提出全市污泥就地减容（含水率 40%以下）、本地处置等要求，分类分批次逐步在全市范围水质净化厂开展厂内污泥深度脱水工作，推动全市污泥源头减量。目前，全市共有 10 座水质净化厂污泥含水率达到 40%以下。

污泥厂内深度脱水技术的推广与应用，不仅实现污泥源头减量，降低运输成本，还能有效避免污泥运输过程中"跑、冒、滴、漏"和臭气外泄等二次污染，同时，为末端污泥资源化利用提供有利条件。

三种污泥深度脱水技术特点如下所述。

1."微波调理+板框压滤"污泥深度脱水技术

工艺流程：含水率 99%以上的污泥经过高效"重力浓缩罐"浓缩至含水率 96%，再输送至微波调理装置（加入少量微波耦合剂）中进行调理，改善污泥脱水性能，经微波调理以后的污泥进入均化罐进行临时储存待用，该部分污泥由进料螺杆泵送入隔膜压滤机进行压滤，再进行隔膜压榨，即可获得干化泥饼（含水率低于 40%），干化泥饼进行微波灭菌除臭改性后，由螺旋输送机输送至密闭式污泥接收间装车外运。脱水车间压滤机排出的滤液水清澈透明，不含有害成分，可直返水质净化厂初沉池或调节池进行处理，不会影响水质净化厂正常运行。流程图详见图 4-44，此工艺在沙井污泥深度脱水试点项目中实施（图 4-45）。

技术亮点：①常温下深度减量、无扬尘，臭气控制良好，污泥深度脱水车间运行环境友好，车间内基本无可感知臭气；②不使用石灰、三氯化铁、PAC 等易致臭、增加固含量等常规脱水调理剂；③可杀灭虫卵、有害微生物（去除率可达90%以上），灭菌、除臭，确保外运污泥不发臭、不返水；④设备少、占地小，建设周期短，工程投资低；⑤运行能耗电耗低，较常规热干化节电率超 50%，运行费用低。

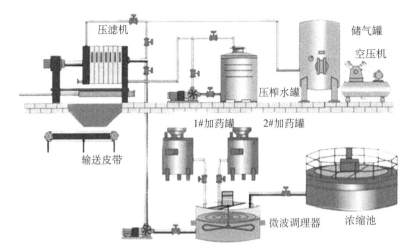

图 4-44 "微波调理+板框压滤"工艺设备流程图

图 4-45 沙井污泥深度脱水试点项目全貌和污泥深度脱水车间

2. "板框压滤+低温快速干化"污泥深度脱水技术

工艺流程：水质净化厂含水率 93%～99% 的污泥输送至污泥调理池（含水率 80% 污泥通过专用接收设施泵送至调理池），加入聚合氯化铝（polyaluminium chloride，PAC）、聚丙烯酰胺（polyacrylamide，PAM）及生物调理剂等进行调理，调理后的污泥进入压滤机深度脱水至 60% 含水率，再送入低温快速干化系统进行干化处理，干化后的污泥进行制粒，水分进一步蒸发，最终污泥含水率达到 40% 以下，最低可达 15% 左右。流程图详见图 4-46，此工艺在平湖污泥深度脱水试点项目中实施（图 4-47）。

技术亮点：①污泥出泥含水率可调范围广（10%～40%），出泥增加造粒环节，产品呈颗粒状，无粉尘，不易发酵变臭，易于储存和运输；②来泥含水率适用范围广（50%～99%）；③可混合生物质，制成生物质燃料，产品出路可多元化；④低温快速干化技术使污泥在 80℃ 以下进行干化，减少因高温激发污泥中化合物产生的臭气;⑤干化过程采用负压和流化态,有利于臭气控制和速度干化。

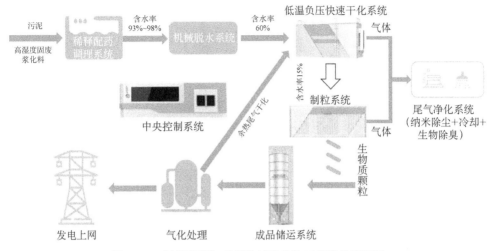

图 4-46 "板框压滤+低温快速干化"工艺设备流程图

图 4-47 平湖污泥深度脱水试点项目全貌和污泥深度脱水车间

3. "板框压滤+低温冷凝干化"污泥深度脱水技术

工艺流程:首先通过机械浓缩将污泥含水率由 98% 降至 93%~95%,经叠螺浓缩机浓缩、均质池调理后的污泥进入板框压滤系统,污泥含水率降至 65% 以下,再进入低温干化系统(核心部件采用三效除湿热泵,40~75℃ 低温工作),出厂污泥含水率稳定达到 40% 以下。流程图详见图 4-48,此工艺在罗芳污泥深度脱水试点项目中实施(图 4-49)。

技术亮点:①污泥适用性广,可用于生活污泥、印染、造纸等污泥干化;②来泥含水率适用范围广(50%~99%);③污泥出泥含水率可调范围广(5%~40%),干化污泥出泥成颗粒状,无粉尘,易于储存和运输;④相比传统热干化,该工艺采取热泵的方式加热,巧妙利用了热泵的高温端加热、低温端冷凝的优点,干化能耗低;

⑤干化过程温度控制在 80℃ 以下，减少因高温激发污泥中化合物产生的臭气。

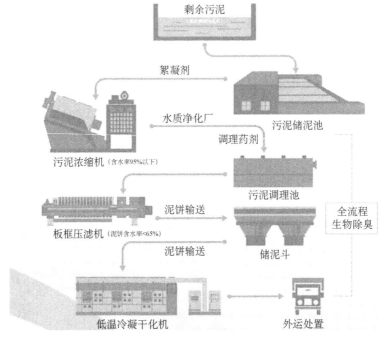

图 4-48 "板框压滤+低温冷凝干化"工艺流程图

图 4-49 罗芳污泥深度脱水项目全貌和污泥深度脱水车间

（二）化废为能，实现污泥市内全量资源化、能源化利用

为实现污泥全量本地处置的目标，进一步挖掘污泥的利用价值，深圳市以实现市政污泥市内全量资源化、能源化利用为导向，在充分分析污泥性质的前提下，结合现有城市基础设施特点，创新性提出干化污泥与燃煤掺烧发电的技术模式：将深度脱水后的污泥运至华润海丰电厂，将污泥与电厂燃煤按照一定比例混合后送入锅

炉焚烧，充分利用污泥热值，产生清洁的电能与热能，同时利用电厂锅炉1300℃高温对污泥中成分进行无害化处理，燃烧后产生的灰渣，用于生产石膏板、环保砖等建筑材料，实现资源化利用。目前，全市日产市政污泥燃烧热能相当于50 t燃煤，可供18万户家庭一年使用。实现了污泥的全量资源化、能源化利用。

华润海丰电厂污泥耦合发电项目（图4-50）具有以下技术亮点：

（1）处理规模最大。每日可处理6000 t污泥（含水率80%），是目前全球最大污泥耦合掺烧全量处置工程。未来海丰电厂通过扩建#3、#4机组，每日处理量可达1.2万 t（含水率80%），彻底解决深圳未来发展带来的污泥增量问题。

（2）智能化程度高。采用全程无落地管控模式，从污泥进厂到耦合掺烧，全程监控、自动操作，废气处理等控制系统全部集成至中控台，生产过程智能化程度高，实现无人值守。

（3）处置设备先进。选用广东省首台超低排放百万机组，机组炉膛温度高达1300℃，较普通850℃炉膛温度的垃圾焚烧炉，污染物消除更彻底，能量转换更高效。

（4）处置兼容性广。引入韧性设计理念，有多个上料线路可选择，可兼容处置不同含水率、不同成分的污泥，比同类型项目更具兼容性和适用性。

（5）排放标准严格。二噁英排放浓度仅为0.000 92 ng TEQ/m³，低于国际排放标准0.1 ng TEQ/m³，NO$_x$、SO$_2$、粉尘等排放量也低于国际排放标准。

图4-50　华润海丰电厂污泥掺烧处置项目全貌

（三）加强污泥处理处置全流程监管执法体系建设，保障处置成效

建立资质备案制度、检查考核制度、驻场监管制度、转移联单制度、通报处罚制度及智能监管技术"5+1"污泥监管制度体系。一是坚持每季度组织对市区和市外有关污泥设施进行全面检查，做到"五有"，即有计划、有评比、有通报、有整改、有提高，确保污泥处理处置无害化。二是制定履约评价考核细则，委托第三方

巡检机构对污泥处理处置设施进行定期考核检查。三是实施 24 小时驻场监管，监督污泥设施合法合规运输处置污泥。四是加强污泥去向"五联单"填报管理，实时掌握污泥末端处置去向及相关数据。五是加强现场巡查和监督执法，严厉打击固体废物非法外运、非法加工、非法倾倒等违法违规行为。六是加强污泥监管信息化建设，开发建设污泥运输在线监管系统。统一使用密闭罐式污泥运输车辆，喷涂统一颜色和标识，保障良好密封性，确保满足污泥承接、装卸、转运需求。通过视频监控、车辆 GPS 定位、资料审核报备、地磅电子数据等功能，实现污泥产生、处理、运输、处置全过程实时电子监控。同时，针对行业主管部门、污泥产生单位和处理单位等不同人员在不同场合的不同需求，开发电脑版、手机微信小程序等版本，形成污泥信息化监控体系。

三、取得成效

一是污泥深度脱水技术普遍应用，污泥处理能力显著上升。目前，全市共建成投产 18 座污泥深度脱水设施，污泥处理能力达到 5635 t/d。二是污泥源头减量成效显著。通过污泥深度脱水技术的应用，出厂污泥量大幅减少，污泥运输效率大幅提升，运输成本降低，同时，有效避免了污泥运输中的"跑、冒、滴、漏"和臭气外泄等二次污染问题。三是实现污泥全量资源化、能源化利用。建成了全球规模最大的集生产、生态、示范功能为一体的华润海丰电厂污泥耦合发电项目，具备消纳 6000 t/d（按含水率 80%计）的污泥掺烧处置能力，全市 5300 t 日产污泥实现全量资源化利用，燃烧热能相当于 50 t 燃煤，可供 18 万户家庭一年使用。此外，污泥燃烧后的灰渣，可用于生产环保建筑材料，真正实现了污泥本地全量资源化能源化处理处置。

四、推广应用条件

深圳市以厂内深度脱水为前提的市政污泥全量掺烧能源化利用模式，对全国其他大型城市，特别是用地紧张、人口密度大、污泥外运处置依赖性强的兄弟城市破解污泥处置难题，具有一定的推广价值。在推广应用的过程中首先应在政府层面，制定相应的技术指引和推广措施，普及适配技术。在技术层面，应特别注意根据不同污泥的性质选取不同的深度脱水技术路线，在掺烧过程应科学制定掺烧比例。

（供稿人：深圳市水务局水污染治理处副处长　孔令裕，深圳市水务局水污染治理处一级主任科员　韩 倩，深圳市水务局办公室副主任　陈育兵，深圳市排水管理处副处长　宋洪星，深圳市水务局水污染治理处工程师　江 获）

全区域多渠道联动破解污泥处置难题

——徐州市政污泥协同处置模式

一、基本情况

近年来，随着城镇的快速发展，城镇污水处理厂和配套管网日趋完善，污泥处理处置成为"无废"领域关注的重点。目前，徐州市城镇生活污水处理厂 114 座，日处理能力 141.57 万 t，2020 年污泥产生量 187 452.3 t。污泥的妥善处置已面临严峻的形势，徐州市通过工艺比选，结合地方产业特点，建立了污泥协同处置及全过程监管的徐州模式（图 4-51），实现了污泥综合利用及永久性处理处置设施全覆盖、无害化处理处置率百分之百的目标。

二、主要做法

徐州市根据不同县（市）区的污泥性质、经济社会发展水平状况，在处理方式、处置路线上积极寻求解决方案。完成了《徐州市区污泥处理处置设施建设实施方案》，出台了《徐州市区污水处理厂运行监督管理办法》及《徐州市排水与污水处理条例》。

一是推动协同化处置市场化运作（表 4-1）。徐州城市污水处理厂多数采用 BOT（建设-转让-运营）、TOT（转让-运营-转让）运营模式，镇级污水处理厂以县（市）、区为单元，统一委托专业化公司运营。污泥处置采用政府购买服务的方式，即通过招标方式确定处置单位及处置费用，签订处置合同，根据污泥处置量定期支付处置费用。污水处理厂产生的污泥统一运送至处置点（图 4-52）。

二是加快无害化处理资源化利用。徐州市污水处理厂多采用离心脱水机或带式脱水机，通过脱水设备将污泥含水率降低至 80% 以下，多余的水分返回至处理系统再处理，为避免二次污染，现场配套污泥料仓，对脱水后的污泥暂存，运输车辆到厂后卸料运输（图 4-53）。

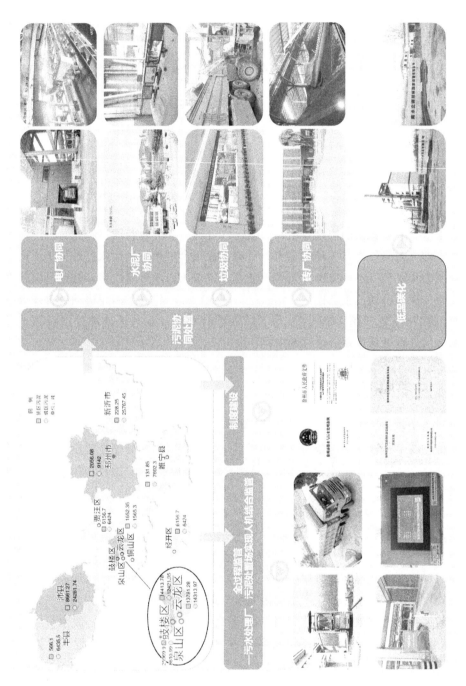

图 4-51 徐州市政污泥协同处置及全过程监管示意图

表 4-1 污泥协同处置及代表企业

协同处置方式	运营单位
电厂协同	江苏阚山电厂、徐州华鑫热电有限公司、华润铜山热电有限公司、徐矿综合利用发电有限公司、徐州建平环保热电有限公司
水泥厂协同	江苏久久水泥有限公司
垃圾厂协同	新沂高能环保能源有限公司
砖厂协同	丰县振兴新型墙体材料有限公司、丰县逸刻新型墙体材料有限公司、沛县鼎鑫新型墙体材料有限公司、沛县新兴煤矸石砖厂、沛县宇新墙体材料有限公司、江苏晟通固废环保处置有限公司、江苏乾禧环保科技有限公司
低温碳化	南水北调邳州固废处置有限公司

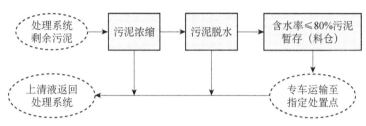

图 4-52 污泥处理工艺流程图

图 4-53 污泥收集、运输技术图

　　污泥具有一定的热值，徐州依托电厂、水泥厂、垃圾厂及砖厂配套建设污泥卸料、储存、输送、除臭等设施、设备，从场外直接运进含水率 80% 左右的污泥进行污泥无害化、资源化的耦合处理，不但消除了堆放暂存产生的环境污染，同时将污泥中的有机物全部碳化转换为能源及建材，变废为宝，且大大降低了处置费用，实现了污泥处置的减量化、稳定化、无害化、资源化（图4-54和图4-55）。

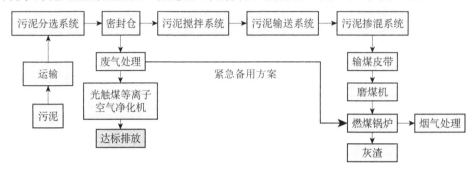

图4-54 电厂、水泥厂、垃圾厂协同处置工艺流程示意图

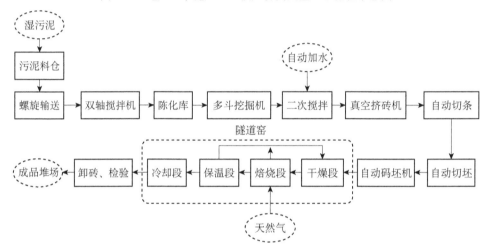

图4-55 砖厂协同处置工艺流程图

  三是全过程监管无间隙对接。污泥处理处置监管是实现无害化、稳定化、减量化的重要环节，徐州市污泥处理处置由指定单位负责日常调度监管。在各污水处理厂、污泥处置企业安排驻厂监管人员，对污水处理厂运营、污泥出厂、进厂称重、污泥存储、焚烧等实施全过程监管，建立了污泥监管台账及运输四联单制度。同时，在各处置企业安装了污泥运输称重自动化系统，对所有专用运输车辆设定运输路线并安装GPS定位，通过人机结合方式，使污泥得到有效安全处置，实现了处理、运输、处置全过程监管。

三、取得成效

  徐州市依托电厂、垃圾焚烧厂、水泥厂、砖厂、陶粒厂等资源完成了污泥综合利用或永久性处理处置，污泥处置能力已达1230 t/d，实现了设施全覆盖及全过程监管，无害化处理处置率达到100%。协同处置的减量效果明显，电厂、垃圾厂等焚烧后的污泥体积可减少90%以上；通过焚烧可以有效杀灭污泥中的有害细菌，难降解有机物全部碳化，危病原体彻底解体汽化；电厂、垃圾厂焚烧产生的热量可以供暖和发电，砖厂产品可满足建筑材料标准，实现了污泥无害化、减量化、稳定化、资源化的既定目标。

四、推广运用条件

徐州在污泥协同处置的经验表明机遇和挑战共存，思维理念转变和前瞻性创新需要勇气和担当。当前，巨大的市场需求，亟待高度重视推广污泥协同处置，须通过多个部门通力合作推动污泥无害化处置和资源化利用。其他同类城市在推广应用过程中还应注意以下问题：①污泥处理处置要做到全过程监管，必须实现污水处理厂运行、污泥运输、污泥处置各阶段监管到位，可以采用人机结合方式，不断完善信息化监管能力建设；②协同处置需具备一定的条件，电厂、垃圾厂、水泥厂、砖厂等协同处置需配套建设污泥储存、输送设备及废气除臭装置，同时应办理环保相关手续；③加强污泥焚烧后二次产品的监管。

（供稿人：徐州市住房和城乡建设局副局长　张元岭，徐州市水务局副局长周　兴，徐州市水务局副处长　关小侠，徐州市生态环境局副大队长　王明明）

4 绿色建筑与建筑垃圾综合治理

创新实施"五举措" 破解建筑废弃物处置难题
——深圳市建筑废弃物全过程管理模式

一、基本情况

当前，深圳市正加快建设中国特色社会主义先行示范区，开发建设体量巨大，据测算，2021～2035 年深圳市建筑废弃物年均产生量约 1 亿 m³，对深圳市环境保护和城市建设可持续发展带来巨大的压力。2020 年，全市建筑废弃物的产生量约 9476 万 m³，日均产生量约 26 万 m³。其中，市内填埋处置（含受纳场填埋、临时消纳点、围填海和工程回填等）1497 万 m³（16%），综合利用约 1278 万 m³（13%），通过海路运往中山、珠海、广州（南沙）等地平衡处置约 4725 万 m³（50%），通过陆路运往惠州、东莞等地平衡处置约 1976 万 m³（21%），建筑废弃物处理处置方式见图 4-56。

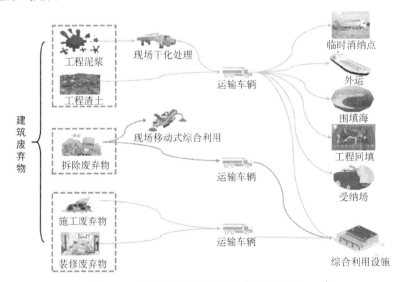

图 4-56 深圳市建筑废弃物处理处置方式

　　长期以来，深圳土地资源极其紧缺、人口密度大，以及受无法利用烧结技术进行资源化处置等因素的影响，面对巨大的建筑废弃物产生量，目前难以依靠本地全量处置。为破解建筑废弃物处置困局，深圳市站在全局高度，抓住"双区"建设发展机遇，利用"无废城市"试点建设契机，充分发挥住建部门在建设工程领域的优势，通过完善政策法规、推动源头减排、发展综合利用、加快设施建设、加强全过程管理等一系列行之有效的举措（见图 4-57），推动全市建筑废弃物处置工作更上一个台阶。

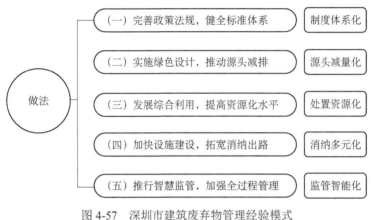

图 4-57　深圳市建筑废弃物管理经验模式

二、主要做法

（一）完善政策法规，健全标准体系

　　一是加大基础研究力度。完成了《深圳市建筑废弃物产生量统计与估算方法研究》《深圳市建筑废弃物综合利用产品适用部位及比例研究》等 9 项基础研究工作，为全市建筑废弃物管理工作政策法规及标准规范制定、产品推广应用等提供科学依据，并针对泥砂分离后的尾泥利用、废弃加气混凝土砌块的利用、施工和装修废弃物的无害化处置等全球性难题进行了积极探索。二是加快完善法规规章。颁布实施《深圳市建筑废弃物管理办法》，确立了建筑废弃物排放核准、运输备案、消纳备案、电子联单管理和信用管理、综合利用产品认定、综合利用激励等制度，实现建筑废弃物处置全过程监管，推进建筑废弃物处置减量化、资源化、无害化。同步配套编制《深圳市建筑废弃物固定消纳场建设运营管理办法》《深圳市建筑废弃物综合利用企业监督管理办法》《深圳市建筑废弃物综合利用产品认定办法》等多项规范性文件，加快构建和完善建筑废弃物"1+N"政策管理体系。三是健全标准规范体系。完成建筑废弃物管理标准规范框架体系梳理（涉及 138 项，其中待制定 37 项）。2011 年以来，先后颁布《深圳市建筑废弃物再生产品应用工程技术规程》

《建设工程建筑废弃物排放限额标准》《建设工程建筑废弃物减排与综合利用技术标准》等 9 项地方技术标准规范。

（二）实施绿色设计，推动源头减排

一是在规划阶段提升竖向标高。印发《关于加强竖向规划设计管理减少余泥渣土排放的通知》等文件，共完成 35 个工程项目的规划设计标高审查，通过优化片区竖向规划设计减少工程渣土排放，促进城市可持续发展。二是在设计阶段明确排放限额。印发《建设工程建筑废弃物排放限额标准》《建设工程建筑废弃物减排与综合利用技术标准》，在国内首次明确各类建设工程的建筑废弃物排放限额、减排与综合利用设计和验收要求。目前，按《深圳市建筑废弃物管理办法》规定，全市建设、交通、水务部门在审批建排放核准时，需核对建设工程项目排放建筑废弃物是否满足排放限额要求。同时，市规划部门修订《深圳市建筑设计规则》，鼓励采用半地下停车场、首层停车场，有效减少地下室开挖的土方量。三是在施工阶段发展装配式建筑和绿色建筑。全面落实《深圳市装配式建筑发展专项规划（2018—2020）》等政策文件，推动装配式建造方式从公共住房向新建居住建筑、公共建筑及市政基础设施的广覆盖；通过信息化手段，推动 BIM 技术发展，减少现场签证及工程变更；加强绿色建筑过程监管，高质量发展绿色建筑。

（三）发展综合利用，提高资源化水平

一是推行拆除与综合利用一体化管理。颁布实施《深圳市房屋拆除工程管理办法》，将房屋拆除和综合利用捆绑实施。截至目前，累计完成 680 个房屋拆除工程建筑废弃物减排与利用项目，拆除废弃物综合利用量达 2509 万 t，有力促进综合利用行业发展（示范案例见图 4-58）。

图 4-58　桥梁拆除废弃物循环利用道路拼接安装示意图

二是试点开展综合利用产品应用。率先在政府投资的房建、交通、水务、园林

绿化工程中各选取两个项目试点使用建筑废弃物综合利用产品，从建筑工程的设计、审图、施工、验收等环节入手，在适用部位 100%使用建筑废弃物综合利用产品，综合利用产品使用总量约 17 万 m³，为后续产品推广应用奠定实践基础（示范案例见图 4-59）。

图 4-59　光明区光源五路采用 8 款不同样式的环保砖铺成的慢行路

三是探索开展渣土综合利用试点。深圳市第一家高标准"花园式"综合利用厂宏恒星再生科技公司已投入运营，通过泥砂分离和余泥造粒工艺将工程渣土全部综合利用，年设计处理能力约 100 万 m³。大铲湾三期工程渣土综合利用设施 5 条生产线已投入运营（图 4-60），现有年设计处理能力约 600 万 m³。

图 4-60　大铲湾三期工程渣土综合利用设施

四是开展工程泥浆施工现场处理试点。印发《深圳市工程泥浆施工现场处理试点工作方案》，在全国范围内征集技术方案，并组织以陈湘生院士为首的专家团队进行评审，选出 10 个方案供地铁集团择优选用。目前，已组织地铁集团完成在地铁四期建设工程中试点开展工程泥浆施工现场处理工作，共建设盾构渣土泥水分离和无害化处理设施 39 台（套），盾构渣土设计处理能力已超 1 万 m³/d。

五是科学分类，全面推进建筑废弃物资源化利用处置。印发实施《深圳市建筑废弃物综合利用设施规划建设实施方案》，根据全市建筑废弃物产生量及其时间空间分布，科学测算综合利用设施的用地需求，统筹综合利用设施布局规划，落实用地保障。全市综合利用设施分为企业供地类和政府划拨类，其中企业供地类主要用于工程渣土和拆除废弃物处理处置，政府划拨类综合利用设施主要用于装修废弃物和施工废弃物处理处置。

（四）加快设施建设，拓宽消纳出路

一是坚持规划引领。印发实施《深圳市2018年度余泥渣土受纳场实施规划》，为拟重点建设的受纳场提供规划依据。同时，已编制形成《深圳市建筑废弃物治理专项规划》（送审稿），科学规划和统筹推进全市受纳场、综合利用厂、水运中转设施建设；并提出规划实施策略、处置设施分期建设计划和保障措施。二是统筹推进消纳场所建设。目前，全市现有固定消纳场（6处，含在建）、综合利用厂（28家）、水运中转设施（12处，含在建）、临时消纳点和回填工地等五类消纳场所，通过多渠道方式提升我市建筑废弃物处置能力。三是大力助推跨区域平衡处置。经多次实地考察调研及深入磋商，已分别与中山翠亨新区管委会、惠州潼湖生态智慧区管委会、融通农发广州公司（潼湖军垦农场项目）签订合作框架协议，不仅有效缓解周边城市回填工程渣土供应不足的困境，也解决了深圳当前面临的工程渣土处置难题，实现了城际优势互补的双赢局面。2019年底省住建厅印发《建筑废弃物跨区域平衡处置协作监管暂行办法（试行）》，据此，我市多次赴惠州、东莞、中山、珠海等周边城市调研工程渣土跨区域平衡处置事宜，探索共建工程渣土跨区域处置协作监管机制。

（五）推行智慧监管，加强全过程管理

一是全面推广应用建筑废弃物智慧监管系统（图4-61）。通过运用大数据等技术手段，实时采集全市建设工程的建筑废弃物排放情况、运输车辆行驶轨迹、处置场所受纳情况等信息，实现对全市建筑废弃物排放、运输、中转、回填、消纳及利用等处置过程进行全流程、全方位、全天时、全天候的智慧监管。

二是持续开展排放管理专项整治。从2019年起开展建设工程建筑废弃物排放管理专项整治行动，落实建筑废弃物排放安全管理和环保治理主体责任，推动智慧监管系统全面应用，加强现场监督执法和检查督导工作力度。

三是运用系统开展建筑废弃物管理抽查。通过建筑废弃物智慧监管系统对建设工程建筑废弃物排放、消纳管理情况进行抽查，对于抽查发现违法违规排放行为，分派给相关区并要求在规定时间内反馈整改及处理情况，并对查实的单位进行行政处罚立案。

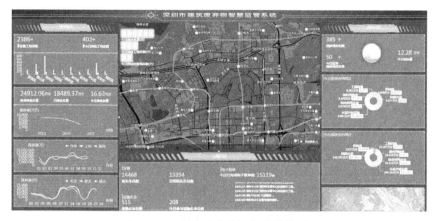

图 4-61　深圳建筑废弃物智慧监管系统

三、取得成效

近年来，深圳市在建筑废弃物管理方面取得了显著成效。一是逐步实现建筑废弃物全过程管理，落实中央环保督察要求。实施《深圳市建筑废弃物管理办法》，配套相应的规范性文件，构建了排放、运输、消纳全过程管理体系；推广应用智慧监管系统，将全市 2375 个排放工地和 383 处消纳场所全部纳入，通过电子联单跟踪管理，实现建筑废弃物"排放-运输-处置"两点一线全过程智慧监管，保障排放和处置去向有迹可查；连续三年组织开展排放管理专项整治，检查建设工程 11 537 家、整改处罚 2448 家，建筑废弃物排放乱象得到了有力遏制，推动排放管理"从无到有、从有到好"。二是重点推动建筑废弃物减排与资源化利用，助力碳达峰碳中和。2020 年，全市新开工装配式建筑面积 1288 万 m^2，在新开工总面积的占比达 38%，累计 13 个项目获评广东省级装配式建筑示范项目，占全省总数的 30%，位居全省第一。新增绿色建筑面积 1699 万 m^2，新建民用建筑绿色建筑达标率 100%。创新推动房屋拆除和综合利用一体化实施，全市房屋拆除废弃物资源化利用率达 97%，建筑废弃物资源化利用率达 13.5%，初步实现建筑废弃物资源化利用产业化、规模化发展。三是多方拓展建筑废弃物消纳渠道，实现安全妥善处置。通过统筹建设五类建筑废弃物消纳场所，强化安全处置措施，加强与周边城市跨区域平衡处置协作监管，大大降低建筑废弃物简单堆填对社会居民的影响，保障建筑废弃物得到安全妥善处置。

四、推广应用条件

深圳市建筑废弃物全过程管理模式，对于我国处于快速建设期、建筑废弃物产量大且土地资源紧张的城市地区具有借鉴意义。

结合深圳经验，全国其他同类城市在推广应用过程中应注意以下问题：一是要建立科学合理的管理体系。结合本地实际调研情况，加大基础研究力度，摸清相关基础数据底数，出台适宜本地特点的政策法规及标准规范。在此基础上，通过实施源头减量化、处置资源化、消纳多元化、监管智能化等措施，推动建筑废弃物处置全过程管理。二是要建立系统有效的工作机制。由市领导挂帅，通过建立建筑废弃物处置联席会议制度，统筹谋划和协调推进建筑废弃物管理各项重点工作；并通过形成建设、规划、交通、水务、城管、生态环境等部门间的协同合作机制及市、区两级间的上下联动机制，共同推动建筑废弃物管理取得成效。

（供稿人：深圳市住房和建设局处长　刘向阳，深圳市住房和建设局二级调研员　许亚文，深圳市住房和建设局副处长　杨越毅，深圳市住房和建设局一级主任科员　黄　勤，深圳市住房和建设局四级主任科员　郭晓磊）

政府主导　市场运作　特许经营　循环利用

——许昌市建筑垃圾管理和资源化利用模式

一、基本情况

随着经济生产和社会活动的不断扩大，建筑垃圾逐渐成为困扰许昌城市发展的一大难题，全市每年建筑垃圾总量数百万吨。许昌市最初采用填埋式处理方式，由于地处平原，缺乏合适的填埋点，只能置于城郊低洼处露天堆放，这既损害城市形象，也影响市民生活环境，造成土地资源大量浪费。因此，许昌市瞄准循环经济这一发展方向，探索市场化运作和特许经营的方法，寻求解决"垃圾围城"的治本之策，开创了全省对建筑垃圾清运和处理实施特许经营的先河，逐渐走出了一条"政府主导、市场运作、特许经营、循环利用"的资源化利用之路，打造了建筑垃圾管理和资源化利用"许昌模式"（图4-62）。

图 4-62　建筑垃圾管理和资源化利用"许昌模式"

该模式的主要特征体现在充分发挥了政府和市场的各自优势，创造性地探索出建筑垃圾资源利用这一新型市场，激发企业持续开发建筑垃圾的潜在价值，逐渐形成"建筑垃圾—建筑垃圾加工—再生建筑产品"产业链，持续提升建筑垃圾利用率，推动建筑垃圾再生产品规模化、产业化应用，最终实现了建筑垃圾产业链和生态链的融合发展，既节约了公共财政资源，又激发了企业的内生动力，为许昌"无废城市"建设和高质量发展提供强力支撑。

二、主要做法

（一）政府主导、健全制度，提供坚强保障

为了解决不断增加的建筑垃圾产生的环境问题和土地占用问题，许昌市通过推动立法、出台处置规范、完善实施细则、编制专项规划建立健全相关制度体系（图 4-63），积极引导建筑垃圾资源化利用新市场。

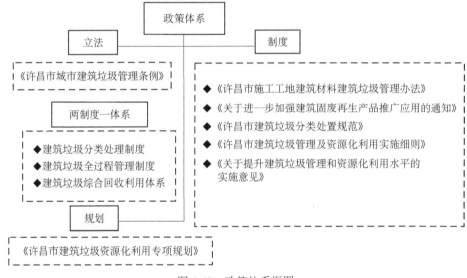

图 4-63　政策体系框图

1. 推动立法，制定地方性建筑垃圾管理条例

推动《许昌市城市建筑垃圾管理条例》立法，进一步完善规范了建筑垃圾管理的制度体系（"两制度一体系"），即"建筑垃圾分类处理制度"、"建筑垃圾全过程管理制度"和"建筑垃圾综合回收利用体系"。该条例已经河南省第十三届人民代表大会常务委员会第二十三次会议批准，2021 年 6 月 1 日起执行。

2. 完善制度，构建建筑垃圾管理利用体系

相继出台了《许昌市施工工地建筑材料建筑垃圾管理办法》《许昌市建筑垃圾管理及资源化利用实施细则》《关于提升建筑垃圾管理和资源化利用水平的实施意

见》，为建筑垃圾分类处置、收集、运输、处置、资源化利用环节的综合监管提供了政策依据，为建筑垃圾的资源化利用提供了制度保障。

3. 注重布局，编制建筑垃圾资源化利用专项规划

编制《许昌市建筑垃圾资源化利用专项规划》等多项规划，根据各类建筑垃圾特点和资源化利用范围，构建了"区域统筹、合理布局，分类管控、环保防治，智慧监管、利用优先"的规划格局和利用体系。在政府投资或主导项目、保障性住房项目以及 20 万 m^2 以上新建非政府投资的项目，规划推广实施装配式建筑（禹州市已成功创建为全省装配式建筑示范县城）。规划建设利用弃土类建筑垃圾城市山地公园。为了保证规划顺利实施，许昌市还在组织管理、财政、税收、投资政策扶持等方面出台了相应的保障措施。

（二）市场运作、特许经营，促进产业规模化发展

1. 特许经营，激发企业动能

许昌市立足市情，依据相关法律法规，在国内率先实施特许经营，开创了"政府主导、市场运作、特许经营、循环利用"的管理模式。该模式有效节约了政府资金，激发了企业创新活力，形成了政企合作、相互支持的良性循环，有效改善了城市环境。许昌金科资源再生股份有限公司（以下简称"金科公司"）作为特许经营企业，全面负责许昌市建筑垃圾的清运、无害化处理，经济和社会效益显著。近 5 年来，许昌市通过利用建筑垃圾，减少开采砂石近 1500 万 m^3，减少运输费用 10 亿元，减少油耗 3000 万 L，节约资金 2.4 亿元，少报废两车道二级公路 20 km，减少公路投资 1 亿元。此外，全市城市水系岸坡、两侧人行步道已全部采用再生透水砖铺装，市区透水步砖铺装比例已达到 40%以上，有力推进了海绵城市建设（图 4-64）。

图 4-64　水系岸坡和鹿鸣湖公园步道

2. 龙头带动，延伸产业链条

金科公司利用建筑垃圾生产再生骨料、再生透水砖（图 4-65）、再生墙体材料、再生水工产品等，广泛应用于城市道路、公园、广场等市政基础设施工程，形成完整的"建筑垃圾回收—建筑垃圾加工—再生建筑产品"建筑垃圾资源化利用链

条。河南万里交通科技集团股份有限公司（以下简称"万里交科"），围绕再生集料在道路工程建设的使用，生产提供建筑垃圾就地再生设备，应用金科公司的再生集料产品从事道路工程建设，进一步延伸建筑垃圾的产业链条，促进了二产、三产的创新融合发展。此外，引进山美环保装备公司落户许昌节能环保装备及服务产业园，生产建筑垃圾资源化再生利用成套设备等环保设备，进一步促进了建筑垃圾固体废物产业链条向前端延伸。

图 4-65　再生砖生产线

3. 示范引领，增强溢出效应

许昌在建筑垃圾领域探索出来的资源化利用模式极大地赋能"无废城市"建设试点，实现了固体废物处理从源头到终端的无缝链接和管控，且在其他固体废物领域得到了推广。许昌市生活垃圾及餐厨垃圾收运处理项目均采用了特许经营方式，浙江旺能环保有限公司投资的生活垃圾焚烧发电项目和欧绿保再生资源技术服务（北京）有限公司的餐厨废弃物收运处理项目，入驻许昌市静脉产业园，分别处理生活垃圾和餐厨垃圾。

（三）科技领航，创新驱动，强化技术支撑

1. 制定应用技术新标准

建筑垃圾资源化过程中的重点应用领域是市政工程，许昌市结合近年来建筑固体废物处置和资源化利用经验，研究出台并发布实施了许昌市首部地方标准《建筑垃圾再生集料道路基层应用技术规范》（DB4110/T 6—2020），首次提出将建筑垃圾再生集料应用于城市道路的基层铺设，为建筑垃圾产品在城市道路建设中应用提供了设计、施工和验收依据，推动建筑垃圾在市政工程领域应用的标准化、规范化。

2. 研发砖渣利用新技术

建筑垃圾资源化过程中，许昌市高度重视科技创新，不断加大研发投入，现可利用建筑垃圾生产 8 大类 100 多种再生产品，已申请专利 200 余件，已获授权专利

151件（发明专利12件），参编了7部国家行业标准、2部地方标准（详见表4-2）。研发总结的"建筑废弃物资源化利用产业关键技术"已入选"科技部、环保部、工信部《节能减排与低碳技术成果转化推广清单（第二批）》"，在全国范围内进行推广。

表4-2 行业标准及地方标准

类型	名称
参编国家行业标准	再生骨料应用技术规程
	循环再生建筑材料流通技术规范
	道路用建筑垃圾再生骨料无机混合料
	再生混凝土结构技术标准
	再生混合混凝土组合结构技术标准
	建筑垃圾处理技术标准
	建筑垃圾再生骨料实心砖
参编地方标准	建筑垃圾再生细骨料干混砂浆应用技术规程
	建筑垃圾再生集料道路基层应用技术规范
主编企业标准	再生骨料砌块
	再生砖石集料路面基层施工技术标准
	建筑垃圾水泥稳定再生骨料
	建筑垃圾再生骨料预拌砂浆

3. 开发弃土应用新方式

结合许昌不同区域土样的特点，金科公司利用弃土类建筑垃圾、农作物秸秆、造纸厂泥浆等固体废物，开展了高精度、高强度、高保温生态烧结砌块的研发和生产（图4-66），初步建立了基于烧结性能的弃土类建筑固体废物资源化数据库，形成了成套关键技术。万里交科采用独创的振动搅拌设备对弃土进行改性利用，制备出可泵送的、大流动性的振动液化加固材料，成功开发了模块式碾压固化土连续振动搅拌成套设备，已在湖南长株高速路基改扩建项目、许昌宏腾大道管网回填项目、河北正定管网回填项目中成功应用（图4-67）。

图4-66 节能环保型烧结自保温砌块生产线

图 4-67　振动液化固结土制备及管网回填现场

4. 创建产学研合作新平台

许昌市注重建筑垃圾资源化利用行业整体技术水平的提升，与德国弗劳恩霍夫研究所、同济大学等国内外科研院所长期开展产学研合作，建有业内首个全国循环经济技术中心、全国首个弃土烧结全系统实验室、河南省建筑废弃物再生利用工程技术研究中心、河南省振动搅拌工程技术研究中心和许昌市建筑废弃物再生利用重点实验室。河南省建筑废弃物再生利用工程技术研究中心研发的"建筑固体废物资源化共性关键技术及产业化应用"项目获得国家科学技术进步奖二等奖。河南省振动搅拌工程技术研究中心研发的河南省首套建筑垃圾就地再生设备，荣获"第九届中国创新创业大赛"河南赛区二等奖，并获得全国赛优秀奖。

（四）源头控制、过程监管，提供坚强保障

为保障建筑垃圾有序清运、高效处置和循环利用，许昌市着重加强运输企业和运输车辆两个供应源头的动态管理，建设了全程监管、全面覆盖的监管体系。

1. 突出源头治理

将建筑垃圾按照工程渣土、拆除垃圾、装修垃圾三大类实施分类，对各类建筑垃圾的收运及消纳处置进行了明确规定。按照统一审批、统一收费、统一清运、统一利用"四统一"管理原则，对施工工地进行严格管理，对建筑垃圾产生量和处置量进行严格核准，建筑垃圾产生单位按照核准量缴纳处理费用，特许经营企业负责统一运输和处理。

2. 加强运输监管

对运输车辆进行动态监管，定期进行审查验收，合格的发放《许昌市建筑垃圾清运车辆准运证》，进行备案。督促特许经营企业加大投资力度，积极购置先进运输设备，升级改造陈旧运输设备，先后投资 2800 多万元，购置 60 台绿色环保全封闭式建筑垃圾运输车辆。

3. 建立巡查制度

实行 24 小时巡查值班制度，坚持普遍巡查与重点监管相结合、数字化信息采集与群众举报相结合，加大巡查频次，持续开展夜间渣土车和清运工地整治，对重点区域实行严格监控，依法严查建筑垃圾运输车辆违规清运、私拉乱运、超高超载、抛撒污染等行为，有效规范了建筑垃圾清运秩序。

4. 实行全天候智慧监管

建筑垃圾监控平台以渣土车监管为目标，以车辆定位+物联网传感器技术为手段，解决了渣土车运输资质审批、抛洒滴漏、盲区事故多发、乱跑乱卸、超载超速、驾驶员身份验证等各种问题，通过与市数字化城管平台、特许经营企业内部监控平台进行联网运行，使每吨建筑垃圾的处理去向有迹可查，实现了建筑垃圾收集、清运、利用、处置等全链条统筹衔接、智能化运行的闭环。

三、取得成效

通过建筑垃圾管理和资源化利用的成功探索，许昌市被认定为"河南省建筑垃圾管理和资源化利用示范市"，入选"建筑垃圾治理试点城市"，荣获了"中国人居环境范例奖"。2020 年，许昌市建筑垃圾综合利用率达 92.3%，中心城区建筑垃圾总量为 336.3 万 t（其中工程弃土 298.1 万 t，砖渣 38.2 万 t），综合利用处置约 331.8 万 t，综合利用率达到 98.66%。禹州市建筑垃圾资源化利用率达 90%，长葛市建筑垃圾资源化利用率达 96%，鄢陵县建筑垃圾资源化利用率达 73%，襄城县建筑垃圾资源化利用率达 76%。

四、推广应用条件

许昌市建筑垃圾"政府引导、市场运作、特许经营、循环利用"模式对于我国城镇化发展迅速、建筑垃圾资源相对集中的中小城市具有借鉴意义。

在推广应用中，应注意以下问题：一是坚持政府主导、配套制度体系到位，涵盖拆除分类、产业支持、企业从业优惠、再生产品税收减免、建筑垃圾再生应用等政策；二是适当控制特许经营规模、明晰区域范围，以一家企业为主体的特许经营模式，其收运范围在中小城市或大城市的单区较好实现；三是培育建筑垃圾再生利用市场，打通利用环节，畅通利用渠道，从市场需求选择相应的再生骨料、再生砖等建筑垃圾再生产品；四是形成地方性技术规范文件，破解建筑垃圾利用途径的规范性障碍。

（供稿人：许昌市生态环境局副局长　谷明川，许昌市生态环境局副局长董常乐，许昌市城市管理局副局长　马俊廷，许昌市"无废城市"建设试点工作推进小组办公室组长　张占胜，许昌学院副教授　徐静莉）

坚持绿色引领　强化全程治理

——绍兴市建筑垃圾全生命周期治理模式

一、基本情况

改革开放 40 多年来，绍兴市建筑产业积极抢抓机遇，不断发展壮大，打造了"绍兴建筑"金名片，建筑业也成为绍兴市举足轻重的重要支柱产业，绍兴全市建筑业产值规模一直稳居浙江省第一、全国前列，无论是产值贡献度，还是特级企业数量，都占全省总量的四分之一以上，在全省建筑业领域长期保持着领头羊的地位。

绍兴市的建筑垃圾主要包括工程渣土、废弃泥浆、工程垃圾等。无废城市建设之前，绍兴市建筑垃圾主要存在以下两方面的问题：一是建筑业突出表现为建造过程不连续、生产方式农业化、工程管理碎片化、工人技能素质低，导致施工现场"脏、乱、差"、工程垃圾大量产生；二是绍兴市区的工程渣土、废弃泥浆以工程回填、固化回填为主，渣土消纳点库容有限，监管能力不足，同时资源化利用程度较低，处理能力相对不足。

"无废城市"建设试点以来，绍兴市通过大规模地推行装配式建筑，有效降低了建造过程中的大气污染和建筑垃圾，最大程度减少了扬尘、工程垃圾等环境污染，实现了建造方式的重大变革，并催生了新的产业和相关服务业，实现建筑现代化绿色高质量发展；通过系统性构建监管体系、闭环式管理渣土市场、大举推进资源化利用、大力度整顿渣运乱象等方式，实现渣土（泥浆）的闭环管理和处置利用。绍兴市创新形成了制度化、减量化、资源化、常态化的建筑垃圾全生命周期治理模式（图 4-68）。

二、主要做法

（一）坚持问题导向，全面深化形成完备制度体系

绍兴市是国家住宅产业现代化综合试点城市、全国建筑产业现代化试点地区，是全国地市级中唯一的"双试点"城市，成立了由市长任组长的"绍兴市推进建筑

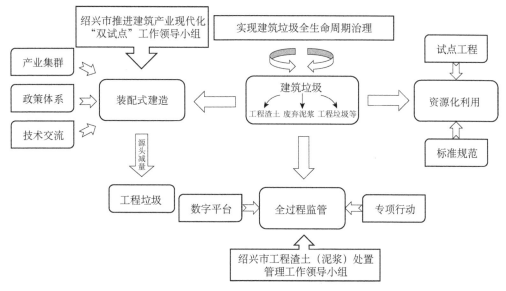

图 4-68　绍兴市建筑垃圾全生命周期治理模式示意图

产业现代化'双试点'工作领导小组"，出台各类政策文件，全力助推建筑产业现代化发展，逐步形成发展目标明确、实施范围清晰、扶持政策完善的政策体系；为加强我市渣土（泥浆）处置管理，市政府成立工程渣土（泥浆）处置管理工作领导小组，由市政府分管领导任组长，对全市工程渣土管理实施统筹协调，指导开展渣土管理，强化监督考评，推动渣土（泥浆）处置管理工作逐步走向系统化、规范化、标准化。

出台了《绍兴市绿色建筑专项规划（2017—2025）》，把全市的建设规划用地划分为 8 个目标分区，40 个政策单元，对每一个地块的装配式建筑、住宅全装修以及绿色建筑等级等控制性指标进行了明确，标志绍兴市装配式建筑及住宅全装修步入依法依规实施阶段。同时，率先全省出台了《关于推进钢结构装配式住宅发展的实施意见》，为钢结构装配式住宅在绍兴的大力推广应用提供了强有力的保障。

出台了《绍兴市工程渣土（泥浆）处置管理办法》及《绍兴市工程渣土（泥浆）处置管理实施细则》，建立形成了以"政府主导、市场运作、社会监督、资源利用"的管理机制；为加强对渣土企业管理，同步出台《绍兴市工程渣土（泥浆）运输企业信用评价考核办法》，明确工程渣土（泥浆）运输企业资格标准，对违反处置管理办法的企业纳入企业信用评价体系范围；并依照《绍兴市建筑泥浆渣土处置领域联合执法机制的实施意见》常态化落实联合执法模式。

出台了《绍兴市区建筑垃圾资源化利用专项规划》，提出了"减量化和资源化优先、无害化为基础"的总体要求，通过"市场化、社会化、规范化、信息化"手段，以源头减量结合末端利用及处理措施，实现各类建筑垃圾的全面规范管理。

（二）坚持源头减量，全面催化形成产业集聚效应

引导企业发展，培育产业集群。通过企业走访、组织参加住博会、承办各类论坛展会、推出试点项目等多种途径积极引导装配式建筑部品部件制造、设计、施工、全过程咨询、装饰装修等相关企业的快速发展，带动一大批本地企业积极参与，实现科学发展、集约布局。积极支持本地企业利用自身优势相互联合组建或与国内外实力雄厚、经验丰富的央企、国企共同投建生产基地，利用各自的资金、技术、市场优势，实现强强联合。

截至 2020 年底，绍兴市已培育建筑产业现代化实施企业百余家，6 家全国首批国家级装配式建筑产业基地、6 家省首批建筑工业化示范企业、4 家浙江省首批建筑工业化示范基地、35 家已投产各类型产业化基地，涵盖多个领域。绍兴市已逐步形成以龙头企业为引领，多产业协同发展的全产业链产业集群（图 4-69）。

图 4-69　浙江省"推进建筑产业现代化"试点项目——诸暨市浬浦镇马郦村新农村

制定规范标准，推动技术交流。绍兴市抓住"无废城市"建设试点契机，组织企业技术力量，加快建立和完善适应于绍兴建筑产业现代化发展的标准体系，鼓励企业积极参与各类装配式建筑和全装修相关标准的编制工作。先后推动创建国家级研究中心（建筑工程与住宅产业化研究院）、技术团队（绍兴市建筑产业现代化专家委员会）、涵盖全产业链的发展联盟（绍兴建筑产业现代化发展联盟）、信息化网络平台（现代建筑产业网）等等。同时，多次开展企业交流学习活动，如绍兴市装配式建筑技术研讨会、专家服务绍兴市传统产业改造提升行动等。截至 2020 年

底，绍兴市企业作为主编或参编单位先后编制了建筑产业现代化相关的国标、行标、地标和图集等各类标准规范 84 项。

开展"新时期适合装配式建筑发展的产业工人队伍培育模式研究"的探索性课题研究，在全国率先建立了"分散培训、统一考核"装配式建筑产业工人技能培训考核评鉴模式，并首创轻质材料 1∶1 装配式建筑实体教学模型、公开出版 5 套装配式建筑产业工人培训教材，填补国内该类型培训教程空白。创建全省首个装配式产业工人教育培训基地，积极统筹各类专项资金，实现学费全额补贴，培养装配式建筑各类人才 3000 余人。

（三）坚持管控结合，全面强化形成闭环监管体系

数字赋能，智慧监管。绍兴市根据数字化转型和"两强化三提高四个体系"建设要求，实现对公用事业的精细化、过程化、闭环化管理，建成全省首个公用事业信息化监管服务平台。该平台包含渣土泥浆监管子系统，通过数据归集至全市域智慧城管和综合执法一体化平台的云数据中心，再由云数据中心统一归集至绍兴市大数据局共享平台（图 4-70）。渣土泥浆监管子系统主要包括渣土泥浆从源头、运输、处置各环节涉及对象基本信息管理、证件审批管理、各环节动态监控管理、数据分析、企业服务、公众服务等功能模块，基本实现对渣土处置的源头、运输、消纳闭环管理。

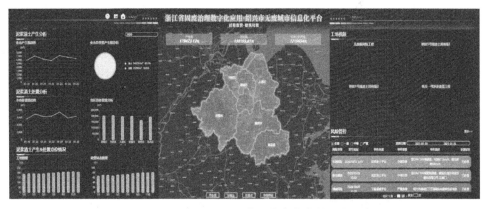

图 4-70　绍兴市渣土（泥浆）信息化监管服务平台

专项行动，执法保障。绍兴市通过开展各类专项行动，全面规范和整顿工程渣土（泥浆）处置秩序，切实加强环境保护，提高城市综合治理能力和管理水平。一是开展城市管理"蓝天 1 号"集中统一行动、建筑工地工程渣土（泥浆）非法处置专项整治行动等，全面规范和整顿工程渣土（泥浆）处置秩序，切实加强环境保护，提高城市综合治理能力和管理水平。二是开展"百日攻坚"专项整治行动，各地从组织机构设置、实施方案制定、日常执法等方面加强工程渣土处置管理。三是

巩固"百日攻坚"成果，于2020年9月份开展"整治月"专项整治行动，重点整治渣土消纳场所。

（四）坚持资源利用，全面优化形成创新推广模式

"无废城市"建设试点以来，绍兴市为解决泥浆、渣土等建筑垃圾的问题，成立市城投再生资源有限公司，积极探索建筑垃圾资源化利用，创新形成一条废弃泥浆资源化利用技术"课题立项—试点工程—技术规程—地方标准—推广应用"的道路，为全国"无废城市"创建提供了"绍兴样板"。

泥浆干化土资源化利用于路基/地基填筑技术于2019年7月和8月分别顺利通过绍兴市市政工程学会和浙江省住建厅科技委员会专家论证，使产业推广有了行业权威背书；同时进行组价论证，相比传统填料宕渣，再生产品路基工程造价可节约20元/m³，具备市场推广的经济性。

2020年5月，全省首个《废弃泥浆干化土在路基中的应用技术指南（试行）》正式发布，总结多次试点工程的实践经验，提出适用于稳定土路基的材料、设备、设计、施工和质量检验等技术要求和全过程技术指导，填补了全省乃至全国废弃泥浆资源化利用行业标准缺失的空白。

2020年12月初，绍兴市首个建筑垃圾再生利用领域地方标准《废弃泥浆再生利用规范》发布，细化废弃泥浆处置再生利用各环节的规范要求；同时，建筑泥浆稳定土产品获得浙江省建设科技成果推广项目证书，可在全省推广。

据统计，每万立方渣土（泥浆）资源化利用可节约等量矿产资源，同时能够减少各类污染物排放约25 t，该技术的提出为解决路基填料资源短缺提供了新的思路和办法，并破除了当下粗放式建筑垃圾处理方式的困局，实现社会效益、经济效益、环境效益。

三、取得成效

通过"无废城市"建设试点的开展，绍兴市建筑垃圾治理工作硕果累累。源头减量工作名列前茅，据研究数据表明，与传统方式相比，通过装配式混凝土建设项目可减少工程垃圾70%，节约木材60%，节约水泥砂浆55%，减少水资源消耗25%等，绍兴市装配式建筑占新建建筑的比例已达到31.2%，较2019年年初提升6%，位居浙江省前列；绍兴市推进建筑产业现代化发展的红利逐步释放，装配式建造、住宅全装修在工程中大规模应用，建筑实施企业转型升级快速推进，产业工人队伍逐渐壮大。监管执法工作收效良好，开展全市运输企业、运输车辆、渣土项目、消纳场所的大摸排，共梳理渣土、泥浆运输企业110家，渣土运输车辆2055辆；摸排梳理备案渣土项目114个、备案登记消纳场所73处，为渣土、泥浆的科

学管理奠定基础；2020 年底已累计立案查处案件 2031 起，同比增长 358.85%；处罚金 687.05 万元，同比增长 888.49%。资源利用工作卓有成效，两年来泥浆干化土资源化利用于路基/地基填筑技术已分别在绍兴市政装配式预制构件生产基地、鹿湖庄组团东西向道路等工程项目上进行路基填筑试点，试点量达 30 余万 m³，工后检测压实度、弯沉等技术指标均达到甚至远超设计指标和规范要求，在行业内引起了广泛好评。

四、推广应用条件

绍兴市建筑垃圾全生命周期治理模式，可在城市建设规模较大、建筑业条件良好的大中城市进行推广。

其他城市在推广应用中应注意以下几个问题：①注重因地制宜，应结合当地地质条件，充分调研本地各类建筑垃圾的产生量、特点、市场，有针对性地选择城市建设当中痛点和难点，对症下药，开展执法监管和资源利用工作；②注重先行先试，装配式建筑、再生建材利用建议以保障性住房、政策投资或以政府投资为主的公建项目等为试点，对试点工程的各项技术指标进行全面检测，组织专家论证其安全性、经济效益，再逐步推进到全市建筑工程当中；③注重科技创新，应加强基础性研究，加快完善有关标准规范，构建建筑产业现代化技术支撑体系；应营造良好有序的市场环境，重视企业科研成果，遏止"劣币驱逐良币"的恶性竞争。

（供稿人：绍兴市住房和城乡建设局消防管理处处长 夏 亮，绍兴市重大公建项目工程管理促进中心科员 蒋 励，绍兴市建筑产业现代化促进中心科员 霍洋洋，绍兴市公用事业管理服务中心主任 俞永强，绍兴市综合行政执法局办公室四级主任科员 韩文强）

第五篇
提升风险防控能力，强化危险废物环境安全管控

运用智慧化手段破解危险废物管理难题

——深圳市危险废物全周期智慧管控模式

一、基本情况

深圳市现有危险废物经营单位 18 家，其中危险废物综合利用处置单位 9 家，具有 39 类危险废物处理资质，61.75 万 t/a 处置能力；危险废物收集单位 9 家，30.06 万 t/a（废矿物油、废镉镍电池）收集能力。全市工业危险废物年收集转移处置 67.18 万 t，10 t/a 以上的产废单位有 1320 家，10 t/a 以下的产废单位有 13 216 家，占总企业数的 90%以上。产废量少的企业存在着分布广、贮存场所空间有限、管理人员流动性大、专业水平不高的情况，为推动产废量少的企业全面落实规范化管理，同时减少危险废物处置能力结构性不足的难题，深圳市以服务企业为导向，以提升产废企业危险废物规范化管理为目标，建立覆盖厂内贮存、集中收运、促成交易、全程监管的全周期智慧管控模式。

二、主要做法

深圳着眼于强化危险废物环境监管能力、利用处置能力、环境风险防范能力三个能力建设，全面提升企业服务品质，围绕危险废物源头管控、事中事后监管、收集利用处置能力建设以及政策标准法规完善，初步形成"厂内贮存标准化，小微企业收运集中化，交易平台化，监管智慧化"的全周期智慧管控模式。

（一）强化危险废物源头规范及安全管控、推行危险废物标准化贮存场所建设

一是出台标准指引，从制度上加强源头管理。出台《危险废物风险分级名录》《危险废物收运包装容器规范指引》《危险废物贮存场所标准化建设技术规范》，推动危险废物包装容器、贮存车间、运输车辆标准化建设。修订《深圳市危险废物规范化管理工作指引》，分类编制电镀企业、电路板企业、汽修企业、科研院校实验室、显示器企业及制药企业等 6 个行业危险废物规范化管理宣传手册，明确危险废

物信息管理与转移流程，全面规范危险废物分类投放、分类收集、分类处置、贮存场所标准化、应急管理等行为。通过规范化管理倒逼企业开展危险废物源头减量，提升企业效益，减少环境影响。

二是开展危险废物贮存场所标准化试点建设。选取不同行业的危险废物产生单位开展危险废物贮存场所规范化建设，规范贮存场所分区、按照不同风险标注不同的颜色，在危险废物贮存场所门口安装门禁系统，针对不同企业贮存场所产生的不同废气种类，采用不同的环境因子监测探头如温湿度、VOCs、可燃气体、有毒有害气体等，实时掌握排放数据，一旦环境因子偏离设定范围时，立即启动环境应急预案，开启排风系统，危险废物出入库通过信息码、电子计量设备、APP，实时掌握产废单位废物贮存总量情况和转入及转出情况，安装视频监控，实时监控危险废物贮存情况，形成一套对危险废物贮存环节"看得到""监测到""管得到"的先进管理模式（见图5-1）。

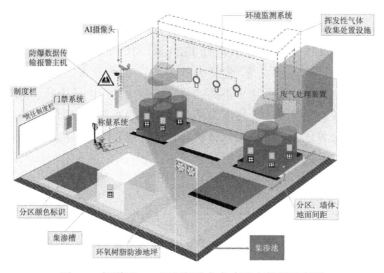

图 5-1　智联网+5G 深圳标准化危废贮存场所示意图

（二）开展危险废物"集中收运"模式，减轻小微企业处置压力

探索推进危险废物集中收运改革。做好广东省危险废物经营许可证审批许可授权委托承接工作，编制《深圳市危险废物集中收集设施布局规划》，推进危险废物"一证式"管理改革。针对汽修行业推行汽修行业危险废物一体化监管，确保危险废物转移及时，降低环境风险。创新集中采购、统一收运的处理模式，协调深圳市环保科技集团与中石化公司签订协议，对全市中石化 118 家加油站危险废物实行统一收运处置，解决小散危废收运处置难题，为小散企业危险废物集中收集处置提供新经验模式。

（三）打造危险废物处置交易平台，构建统一开放、竞争有序的危险废物线上交易新体系

以服务企业为导向，直击危险废物市场价格信息不透明、产废单位议价能力弱、经营单位营运成本高等痛点，为企业提供签约、检测、支付"一站式"线上服务，构建统一开放、竞争有序的危险废物交易线上新体系。深圳年产危险废物 10 t 以下企业数量 13 000 多家，废物产生总量约 3 万 t，企业数量多分布广，危险废物种类多产量少，危险废物经营单位缺乏收运积极性，小散企业危险废物收运处置困难。为了解决小散企业危险废物安全处置问题，深圳依托市属国有企业深圳排放权交易所，按照"天猫""美团"的商业模式，开发建设深圳市危险废物处置交易平台（图 5-2），为产废企业和经营单位提供信息互通、采购交易和绿色金融扶持，对企业交易诚信实施管理。

图 5-2　危险废物处置交易平台界面

（四）强化全过程智慧监管，建设危险废物信息化监管平台

一是依托深圳智慧环保平台，开发危险废物智慧监管系统，实现固体废物监管业务和局内管理业务"双闭环"。通过远程视频监控、电子标签等集成智能监控手段，对危险废物产生、贮存、运输中转、利用处置全过程进行智慧化管控。固体废物智慧监管系统（图 5-3）通过视频监控实现从源头收集，中间运输，到末端处置的全流程闭环智能监管（固废监管业务"小闭环"）。同时，系统支持与我局执法指挥调度系统的协同处置，实现固体废物监管异常识别、智能预警、执法推送、执行反馈的闭环管理和统一指挥调度（局内业务"大闭环"）。同步开发移动端 APP 系统，满足企业用户移动化操作场景、监管人员随时随地监管需求，提升用户使用体验。系统通过建立视频监控 AI 识别模型，智能识别固体废物非法倾倒、安全操作违规等场景，自动预警推送执法，改变过去人工检查现状，提高监管效率。

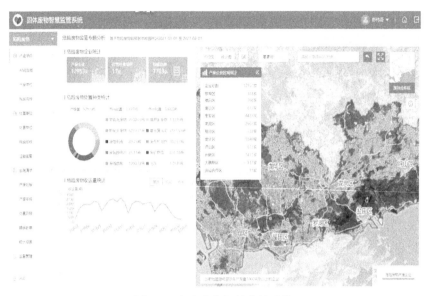

图 5-3　危险废物智慧监管系统

　　二是创新视频远程执法模式（图 5-4），规范企业危险废物巡检形式，节省执法人员需求。通过视频远程执法模块，执法人员通过办公室电脑与企业环保责任人手机的同步视频，实现在办公室对企业固体废物产生、收集、贮存等情况的远程检查，发现问题可及时截图取证并下发整改意见，全过程跟踪企业整改反馈，实现"不见面"检查和"非现场"监管。自上线运行以来，深圳充分利用固体废物智慧监管系统对全市固体废物进行智能化闭环监管，对全市各区各类企业开展了视频远程执法，发现企业存在不规范问题直接下发整改意见。有效减少现场检查频次，为企业减负；同时，系统嵌入智能报告等功能，实时计算系统数据，秒级导出工作报告，提高工作人员效率，大大节省执法人力，为执法人员减负。

图 5-4　危险废物视频远程执法流程

三是试点开发"机动车维修行业危险废物监管平台"（图5-5）。以福田区为试点，由福田区检察院、市生态环境局福田管理局、市交通运输局福田管理局联合开发"机动车维修行业危险废物监管平台"，从维修工时单入手，结合零配件更换情况合理统计危险废物产生量，对危险废物超时贮存、超量贮存实时预警，并提醒企业及时转移，实现危险废物电子转移联单管理，有力推动机动车维修行业危险废物全周期环境监管。

图 5-5　机动车维修行业危险废物监管平台

三、取得成效

打造20个危险废物标准化贮存示范项目。在爱普生科技、富士施乐高科技、奇宏电子、深南电路友联船厂、深圳市能源环保等20家典型企业试点开展危险废物贮存场所规范化建设，企业的危险废物贮存数据、视频和废气监测数据实时传输到危险废物智慧化监管平台，管理部门及时掌握企业的危险废物贮存情况和环境风险隐患情况，对超量贮存、废气浓度超标发送预警信息，形成一套对危险废物贮存环节"看得到""监测到""管得到"的先进管理模式。为下一步全市推广应用提供经验。

上线危险废物处置交易平台。危险废物处置交易平台于2020年12月30日正式上线，覆盖深圳1万余家危险废物相关企业。改变产废单位视域受限的困局，全景呈现有相应处置能力的经营单位，拓宽产废单位选择范围，消除信息壁垒，促进危废处置成本合理分配。改变危险废物定价不明的困局，透明呈现经营单位定价，攻破议价难题，切实降低危废处置成本。

实现危险废物智慧化监管。经营单位全部实现车辆GPS+视频信息化监管，全市 18 家危险废物经营单位和 1.2 万家危险废物产废企业全部信息化建档，通过视频监控对危险废物贮存场所存放的危险废物类型、数量实时监控，对经验单位大门、地磅、卸料点、处置车间实时监控，对运输车辆结合 GIS 服务和视频数据进行实时监控，并对存在的异常实时预警，实现了危险废物从产生、运输、处置全过程跟踪管理。

实行危险废物视频远程执法。开发固体废物远程视频执法系统，执法人员利用手机、平板电脑等设施与企业负责人进行视频同步，执法人员通过同步视频在线检查企业固体废物管理台账、废物贮存间等规范化管理情况，发现问题实时交办整改，企业整改线上提交执法人员审查确认，形成全链条闭环执法监管，大幅提升执法监管效能，提高企业抽检比例，有效提升企业规范化管理水平。

四、推广应用条件

深圳市在危险废物管理方面推行以服务企业为导向的全周期智慧管控模式，对我国大中型城市危险废物规范化管理上具有借鉴意义。结合深圳市危险废物规范化管理经验，全国其他同类城市在推广应用过程中还应注意以下问题：一是开展制度化建设，明确贮存场所的要求，指导企业开展贮存场所标准化和信息化改造；二是依托危险废物经营单位，为企业提供标准化和智能化的包装容器，规范贮存和方便收运，及时掌握贮存和转移危险废物的信息；三是加大政府财政补贴，解决企业危险废物贮存场所标准化建设的成本问题；四是打破地域壁垒，建立区域协同处置危废"绿色通道"。

（供稿人：深圳市生态环境局固废处职员　王松峰，深圳市环境科学研究院工程师　仪修玲，深圳市环境科学研究院工程师　李　成，深圳深态环境科技有限公司工程师　朱逸斐，深圳市汉宇环境科技有限公司工程师　阴琳婉）

打造危险废物源头减量—全量收运—规范利用链条

——绍兴市危险废物精细化管理模式

一、基本情况

染化、医药行业是绍兴市的重要产业，行业企业产生的危险废物管理一直是绍兴市一个难点。试点前，绍兴市危险废物管理主要面临以下三个问题：一是危险废物产生量较大。2019年，绍兴市工业危险废物产生量为42.92万t，位居浙江省前列。二是小微产废企业危险废物收运不及时。据第二次全国污染源普查数据，绍兴市有危险废物产生的小微企业共2184家，其中年产生危险废物10t以下的1894家，占比86.7%。这些企业产生的危险废物，因产生量小、种类杂、管理力量薄弱等问题，其收运处置问题已逐渐演变成企业管理的"痛点"，政府监管的"难点"，经济发展的"堵点"。三是废盐、生活垃圾焚烧飞灰依靠无害化分区填埋处置，缺乏综合利用手段。据统计，绍兴市废盐、飞灰合计产生量10余万t/a。2020年6月1日，新《危险废物填埋污染控制标准》实施，废盐等危险废物需进入刚性填埋场填埋，加剧了我市处置压力。

针对以上问题，绍兴市以"无废城市"建设为抓手和载体，坚持问题导向，通过制度、市场、技术、监管四大手段，全面提升危险废物利用处置能力、监管能力和风险防控能力，探索形成了"源头减量—全量收运—规范利用处置"的危险废物精细化管理模式（图5-6）。

二、主要做法

试点建设以来，绍兴市以"无废工厂"创建引领企业技术创新，推动危险废物源头减量；提出"代收代运"和"直营车"两种模式，因地制宜实现小微产废企业危险废物收运全覆盖；率先实施危险废物"点对点"利用制度，探索提升危险废物资源化利用水平，切实防范环境风险。

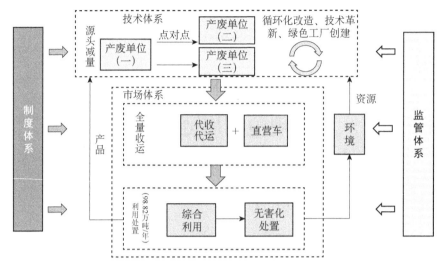

图 5-6　源头减量—全量收运—规范利用处置的危险废物精细化管理模式

（一）通过绿色工厂建设和工艺技术革新，以工业原料全量利用为目标，实现危险废物减量化和资源化

1. 制度体系创新

出台《绍兴市绿色制造体系评价办法》，明确以"产品设计生态化、用地集约化、生产洁净化、废物资源化、能源低碳化"等"五化"为主体的绿色工厂创建要求。在此基础上，提出"无废工厂"理念，制定《绍兴市"无废工厂"评价标准》，细化了危险废物资源化、无害化等要求，截至 2020 年 12 月，合计创建市级绿色工厂 70 家、"无废工厂" 40 家。

2. 技术体系创新

1）分散染料行业清洁生产技术改造

龙盛集团投资 6.3 亿元，将原来每吨染料产生 90～120 t 酸性废水的工艺，改造为接近"零排放"，使单位产品废水产生量下降 95%，单位产品废渣产生量下降 96%，减少硫酸钙废渣 14.4 万 t/a，回收副产硫酸铵产品 7 万 t/a，获得直接经济效益 3 亿元/年。分散染料清洁生产工艺流程图见图 5-7，该项目已被列入工信部清洁生产示范项目。

2）混杂废盐综合治理资源化改造

针对化工行业产生的工业混杂废盐无利用价值，且处理成本高的问题，龙盛集团开发出一套高盐废水综合治理技术。按照该集团目前 6000 t/d 的废水排放量，平均含盐浓度 2%计算，每年可减少混杂废盐产生量 2 万 t，获得直接经济效益 1.6 亿元。此外，与上虞众联环保有限公司合作，投资 10 亿余元建设每年 5 万 t 工业废盐和 6 万 t 废硫酸的资源化利用项目（图 5-8），将处置成本高、经济效益差、安全风险大的氯化钠、硫酸钠的混杂盐，转化为经济价值高、市场容量大的硫酸钠和盐酸，同时因地制宜解决了工业废硫酸的处置问题，形成了一条绿色、可持续的"废盐生态链"。

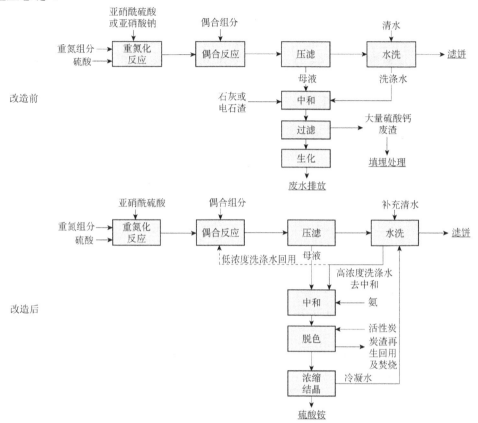

图 5-7　分散染料清洁生产工艺流程

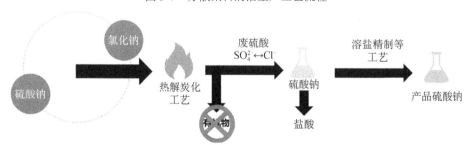

图 5-8　工业废盐和废硫酸资源化利用项目示意图

3）医药化工行业提升原子利用率改造

新和成股份有限公司利用高真空精馏、超临界反应等先进技术，把原材料吃干榨尽。"脂溶性维生素及类胡萝卜素的绿色合成新工艺及产业化"技术荣获了国家科学技术发明奖二等奖。同时实现自动化程度 90% 以上，连续化程度 80% 以上。

4）水煤浆气化及高温融熔协同处置技术

绍兴凤登环保有限公司开发的水煤浆气化及高温融熔协同处置技术（图 5-9），以工业有机固体废物、废液等作为原料替代煤和水，年节约标煤约 25 000 t，节水约 31 000 t。2019 年资源化生产合格的高纯氢气（氢能源）1181.16 万 m^3、氢气 9.6 万瓶、工业碳酸氢铵 5.44 万 t、工业氨水 6.16 万 t、液氨 1.86 万 t、甲醇 0.32 万 t、蒸汽 4.9 万 t 等产品，充分利用了有机类废物中的碳、氢元素，实现了危险废物的高附加值资源化利用。

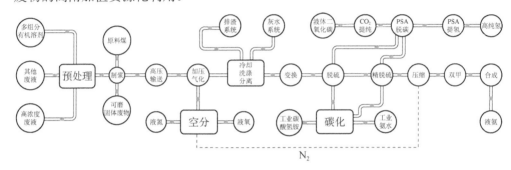

图 5-9　水煤浆气化及高温融熔协同处置技术示意图

（二）探索建立"代收代运"+"直营车"模式，实现小微企业危险废物收运全覆盖

1. 制度体系

制定《绍兴市小微企业危险废物收运管理办法（试行）》，将危险废物年产生量不超过 10 t、单一种类不超过 1 t 的小微产废企业（学校、科研院所及检测单位）作为责任主体，明确了产废单位、收运单位管理要求。

2. 市场体系（两种模式）

1）"代收代运"

"代收代运"模式指的是以区、县（市）为主体，遵循"政府引导、市场主导、企业受益、多方共赢"的原则，由属地政府制定相关操作规程，明确收运主体、收集范围及对象、收集许可、贮存设施、转运过程、延伸服务等要求，全力推动收运经营活动的规范化。该模式较适用于辖区内危险废物利用处置单位数量较少、利用处置废物类别较为单一的地区。

2）"直营车"模式

"直营车"模式指的是由危险废物经营单位直接集中签约，服务指导，定时、定点、定线上门收运的小微企业危险废物收运处置"直营"模式。该模式实现了小微企业危险废物收运处置一体化、服务运营网格化、监督管理信息化，提高了收运处置效率，降低了企业处置成本，避免了二次转运风险，增强了环境污染风险防控能力，较适合在工业园区集中且具备较强危险废物利用处置能力的地区推广应用。目前，绍兴市上虞区已形成了一套较为完善的"直营车"模式，该模式按照"申报+评审""签约+指导""平台+微信""转移联单+GPS 监控""抽查+考核"的"五步法"开展（图 5-10）。

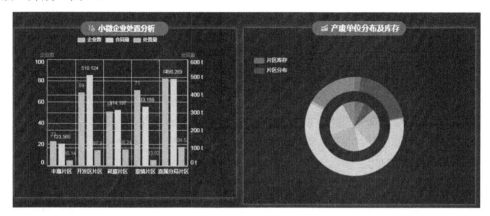

图 5-10　固体废物管理平台数据分析图

（三）以特定危险废物"点对点"定向利用为抓手，全面提升生态效益和经济效益

特定类别危险废物定向"点对点"利用，即在全过程风险可控的前提下，工业园区内特定企业产生的废酸和废盐等危险废物，可直接作为另外一家企业的生产原料，减少中间环节。该模式能有效提升危险废物资源化利用水平，切实防范环境风险。

制度方面，配套出台了《危险废物分级管理制度》《绍兴市特定类别危险废物定向"点对点"利用试点工作制度》《绍兴市工业固体废物综合利用产品监管办法》等十余项危险废物管理制度。其中，《绍兴市特定类别危险废物定向"点对点"利用试点工作制度》明确了四个"特定"：首先是特定种类，仅工业废酸、废盐等特定种类危险废物可进行"点对点"利用；其次是特定环节，仅在利用环节进行豁免，其他环节仍按严格按照危险废物管理；再次是特定企业，仅可在试点名单范围内的危险废物产生单位和资源化利用单位之间定向利用，每条"点对点"通道均需通过技术和管理实施方案的专家论证，明确入场接收标准、污染防治要求、再生产品质量标准和使用范围，切实防范环境隐患，并在属地生态环境部门进行审批或备案，严格执行建设项目环境保护"三同时"制度；最后是特定用途，特定危险废物定向利用再生产品的使用过程应当符合国家规定的用途、标准，严禁进入食品、药品等食物链环节，鼓励制定再生产品的地方标准或行业标准。

市场方面，在越城区、上虞区确定了 14 家危险废物产生和利用单位，实行每年 1.8 万 t 废盐溶液、5 万 t 酯化反应残渣、20.87 万 t 废酸的"点对点"定向利用。此外，上虞众联环保 2 万 t/a 危险废物刚性填埋场基础设施已建成，为我市废盐处置提供兜底保障。浙江德创环保科技股份有限公司年处理 5 万 t 废盐渣资源化利用处置工程项目土建工作已经完成，于 2021 年 8 月份建成试运行条件。

三、取得成效

截至 2020 年底，全市具有省级发证的危险废物经营单位共 32 家。合计处置能力 30.92 万 t/a，综合利用能力 67.91 万 t/a，较试点前分别提升 7.96 万 t/a 和 16.31 万 t/a，全市危险废物无害化利用处置率达到 99.12%，危险废物综合利用率由试点前的 25%增加到 30%。危险废物已实现产生利用处置基本匹配。各区、县（市）均建立小微企业危险废物收运体系，覆盖率 100%。经初步测算，通过"点对点"利用，预计每年可为产废单位减少 2.8 亿元的危废处置费用，为利用单位节省 1.9 亿元成本，整体净效益可达将近 5 亿元。此外，废盐的定向利用，减少了对刚性填埋场的需求。按 10 年的使用周期计算，可节约建设投入约 2 亿元，节约填埋库容约 20 万 m³。

四、推广应用条件

绍兴市危险废物管理模式对于地区经济较发达、行业集中度较高、民间资本参与积极的地区具有借鉴意义。全国其他同类城市在推广应用过程中应注意以下问题：

一是要提供立法保障。小微企业危险废物收集和危险废物"点对点"利用等制度属我市创新制度，是对现有法律法规的突破和细化，缺乏上位法依据，因此，要加快地方立法，填补法律空白，巩固试点成效。同时，制定相关细化的实施办法，使相关工作更具可操作性。二要构建市场激励机制。建议在试行小微企业危险废物收运体系时，建立服务费专项补贴制度，引导社会资本、优势企业参与其中。在试行危险废物"点对点"利用制度时，可按照国家固体废物资源综合利用产品目录，对依法综合利用固体废物、符合国家和地方环境保护优惠政策的企业，依据国家税收政策实行减免。三是做到科技治废。建议充分利用信息化、智能化手段，按照"整体智治、高效协同"原则，破解监管覆盖范围不够、行政效率不高、裁量尺度不一、人员编制不足等难题。

（供稿人：绍兴市固体废物管理中心工程师　孔维泽，绍兴市固体废物管理中心高级工程师　葛小芳，绍兴市生态环境局土壤处处长　刘玉磊，绍兴市环保科技服务中心高级工程师　孟　峰，绍兴市固体废物管理中心正高工　戚杨健）

抓好"三个联动"，提升"三个能力"，
推动危险废物精细化管理
——重庆市危险废物环境管理模式

一、基本情况

危险废物贮存、转移、利用处置过程中的每个环节都存在环境风险，管理不当会对大气、水、土壤造成污染，其中，对土壤造成的污染更具有隐蔽性、滞后性、持久性等特点，后果更为严重。危险废物环境管理是环境保护基础性工作，对于保障人体健康，维护生态安全，改善环境质量具有重要意义。危险废物的环境管理的重点在于对危险废物产生、贮存、利用处置等全过程进行环境风险防控。

2020 年，重庆主城中心城区共产生危险废物 14.5 万 t（含生活垃圾焚烧飞灰），综合利用量 7065 t，综合利用率不到 5%，处理处置量 2.79 万 t，贮存量为 3931 t，共涉及 27 个大类，主要产生自电子电器制造、汽车制造、摩托车制造等行业。2020 年，主城区 5774 家医疗机构共产生医疗废物 1.22 万 t，全部交由重庆同兴医疗废物处理有限公司处置。

二、主要做法

（一）抓好"三个联动"，形成多元耦合监管力量

一是建立川渝联动，首创危险废物"白名单"制度。重庆市与四川省建立危险废物跨省市转移"白名单"制度，建立危险废物管理信息互通机制、危险废物处置需求对接机制、危险废物转移快审快复机制、突发事件危险废物应急转移机制和危险废物监管协调会议机制等 5 方面协调机制。牵头建立云贵川渝四省市危险废物联防联控机制和跨省转移"白名单"制度（图 5-11），将相关经验做法拓展延伸至长江经济带上游。与四川省共同将 15 家企业、3 大类危险废物纳入"白名单"，累计批准转移危险废物约 4.87 万 t，既共享两地利用处置资源，又简化审批程序、提高工作效率，促进企业提档升级。

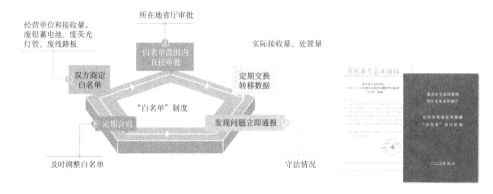

图 5-11　"白名单"制度

二是完善部门联控，形成齐抓共管长效机制。出台《重庆市环境保护工作责任规定（试行）》《重庆市环境保护督察办法（试行）》《重庆市党政领导干部生态环境损害责任追究实施细则（试行）》等制度文件。建立联合机制，明确生态环境、城市管理、农业农村、卫生健康、重庆海关、交通等部门对于生活垃圾、医疗废物、畜禽养殖、进口废物污染防治、机动车维修行业以及危险废物运输处置管理等环境管理的责任。会同发展改革、市场监管部门规范危险废物经营单位的收费行为、服务质量、市场经营活动等相关要求；会同税务部门建立加强废矿物油再生油品税收联合管理机制。与市公安局成立环境安全保卫总队，万州、涪陵、黔江、渝北、江津等五个基层法院设立环境资源审判庭，形成"刑责治污"工作格局。联合市高法院、市检察院、市公安局印发《关于办理涉嫌环境违法犯罪案件若干证据问题的指导意见》，指导危险废物刑事案件的有效办理。

三是贯通责任联动，用考核评价体系落实各级责任。将固体废物污染防治列入市政府与区县政府污染防治目标责任书。开展规范化管理督查考核，印发实施《重庆市生态环境损害赔偿制度改革实施方案》，将危险废物转移联单制度执行及规范化管理情况纳入"重庆市企业环境信用评价体系"，已将531家重点企业（含46家危险废物经营单位）纳入"环境信用评价"，倒逼企业落实主体责任。

（二）提升"三个能力"，健全危险废物环境管理体系

一是规划引领，科学决策，增强利用处置能力。编制实施《重庆市危险废物集中处置设施建设布局规划（2018—2022年）》《医疗废物集中处置设施能力建设实施方案》《重庆市固体废物处理处置规划（2018—2035年）》。实现重庆市医疗机构、集中隔离点及设施环境监管服务100%全覆盖，医疗废物有效收集转运和处理处置100%全覆盖。制定《重庆市危险废物精细化管理数据采集技术规范》《重庆市危险废物分类包装污染防治技术指南》。截至2020年底，新增危险废物利用处置

单位 12 个，新增利用处置能力 41 万 t/a，将 14 个医疗废物集中处置项目纳入国家发展改革委项目库。截至 2020 年底，全市危险废物利用处置、医疗废物集中处置能力分别达到 232 万 t/a、3.5 万 t/a。开展小微源危险废物综合收集贮存试点，增强小散源危废收运能力。印发《关于开展危险废物集中收集贮存转运试点工作的指导意见》，在 34 个区县开展危险废物综合收集贮存试点，覆盖的小微企业和社会源企业由试点前的 217 家增加至 6022 家。实施废铅蓄电池集中收集转运试点，10 个试点单位建成投运集中转运点 17 个，设置收集网点 107 个，累计规范收集废铅蓄电池 2.04 万 t，规范收集率达到 53.8%。

二是运用信息化，实现精细化，提升危废智慧监管能力。推进危险废物年产生 50 t 以上的 370 家重点企业和经营单位通过规范包装及实施二维码标签，实现"一物一码"全过程跟踪管理。开展尾矿库渣场环境状况调查及监测评估，75 家尾矿库渣场环境信息实现矢量化、图形化、信息化。开发危险废物电子联单系统，危险废物精细化管理系统、医疗废物管理信息系统，并统一纳入新建成的固体废物污染防治大数据平台（见图 5-12）。归集了环统、污普、联单等多种数据，全面整合 430 万条基础数据，重点围绕工业危险废物、医疗废物、尾矿和渣场建立固体废物管理"一张图"，实现以电子转移联单为核心的产、转、处动态管理，工业危废产废企业和处置企业的产出异常预警，产废及处置企业规模、种类及所在区域等多维度的统计分析；并根据尾矿库、渣场实地调查数据，实现了风险等级、容量等级、堆存方式等多维度分析，结合水系、饮用水源地、三江干流等进行风险预判。同兴医废自主开发的医废信息化管理平台，实现医疗机构内部科室收集、分类、打码、入库功能，已在中心城区 200 家医疗机构使用；利特聚欣"固管家"平台，集成了在线资质查询、电子联单专拍、处置企业匹配、在线在途监管等功能，累计为 300 余家企业提供服务。

三是严格执法，标准先行，强化危险废物风险防范能力。部门联防联控，严格整治危险废物环境违法行为。印发《重庆市严厉打击危险废物环境违法犯罪行为专项行动实施方案》《危险废物专项整治三年行动工作方案》《重庆市医疗机构废弃物综合治理工作方案》等文件，突出重点行业、重点类别、重点区域，扎实推进专项整治。建立固体废物规范化管理市、区县、企业"三级联查"机制，探索危险废物经营单位"财务、联单、货物"三本帐第三方评估制度。仅 2020 年累计排查企业 916 家，发现问题 421 个。联合公安、检察部门排查重点企业 2651 家次，发现并督促整改各类涉危险废物环境问题 305 个，依法立案查处危险废物环境违法行为 59 件，专案查处环境违法犯罪重点案件 28 起，打掉犯罪团伙 13 个，抓获犯罪嫌疑人 66 人，有力打击和震慑了危险废物违法犯罪行为，生态环境部转发我市严厉打击危险废物违法行为专项行动经验做法。完善标准体系，持续提升危险废物环境污染防治科技支撑水平。结合重庆市危险废物环境污染防治的重点、难点，完成重

- 建设危险废物精细化管理系统　实现危险废物产生、贮存、转移、处置全过程、可追溯管理

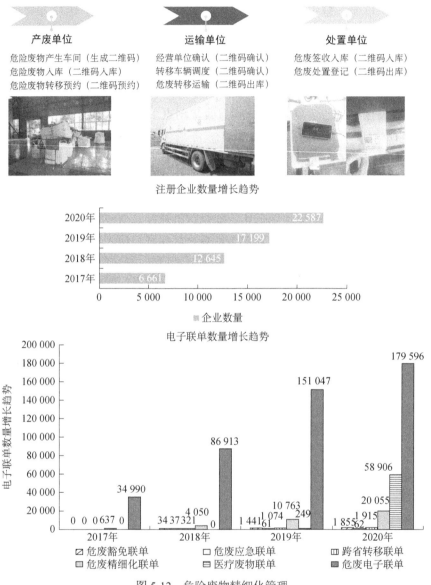

图 5-12　危险废物精细化管理

庆市危险废物焚烧、填埋、水泥窑协同处置，含铜废物利用行业技术准入条件、医疗废物高温蒸汽处理、页岩气开采、电镀行业、电子行业固体废物环境管理规范等系列研究，组织制定危险废物收集、利用、处置、水泥窑协同处置预处理、危险废物填埋场运营、封场以及医疗废物处置等技术指南，推进制定危险废物精细化管理数据采集技术指南和危险废物分类包装污染防治技术指南。

三、取得成效

（一）大幅提升管理覆盖范围

截至 2020 年，工业危险废物产生源清单、危险废物利用处置能力清单、重点监管源清单全面建立，实现工业危险废物申报全覆盖，基本摸清工业企业危险废物产生基数。医疗废物集中无害化处置、小微源危险废物收集贮存覆盖医疗机构、小微源数量分别由 4185 家、212 家提升至 8990 家、6000 余家，实现镇级、市域两个"全覆盖"。

（二）持续增强环境管理水平

危险废物电子联单系统累计注册和使用单位达 2.57 万家，较 2017 年提升 3.5 倍。固体废物污染防治大数据平台采集入库的固体废物产生和利用处置单位、尾矿库渣场、医疗卫生机构等数据近 3.2 万家。至 2020 年已覆盖 371 家年产废量 50 t 及以上企业、所有危险废物经营单位以及 166 家二甲及以上医疗卫生机构，纳入精细化管理的危险废物占比达全市总量的 78%，累计运行二维码标签 53 万多张，医疗废物精细化转移联单约 2.87 万。

（三）有力遏制环境污染风险

实现危险废物贮存预警，转移监控，运输车辆合法性和运输路程风险预判，以及利用处置确认，推动小微源危险废物相对集中收运、转移和利用处置，助推危险废物按照"市内优先、就近转移、风险可控"原则，优先在川渝之间转移处置，有效遏制了危险废物非法转移、倾倒、利用处置等环境违法犯罪行为，避免远距离运输带来的环境风险，有力防控了危险废物环境风险，全市危险废物利用处置率达 95%。

（四）积极服务产业发展

一是缓解了非工业源危险废物收集难、贮存难、转移难等问题，处置成本大幅下降。二是"白名单"内危险废物跨省转移平均审批时限由 1 个月以上压缩至 5 天左右，审批效率大大提高。三是部分产生量小、投入高、处置难度大的危险废物，共用下游的利用处置资源，破解单一省市利用处置能力不足，跨省转移难问题。四是促使企业主动开展技改，促进提档升级、淘汰落后产能。

四、推广应用条件

适用于在新型城镇化进程中的中大型城市，城市危险废物产生量多、类别复杂、产生企业分布较广。在运用和推广过程中应注意：一是通过部门间协同监管、基础设施建设及信息化手段的应用等措施；二是以保障大型医疗卫生机构中医疗废物安全管控为前提，推进对乡镇医疗卫生机构及小型医疗卫生机构产生医疗废物的全覆盖式管理。成渝共建白名单制定适用于涉及跨省管辖的大型城市群，例如京津冀、长三角、珠三角、粤港澳大湾区等，以及危险废物处置能力有互补特点的相邻省份之间，通过跨区域协同管理试点，简化审批程序，提高危险废物处置设施利用效率。

（供稿人：重庆市生态环境局固体处处长　吕俊强，重庆市生态环境局固体处干部　蒋颜平，重庆市固体废物管理中心副主任　张曼丽，重庆市固体废物管理中心干部　蔡洪英，重庆市生态环境科学研究院工程师　周炼川）

危险废物分级分类管理
提升危险废物资源利用水平

——北京经开区危险废物管理"管家式"服务模式

一、基本情况

北京经开区聚集了高端制造业和大量研发型企业，主要承担北京市科技创新中心战略的重要任务。一方面，区内高精尖企业较多，工艺水平整体较为先进，在生产中会产生多种新型废物，企业在不能明确判断废物种类和危险性的情况下，往往将其按危险废物进行管理，不仅增加了企业运行成本，还占用了危险废物处理处置资源。另一方面，区内研发类企业众多，其危险废物产生时间不一，种类多且量小，存在转运不及时、暂存时间长、处置价格高的问题。此外，区内产业聚集程度高，同行业工业企业较多，产生的危险废物品类相似，但现行法规要求对区内同一集团企业间或同一企业不同厂区间实施危险废物减量化、循环化、资源化项目存在一定的制约。

2019 年 4 月，北京经开区正式入选"无废城市"建设试点，并在《北京经济技术开发区"无废城市"建设试点实施方案》中明确将"创新危险废物管理机制，提升综合利用水平"作为北京经开区"无废城市"建设试点任务之一。北京经开区结合区内企业危险废物产生特点，以实现危险废物分级分类管理、提升危险废物资源利用水平为目标，探索形成了危险废物管理"管家式"服务模式。

二、主要做法

危险废物管理"管家式"服务模式（图 5-13），即以服务企业、减轻企业运营负担为出发点，创新危险废物管理制度，引导企业自行或者委托有资质的第三方企业进行驻场服务，促进企业落实主体责任，针对开发区内不同类型企业危险废物的产生特点，个性化地设定危险废物分级分类管理要求和利用方法，最大限度地提升危险废物综合利用水平。

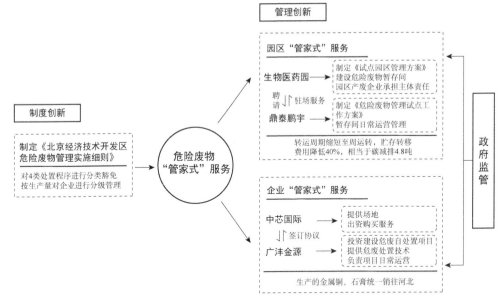

图 5-13　北京经开区危险废物分级分类"管家式"服务模式

（一）制度创新，健全危险废物管理依据

为满足经开区内企业对危险废物分级分类管理的需求，提升危险废物综合利用水平，北京经开区创新制定了《北京经济技术开发区危险废物管理实施细则》，从豁免管理、企业分级分类管理两个维度健全危险废物管理依据。同时将严格监管与改善营商环境相结合，确保危险废物的管理安全。

结合经开区自身企业特点，试点探索以企业备案承诺为基础的危险废物豁免管理制度，对四类处置程序进行豁免管理。一是产生危险废物的单位在其厂区（场所）内，自行或者委托第三方专业机构对本单位产生的危险废物进行利用或者处置；二是区内同一母公司或集团公司所属的子公司之间使用共享设施，对各子公司产生的危险废物进行利用或者处置；三是在区内将某企业产生的危险废物作为区内另一企业的生产原料进行定向利用；四是危险废物产生单位自行选择鉴别机构，对其产生的未明确列入《国家危险废物名录》、也无法判断是否按照危险废物管理的废物或有其他标准认定为非强制管理类危险废物进行鉴别，在确保环境安全前提下根据鉴别报告实行相应管理。实施细则豁免管理的创新，主要是对涉及第三方处置的危险废物经营许可的豁免，如场地等部分条件，但在厂区红线内的相关责任仍由产废单位负责。

企业分级管理则按照上一年危险废物产生量将产生企业分为小量产生者、中量产生者、大量产生者三个类别。小量产生者是指危险废物年产生量不超过 1 t 的企业（称为"A 类企业"）；中量产生者是指危险废物年产生量 1～10 t，且在任一时间贮存的危险废物量小于 3 t 的企业（称为"B 类企业"）；大量产生者是指危险废物年产生量超过 10 t 的企业（称为"C 类企业"）。对于 A 类企业，要明确红线范围，企业内收集和贮存过程以及园区内的转移过程不按危险废物管理，免于运行危险废物转移联单，但需做好台账记录；对于 B 类企业，参照 A 类企业管理，需实行危险废物转移联单；对于 C 类企业，应按照法规要求管理危险废物，年产生量符合要求的危险废物类别（按照危险废物的细分代码核算年产生量）可申请参照 A 类或 B 类企业管理。

（二）面向园区的"管家式"服务模式落地生效

北京亦庄生物医药园是北京经开区生物医药公共服务平台的重要载体。为解决生物医药园内小微企业危险废物收运困难的突出问题，北京经开区通过政府引导和政策鼓励，推动其申请成为经开区"无废城市"危险废物管理创新试点。在《北京经济技术开发区危险废物管理实施细则》框架下，制定了《北京经济技术开发区危险废物集中收运试点园区管理方案》（以下简称《试点园区管理方案》）和《北京亦庄生物医药园危险废物管理试点工作方案》（以下简称《生物医药园试点工作方案》）。其中《试点园区管理方案》规定，在试点园区范围内可由园区管理部门或其委托的第三方收集、贮存园区内的危险废物。《生物医药园试点工作方案》规定可聘请第三方机构提供驻场服务，结合园区企业产废特点，有针对性地制定了危险废物收集、贮存、转运工作办法，并明晰了各方责任。

配合两个方案的施行，北京经开区指导生物医药园配套建设了危险废物暂存间（图 5-14）。暂存间建筑面积 100 m^2，严格按照危险废物的管理要求设置，包括固态废物、液态废物、医疗废物等的分区储存空间，并配置货架、冰箱，以及人脸识别、远程视频监控、危险气体报警设备。园区暂存库房贮存能力为 60 t/a，可暂存 18 大类危险废物。

图 5-14　生物医药园危险废物暂存间外观（左）和内部（右）

园区管理单位聘请有专业资质的北京鼎泰鹏宇环保科技有限公司（以下简称"鼎泰鹏宇"）提供第三方驻场服务，服务价格低于市场平均价格 40%，企业可根据自身需求自愿选择园区统一的危废收运单位，也可自行委托有资质的其他危废转运单位。第三方驻场服务单位根据园区企业产废特点，有针对性地制定了"危险废物集中收运"工作模式，即①产废单位出具危险废物样品物化性质分析报告或相关说明，待核实可以接收此类危险废物后，签订转运合同，电话确定时间后鼎泰鹏宇到园区进行接收；②产废单位将危险废物交予鼎泰鹏宇库房管理人员后，管理人员记录危险废物名称、类别、来源、数量（重量）、入库日期、与产废单位交接人签字，登记入库；③库房管理人员分区、分类存放危险废物，采用人工定期和电子监控的方式开展库房日常巡视，定期对所贮存危险废物包装容器及贮存设施进行检查，确保其安全贮存；④及时转移库房内的危险废物，安排人员、运输车辆进行危险废物装卸、转运至处置企业。

（三）面向企业的"管家式"服务模式落地推广

随着危险废物管理"管家式"服务模式的有效运营，北京经开区逐渐面向辖区重点企业进行推广，促使辖区危险废物管理水平得到全面提升。

中芯国际集成电路制造有限公司（以下简称"中芯国际"）是中国技术最全面、配套最完善、规模最大、跨国经营的集成电路制造企业之一，年产生危险废物约 3000 t，其中废酸（HW34）的产生量最大。随着产能提升，中芯国际废水废液处理工程面临的压力十分严峻。由于厂区位于首都北京，受国家和地方监管政策、各项外事接待和大型活动的影响较大，一方面增加了企业危险废物运输和处置的成本，另一方面也增加了外运过程（尤其是跨省转移）中的环境风险。

鉴于北京市危险废物再生利用企业较少，企业产生的部分危险废物再生利用价值又较高。基于危险废物处置成本、运输成本、管理成本等方面综合考虑，中芯国际与广沣金源（北京）科技有限公司签订协议，在中芯国际厂区内投资建设规划产能约为 2000 t/a 的含铜废液铜回收（图 5-15）和硫酸处置项目，开展危险废物驻厂自行利用处置。项目电解出来的铜管，检测铜纯度可达 99.98%，可广泛应用于电力及输配电设备、机械和运输车辆制造、建筑装饰等行业和领域。

图 5-15　铜回收项目设施和副产品电解铜管

三、取得成效

作为具有全球影响力的科技成果转化承载区，北京经开区不断补足辖区危险废物分级分类精细化管理短板，最大限度地提升了危险废物的资源化和无害化水平。

一是危险废物豁免管理可以减少巨大的管理成本，不仅不会导致环境风险的增加，反而在某种程度上还推动了企业主体责任的落实和环境质量的改善。

二是在危险废物收集贮存豁免管理试点方面，通过在园区设立危险废物暂存间，引入第三方开展危险废物集中收集和贮存的"管家式"服务，在加速企业危废转移周期的同时，降低了企业转运成本，生物医药园内每年每家企业危险废物贮存转移费用降低40%，降低了危险废物贮存的环境风险。

三是在危险废物自处置方面，中芯国际改变了传统的危险废物转移利用处置的方式，引入第三方开展驻厂处置，在厂区内将硫酸铜废液转化为高价值的再生铜管。一方面，降低企业危险废物运输处置成本，实现资源化利用；另一方面，企业无需再进行废水、危废污泥转运处理，可大幅降低中芯国际及经开区污染物排放总量，提升企业绿色制造竞争力。目前，该公司实际直接处置硫酸铜废液约 600 t/a，生产副产品金属铜的产量约 20～26 t/a。

四、推广应用条件

由于危险废物种类和性质千差万别，污染特性差异极大，采用单一的末端治理将难以达到污染控制的目的。北京经开区危险废物第三方驻场"管家式"服务模式对于工业园区、国家级经济技术开发区等具有借鉴意义，结合北京开发区危险废物分级分类管理经验，全国其他同类园区或经开区在推广应用过程中还应注意以下问题：

（1）园区危险废物集中收运管理，应以危险废物全过程风险评价为核心标准，以危险废物管理风险在可接受范围内为基本原则，可以采用类别排除、小量产生者有条件豁免、低风险豁免、混合和衍生条件下的豁免及废物产生源个体豁免等形式，在环境安全可控前提下探索园区危险废物集中收储运管理模式。

（2）产废企业引进第三方驻场的危废废物处置模式，首先应在确保危险废物处理处置全过程的环境安全，同时危险废物资源化利用项目应具有成熟的技术装备条件与规模效应，从而通过对危险废物自行资源化利用可以实现持续盈利。

（供稿人：北京经济技术开发区"无废城市"建设工作专班总干事 李 英，北京经济技术开发区"无废城市"建设工作专班副总干事 姚 静，北京经济技术开发区"无废城市"建设工作专班干部 梁 超，北京经济技术开发区"无废城市"建设工作专班干部 付 铠，北京经济技术开发区"无废城市"建设工作专班干部 郭 瑾，北京经济技术开发区"无废城市"建设工作专班干部 刘竞方）

补齐医疗废物处置短板　提升区域应急处置能力
——三亚市医疗废物全过程管理模式

一、基本情况

三亚市常住人口不足 100 万，医疗废物日常产生量平均不足 3 t/d。作为滨海旅游城市，三亚市医疗废物产生量亦随旅游人口有所波动。特别是疫情期间，作为海南省抗击疫情的排头兵，三亚市医疗废物同比增长 14%。2019 年，三亚全市共有医疗卫生机构 466 个，其中，医院 31 家、基层卫生院 10 家、社区卫生服务中心（站）12 个、村卫生室 115 家，门诊、诊所、医务室等医疗机构 288 家，产生医疗废物 805.8 t。2020 年，三亚市产生医疗废物 913.7 t。

三亚市于 2004 年建设了三亚医疗废物处置中心，负责三亚市等琼南 9 个市县（三亚、东方、万宁、五指山、乐东、昌江、白沙、保亭、陵水）各医疗卫生机构产生的感染性废物收运和处置，2020 年共处置琼南市县医疗废物 2094.6 t。由于企业建厂较早，设备老化，特别是医疗废物产生量不足以支撑处置设施连续焚烧，启停炉频繁，烟气二噁英排放时有超标；且设施最大的医疗废物处置能力仅为 8 t/d，不能满足疫情情况下应急处置需求；此外，企业服务意识和管理机制薄弱，医疗废物收运不及时的现象时有发生。

对于中小城市，医疗废物产生量小，单建医疗废物处置设施面临成本高、负荷低、运行不稳定，设施建设无用地等难题。对此，如何在不影响琼南 9 市县医疗废物处置的情况下，选择适宜的处置技术，高标准建设处置设施，提升医疗废物应急处置能力，是三亚市医疗废物管理的一大难点。

为解决上述问题，"无废城市"建设试点期间，三亚市全面提升医疗废物全过程精细化管理（图 5-16），在产生源头，加强医疗机构废弃物的分类管理，按照标准做好医疗废物、生活垃圾和输液瓶（袋）的分类收集和贮存；在收运环节，努力实现琼南 9 市县各级医疗机构医疗废物收集全覆盖；在监管环节，建立分工明确、部门联动的监管机制和区域联络机制；在疫情应急环节，印发疫情医疗废物应急处置环境管理预案，全力做好疫情监测排查，将生活垃圾焚烧设施作为应急处置设施；在处置环节，推动落后处置设施有序退出，高标准建设生活垃圾焚烧设施协同处置医疗废物项目，严格执行污染物排放要求，实现区域医疗废物无害化处置。

图 5-16　三亚市医疗废物管理示意图

二、主要做法

（一）加强医疗机构规范化管理能力建设

一是深化落实医疗废物分类管理。严格执行《医疗废物管理条例》、《关于在医疗机构推进生活垃圾分类管理的通知》（国卫办医发〔2017〕30号）、《医疗机构废弃物综合治理工作方案》等相关规定，对医疗机构感染性医疗废物、药物性医疗废物、生活垃圾和输液瓶（袋）从产生源头分类投放，分区规范贮存，分别交由有资质的处理企业，实现医疗机构废弃物处置的定点定向管理：输液瓶（袋）作为可回收物交由海口惠康华再生资源公司回收，感染性、损伤性、病理性医疗废物交由三亚医疗废物处置中心处置，药物性、化学性医疗废物交由海南省危险废物处置中心处置。二是开展医疗废物规范化管理专项培训。每年至少召开2次全市各级医疗机构医疗废物规范化管理培训，提升医疗机构管理人员的专业化水平。三是加强各级医疗机构问题排查。委托专业第三方机构，对全市医疗废物管理情况进行摸底排查，建立"一企一档"，形成问题清单，督促医疗机构整改。四是加强联合督察整治。三亚市生态环境局、三亚市卫生和健康委员会、三亚市综合行政执法局不定期深入各级医疗机构开展联合督察整治，进行现场指导纠正；同时督促各级医疗机构开展自查自纠，发现问题立行立改。

（二）构建疫情期间医疗废物应急体系

疫情期间，为保障防控期间医疗废物得到及时、有序、高效、无害化处置，三亚市生态环境局第一时间制定出台《三亚市应对新型冠状病毒感染的肺炎疫情医疗废物及废水处置应急预案》《新型冠状病毒感染的肺炎疫情防控工作方案》，成立市生态环境局疫情防控工作领导小组，一是切实加强对定点医院、留观医院、医疗机构发热门诊及医学留观隔离点酒店医疗废物规范化处理的监管和指导；二是指定三亚医疗废物处置中心为肺炎疫情医疗废物定点处置单位，建立健全其医疗废物管理和应急处置预案，同时明确三亚市生活垃圾焚烧发电厂作为备用应急处置设施并制定应急处置预案；三是密切关注疫情发展动态，掌握全市医疗废物产生情况、转运及三亚医疗废物处置中心设施运行情况，分析研判医疗废物处置设施运行和能力状况，科学调配医疗废物处置资源，优先保障肺炎疫情医疗废物的处置能力。

（三）高标准建设新医疗废物处置项目

一是明确技术路线。基于目前琼南 9 市县医疗废物平均产生量尚不足 5 t/d 的现状和疫情期间医疗废物应急处置需求，明确采用对处置规模依赖性小的"高温蒸汽灭菌+高温焚烧处理"技术路线（图 5-17），依托三亚市生活焚烧发电厂配套建设 2 条日处理 5 t 的医疗废物协同处置生产线，利用生活垃圾焚烧厂产生的蒸汽对医疗废物进行高温灭菌，产生的臭气及蒸汽灭菌后的医疗废物经收集后进入生活垃圾焚烧设施协同处置。医疗废物处置项目建设主体和生活垃圾焚烧设施为同一经营主体，破解设施稳定运行对充足处置量的要求以及废物处置过程的有效衔接。

二是解决项目用地。高位推动生活垃圾焚烧厂协同处置医疗废物项目建设（图 5-18），项目被列入海南省推进国家生态文明试验区建设 2020 年重点任务和三亚市"无废城市"建设 2020 年重点工作，市政府多次召开会议就项目推进方案及相关问题进行讨论，明确循环经济产业园中粪便处理项目富余用地用于建设医疗废物协同处置生产线，由市自然资源和规划局配合办理规划变更；明确生活垃圾焚烧设施的主管部门市住房和城乡建设局为该项目建设的牵头部门，会同市生态环境局、市卫生和健康委员会共同推进。

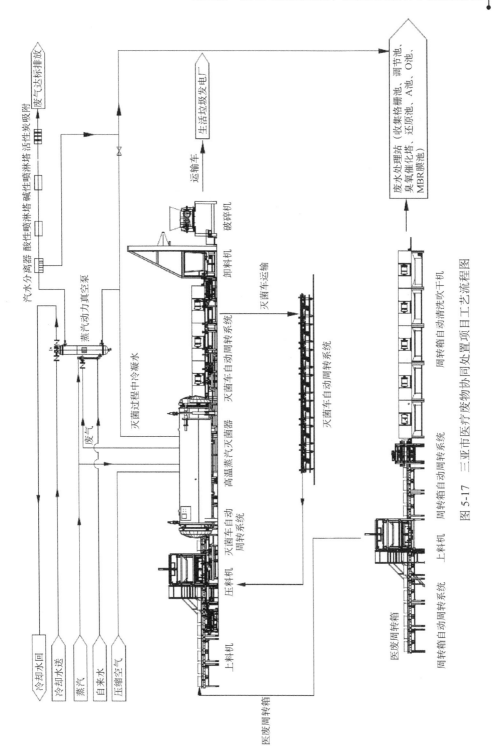

图 5-17　三亚市医疗废物协同处置项目工艺流程图

图 5-18　三亚市医疗废物协同处置项目实景图

三是区域统筹处置。三亚周边的琼南市县医疗废物产生量小，且均无生活垃圾焚烧等工业窑炉，一直以来均由三亚市医疗废物处置中心进行琼南 9 市县的医疗废物收集和处置。为促进琼南区域医疗废物的无害化处置，三亚生活垃圾焚烧厂协同处置医疗废物项目建设延续原有的区域统筹模式，对琼南 9 市县的医疗废物进行集中收集和处置。

（四）建立分工明确、部门联动、区域协调的监管机制

以提升医疗废物全过程监管能力为目标，三亚市生态环境局、卫生和健康委员会、住房和城乡建设局、交通运输局、综合行政执法局联合召开医疗废物管理协调推进会，明确各部门在医疗废物管理方面的职责：生态环境局负责医疗废物污染防治工作，卫生和健康委员会负责医疗机构医疗废物的规范化管理工作，交通运输局负责医疗废物运输环节监管，市住房和城乡建设局负责生活垃圾焚烧设施协同处置医疗废物经营单位项目管理，市综合行政执法局负责配合各职能部门及时处理医疗废物违法案件；同时建立部门联动监管机制，实现部门信息共享，定期组织多部门联合督察整改行动，发现问题及时纠正整改。此外，为统筹三亚外琼南其他 8 市县的医疗废物处置，三亚市推动省级相关部门进一步强化落实各市县医疗废物监管职责，促进形成区域协调机制，保障医疗废物的规范化收集、运输和处置。

三、取得成效

（一）医疗废物规范化收运持续推进

试点建设期间，三亚市全市医疗卫生机构已形成医疗废物源头分类和规范化贮

存的管理模式，可回收物资源回收率达到 100%，医疗废物规范化收运体系覆盖率 100%，医疗废物无害化处置率 100%。

（二）医疗废物应急处置能力显著提升

完成落后设施——原三亚医疗废物处置中心有序退出（经营许可证到期后，企业不再申请）。高标准完成生活垃圾焚烧设施协同处置医疗废物项目建设，实现医疗废物与生活垃圾的协同共治。新项目建设和旧设施退出良好衔接，保证了医疗废物的无害化处置，且新项目建成后，各类污染物均实现达标排放。

医疗废物无害化处置能力由原来的 5 t/d 提升至 10 t/d。同时，生活垃圾焚烧设施已配置医疗废物专用投放口，疫情情况下可保障约 100 t/d 的应急处置能力（医疗废物和生活垃圾进行进料配合焚烧，掺烧比例不超过 5%）。此外，三亚医疗废物处置设施继续统筹琼南 9 市县医疗废物的无害化处置，实现区域废物设施共享，统筹共治，且可确保疫情期间医疗废物"应收尽收""日产日清"，医疗废物环境风险防控能力显著提升。

四、推广应用条件

生活垃圾焚烧设施协同处置医疗废物技术和区域统筹治理模式适用于医疗废物产生量小，无法满足医疗废物单独建设需求的中小城市（城区常住人口 100 万以下或医疗废物产生量不足 10 t/d）。推广过程中，应注意发展适用技术或者区域共建共享，破解单个城市产废总量小、单建设施成本高、负荷低、运行不稳定等制约性难题。

（供稿人：三亚市生态环境局副局长　杨　欣，三亚市生态环境局土壤和农村环境管理科科长　陈政众，清华大学/巴塞尔公约亚太区域中心综合办副主任　段立哲，清华大学环境学院博士后　张国斌，清华大学/巴塞尔公约亚太区域中心项目主管　许　言）

应用物联网技术，规范废矿物油回收

——铜陵市"物联网+"废矿物油回收模式

一、基本情况

　　废矿物油是危险废物，也是回收后可再加工利用的资源，产生源主要来自工矿企业和机动车维修行业（含 4S 店）。"无废城市"建设试点以来，铜陵市生态环境局、交通运输局针对废矿物油产生源特别是小微企业产生源多且产生量小，废矿物油收集不及时、不规范等问题，引进了"物联网+"废矿物油回收新技术，推动废矿物油从产生、收集、运输到贮存全过程可视化、信息化管控。"物联网技术应用与废矿物油回收体系"是联合国开发计划署参与我国"无废城市"建设试点一项课题，"物联网+"废矿物油智能收贮管控平台具有实时掌控排放信息、自动生成电子联单、智能派单、智能规划回收路线、自动完成财务结算等功能（图 5-19），实现了企业与政府部门的无缝衔接。

图 5-19　铜陵市"物联网+"废矿物油回收模式

二、主要做法

（一）部门联合推动

为加快实施"物联网技术+"废矿物油智能管控平台示范项目，建立可视化、实时化和智能化的废矿物油收集转运体系，2020年，铜陵市生态环境局、市交通运输局联合印发了《铜陵市"物联网+"废矿物油智能管控平台示范项目实施方案》，召开了项目实施推进会，向全市产生废矿物油的工矿企业、机动车维修企业（含4S店）介绍了废矿物油管控平台、智能终端及手机APP功能，推动项目实施。

（二）开展宣传培训

铜陵市汽车维修行业协会发出了《规范矿物油回收，共建"无废城市"倡议书》（以下简称《倡议书》），号召全市4S店、机动车维修企业共同推进"物联网+"废矿物油新技术的应用，积极配合废矿物油经营单位开展智能收集终端的安装联网工作，自觉抵制并举报非法收集、转移、处置利用废矿物油的行为。市交通运输局组织了全市机动车维修行业新《中华人民共和国固体废物污染环境防治法》及危险废物综合管理治理培训。安徽摩力孚再生资源有限公司负责为废矿物油产生单位免费布设"物联网技术+"废矿物油智能收集终端，负责运行管理和维护，并对产生的废矿物油进行规范回收（图5-20）。

图5-20　行业协会《倡议书》、机动车维修行业培训、免费提供智能终端

（三）加强帮扶指导

市生态环境局、市交通运输局开展了工矿企业、机动车维修行业（含4S店）危险废物专项检查，对矿物油产生单位危险废物规范化管理进行帮扶指导。

三、取得成效

铜陵市"物联网+"废矿物油智能管控平台已注册135家废矿物油产生单位，

实现废矿物油收集、运输、贮存全过程可视化、信息化管控。废矿物油经营单位通过平台或手机 APP 可以实时掌握智能终端废矿物油收集量，及时安排收油车转运，并对转运过程全程实时监控，有效预防废矿物油的违法收集、转移、处置利用行为发生。环境监管部门利用智能管控平台，由过去的"跑腿监管"转化为"信息监管"，"滞后执法"转变为"即时执法"，提高了监管效率。

四、推广应用条件

"物联网+"废矿物油回收模式可以广泛推广，运用和推广过程应注意：一是加强部门联动，形成推进合力；二是发挥行业协会的作用，加强对小微产废企业的培训和帮扶指导；三是废矿物油经营单位免费提供智能收集终端，并负责联网和运行维护，避免增加产废单位负担。

（供稿人：铜陵市交通运输局副局长　王晓斌，铜陵市生态环境局固体废物与化学品管理中心副主任　林义生，铜陵市义安区生态环境分局局长　乔新河，铜陵市铜官区生态环境分局局长　汪本胜，铜陵市汽车维修协会秘书长　王会祥）

第六篇

激发市场活力，培育产业发展新模式

政企联动　市场活跃　竞争有序　保障完备

——绍兴市"无废"市场体系助推经济高质量发展模式

一、基本情况

绍兴市地处经济发达的东部地区，民营经济活跃，对于生态环境治理工作的参与度较高，但由于在"无废城市"建设试点前没有政府引导，企业在发展过程中由于信息不对称和对国家方针政策理解的不同，往往不能合理布局相关产能，同时由于缺乏有效的政策扶持，相关企业往往缺乏竞争力，企业挣扎在生死边缘，无法形成产业集群，缺乏一个良性发展的土壤。

我市自"无废城市"建设试点以来，坚持以"制度、技术、市场、监管"四大体系建设为核心，围绕五大类固体废物无害化、资源化和减量化要求，以问题为导向，以补齐短板为目标，培育"无废"市场体系，全力打造固体废物产业集群。模式图见图6-1。试点期间，我市发挥市场经济发达的优势，以重点项目建设为抓手，助推形成"无废"市场体系，培育13个市场体系，其中综合类包括循环经济"850"工程支持政策研究等4项；工业类包括危险废物处置的产业政策优化等2项；建筑类包括培育建筑垃圾、建筑渣土、泥浆处理技术装备等2项；农业类包括培育再生资源回收公司农膜回收业务拓展等1项；生活类包括培育规范化回收队伍等4项。

二、主要做法

绍兴位于民营经济发达的浙江，在项目推进中充分利用发达的民营经济和活跃的民间资本，采用政府搭台，做好服务，由市场主体唱戏，政府兜底民生工程的模式，主要做法有以下六个方面。

（一）招商引资培育市场体系

在不断发掘本地环保企业潜力的基础上，利用得天独厚的区位条件，扎实的民营经济基础，良好的人文政务环境，通过产业引入和产业培育的方式，利用各种推

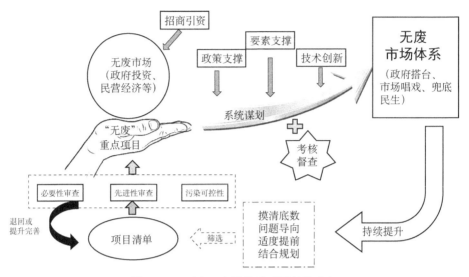

图 6-1　"无废"市场体系"绍兴模式"

介活动，借助"无废城市"建设试点这个契机，努力引进省内外先进企业来绍兴创业兴业，发动包括"浙商""越商"在内的广大省内外企业投资绍兴"无废"产业。2019 年，借全国"无废城市"建设试点推进会的东风，在绍兴召开了第一届环保技术装备展示会，共吸引北京、福建、广东在内的全国 14 个省市、100 余家企业、300 余件展品参展，实现"以展助会""以展强链""以展拓市""以展促学"的目的，并拟将其作为每年举办的环保装备盛会。目前，全市节能环保产业产值达 680 亿元，力争到 2025 年将节能环保产业打造成为千亿级产业集群、全国较有影响力的特色环保产业集群之一，将绍兴打造成为长三角南翼环保装备先进制造基地。

（二）政策支撑培育市场体系

为推动"无废城市"市场体系和重点项目的推进，我市重视制度保障的作用，在梳理原有制度的基础上，不断健全"62+X"的制度体系，以制度的约束性为市场体系的培育"保驾护航"。其中，通过税收减免政策，试点以来已累计实现资源综合利用增值税即征即退 2.25 亿元，减计企业所得 1.39 亿元，环境保护、节能节水项目减免企业所得税 1.62 亿元。通过农业废弃物相关制度的制定，建立了农药废弃包装物和农膜回收"以旧换新"和财政补贴机制。践行"最多跑一次"改革，简化审批流程，最大限度服务企业，培育市场。建立"互联网+监管+信用"机制，通过大数据分析应用，进一步提供市场保障。在各类规划编制时也将"无废城市"市场体系内容和重点项目纳入范畴，与国土空间规划、经济社会发展规划和五大固废专项规划充分融合，科学布局、有序建设，将节能环保产业链列入绍兴市"双十双百"集群制造重点培育发展对象，谋划"万亩千亿"产业大平台。

（三）要素保障培育市场体系

一是资金保障。我市民营经济发达，获得全国"无废城市"建设试点的机会激发了投资热情，在各级财政充分保障"无废城市"建设正常推进和重点民生项目资金得到保障的前提下，政府通过参股、引导、服务、金融扶持等手段调动民间资本参与固体废物全链条，通过政府财政资金发挥"四两拨千斤"的效能，拓展多元化投资渠道，充分保障各类项目建设资金。二是土地保障。将"无废城市"重点项目的推进工作纳入各区、县（市）考核，将"无废城市"重点项目列入省、市重点项目借势推动，促进各区、县（市）优先保障"无废城市"重点项目用地，除向上积极争取土地指标外，通过土地置换将暂不开工的企业用地调剂给重点项目用地。三是技术保障。利用"无废城市"建设试点这个平台，积极对接省内外固体废物行业优势企业、大专院校、科研院所专家团队等推进技术研发和引进，鼓励本地龙头企业设置研究院、院士工作站等。组建由院校、机关、企业等专家参与的79人本地专家团队，为技术攻坚、经验推广、制度供给，提供智力支持。四是服务保障。深化"最多跑一次"改革，为"无废城市"相关企业开通减税降费优惠政策落实直通车，协同多部门、利用大数据精准帮扶、科学监管。同时，积极向上争取空间、排污指标，确保支撑市场体系重点项目按时落地。

（四）技术创新培育市场体系

通过鼓励技术创新推动产业孵化和培育，针对前期梳理利用处置存在短板的废盐、飞灰、建筑泥浆、尾矿、污染修复土等，我市不仅积极引进先进技术落地绍兴，同时，鼓励环保技术骨干企业开展技术攻关。目前，已制订《基于工业废盐的印染专用再生氯化钠》的团体标准（图6-2）和环境管理指南，并培育出3家企业推进工业废盐资源化利用项目；发布全省首个《废弃泥浆干化土在路基中应用技术指南（试行）》并实现产业化生产；尾砂综合利用项目已在浙江云雾山矿区试生产；飞灰资源化利用项目也已完成中试；污染修复土综合治理中心也正紧锣密鼓的建设中。

图6-2　基于工业废盐的印染专用再生氯化钠团标

（五）注重考核培育市场体系

由于市场更关注价值高的相关产业，因此，一些一次性投入大、投资回报周期长的民生产业则必须由政府来进行兜底。为顺利按时完成，我市通过考核当地政府来狠抓落实，按照"项目化、目标化、考核化、绩效化"的要求，将市场体系建设落实到重点项目中，实行清单化管理，把市场体系培育以重点项目的形式纳入对区、县（市）的考核任务中，逐个项目进行考核，并占总分 100 分的 45 分。同时，构建市领导带队督导、市级部门专项督导、无废专班例行检查的多层次督导机制。充分运行简报、通报和专报制度，层层细化压实责任。

（六）依托重点项目建设培育市场体系

首先是精准确定项目。提前谋划，全面梳理五大类固体废物现状，摸清底数。依据"1+4+7"方案编制体系，五大类固体废物主管部门和七个行政区域对照固体废物产生和利用处置能力进行平衡分析，进一步找准短板。按照"产生量与利用处置量基本匹配、区域布局合理、适当提前规划、适度竞争"的原则和应建必建要求全面补齐短板，实现区域固体废物产生量和利用处置量相匹配。同时，综合考虑五大类固体废物相关规划内容，如危险废物收集利用项目规划、生活垃圾分类处理规划等。根据上述思路，确定了 90 个重点项目。其次是严格筛选项目。在全面推动"无废城市"重点项目建设过程中，我市严格项目准入，主要包括以下三点：①实施必要性。在推进中要求既不局限于已有的 90 个项目，也不盲目建设，重复建设，要有的放矢，在充分的论证和评估的基础上，选择确实能有效补齐短板、创新特色的项目。②技术先进性。一贯秉承高标准、高质量的要求，注重技术的先进性和实用性。引进各类固体废物处置利用领域的领先技术。同时，严把项目准入关，引进技术需通过行业、环保专家等论证。③污染可控性。重视二次污染的控制，项目不能只是简单的污染转移，要对产生的废水、废气、固废进行充分考虑，论证治理措施的可行性，杜绝因治理措施不过关造成新的集中污染源。

三、取得成效

"无废城市"建设试点以来，我市市场体系培育总体顺利，13 个市场体系和 90 个重点项目建设任务基本完成。

一是市场体系建设初具成效。通过市场体系建设，2020 年"850"工程计划总投资 157.4 亿元，项目数较上一年增长一倍；完成农膜回收业务体系和"以旧换新"、财政补贴制度；自主研发园林绿化废弃物资源化利用设备和项目投运，可年处置废弃生物质 15 万 t；培育再生资源回收利用企业 16 家，新建城区回收站点

366 个，利用"互联网+回收"实现线上交投、线下回收；培育出凤登环保、绿斯达环保、众联环保等一大批本地环保企业，培育国家级和省级首批装配式建筑示范基地 11 家，产业化基地 30 家；制定病死动物跨区域处置机制和跨区域生态补偿机制；出台《绍兴市建筑垃圾资源化利用扶持暂行办法》，引导和鼓励建筑垃圾综合利用。

二是重点项目建设扎实有力。90 个重点项目已基本完成，累计投资额达到 233 亿元，合计新增工业源固体废物利用处置能力 173 万 t/a，生活源固体废物焚烧处置能力 87.45 万 t/a，农业源固体废物利用处置能力 2.7 万 t/a，新增建筑垃圾利用能力 700 万 t/a，为设施无缺口打下了坚实的基础，全面实现固废产生和处置能力相匹配，原生生活垃圾"零填埋、全焚烧"，餐厨垃圾处置设施县县全覆盖的目标。

四、推广应用条件

绍兴市市场体系模式主要适用于经济较发达、市场活力高、政策灵活度高、相关环保产业基础好，适合在产业链完整、产业结构稳定、上下游产业配套齐全的地区推广；对于地区经济较发达、行业集中度较高、民间资本参与积极的地区具有借鉴意义。

本模式建议政府要充分调动民间资本的参与热情，适当扶持一批社会和环境效益突出、经济效益短期难以体现的企业，同时在低价值端要实行兜底政策，在关系民生的固体废物领域要政府资本控股或者全资建设，以维持社会稳定。

（供稿人：绍兴市环保科技服务中心高级工程师　孟　峰，绍兴市固体废物管理中心工程师　孔维泽，绍兴市固体废物管理中心正高工　戚杨健）

坚持顶层设计　强化要素保障　激发企业活力
——许昌市"无废经济"市场体系建设模式

一、基本情况

许昌是中原城市群核心城市之一，经济社会综合发展水平居河南省第一方阵，产业特色鲜明，民营企业工业产值占全市工业产值 80% 以上。近年来，许昌市在固体废物产业方面，取得较大进展，积累了一定经验，在建筑垃圾处理、再生金属回收加工、环保装备制造、焦化硅碳产业、绿色建材等方面有一定的市场基础。

针对存在的固体废物资源化能力水平不高、最终处置设施不健全等问题，许昌市抢抓节能环保产业集群纳入第一批国家战略性新兴产业集群发展工程这一重大战略机遇，坚持把"无废经济"市场体系建设作为重点，紧盯固体废物回收利用处置产业市场发展和骨干企业培育，激发市场主体活力，助推固体废物产业发展，有力推进了许昌市"无废城市"建设（图 6-3）。

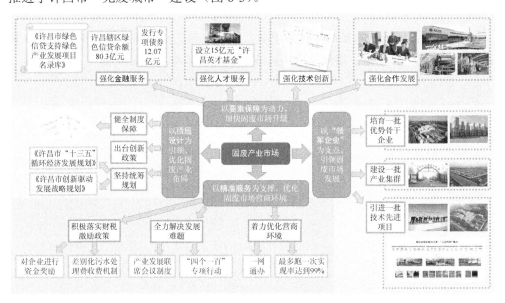

图 6-3　许昌市"无废经济"市场体系建设模式示意图

二、主要做法

（一）以顶层设计为引领，优化固废产业布局

许昌市立足自身优势，坚持把顶层设计放在固体废物产业发展的关键位置，着力打好"规划牌"。

1. 健全制度保障

围绕固体废物资源综合利用、先进环保装备制造传统优势，制定实施了《中国制造 2025 许昌行动纲要》《许昌市战略性新兴产业培育发展计划的通知》《许昌市推进产业集聚区高质量发展行动方案》《许昌市制造业转型发展实施方案》《许昌市加快制造业高质量发展的若干政策的通知》《许昌市节能环保装备和服务产业发展行动方案》《许昌市再生金属及制品产业发展行动方案》《许昌市高纯硅材料产业发展行动方案》等文件，把固体废物产业作为全市 9 大新兴产业之一高质量推进，不断拓展环保装备和服务产业发展空间。

2. 注重政策创新

为加快固体废物产业高质量发展，服务实体经济，出台了《许昌市加快建设"智造之都、宜居之城"进一步优化营商环境实施方案》《关于深入实施"许昌英才计划"助推"制造之都、宜居之城"的意见》《许昌市重点产业人才引进培育支持办法》《推进银行业保险业支持"无废城市"建设实施方案》等创新文件，制定了完善的组织管理、财政税收、土地供给、人才引进等政策措施，探索开展环境污染责任保险、绿色债券、绿色基金等业务，优化创新体系和服务。

3. 坚持统筹规划

印发《许昌市"十三五"循环经济发展规划》《许昌市创新驱动发展战略规划（2018—2030）》，特别是长葛市大周再生金属循环产业集聚区、襄城县循环经济产业集聚区等园区规划，从固体废物产业发展思路、产业布局、战略定位、发展目标、主要任务、政策保障等给予全面阐述。长葛市大周再生金属循环产业集聚区已发展成为省级节能环保产业示范基地，产业集聚效应逐渐凸显。依托许昌市静脉产业园、鄢陵县静脉产业园建设，培育固体废物产业的生力军，从末端提高资源综合利用水平。规划建设禹州环保装备产业园、建安区节能环保装备及服务产业园，积极探索向环保装备制造及环保服务产业链下游延伸，推进节能环保装备智能化，提升环保服务业水平，培育节能环保装备制造基地。

（二）以要素保障为动力，加快固废市场升级

许昌市持续加大金融、人才、技术等要素对固体废物产业的支持力度，坚持要素跟着项目走，优先保障重点项目用地、环境容量、融资需求。

1. 强化金融服务

将固体废物企业纳入"隐形冠军"培育企业暨科技型中小企业专题产融对接活动，为企业和金融投资机构搭建交流的平台。按照"资金随着项目走"要求，筛选包含固体废物企业在内的两千多家规上工业企业和重点服务业企业，探索建立以企业开户行为主办银行，逐企制定综合金融服务方案的工作机制。依托"无废城市"建设试点重点项目，建立了《许昌市绿色信贷支持绿色产业发展项目名录库》，对金融机构开展绿色信贷提供参考平台和统一标准，引导、支持相关项目融资，截至2020年底，许昌辖区绿色信贷余额80.31亿元。采用特许经营、政府与社会资本合作等方式，积极推进"无废城市"政府投资项目实施，成功发行专项债券12.07亿元。

2. 强化人才服务

充分发挥重点产业人才在产业转型升级中的引领支撑作用，围绕节能环保装备和服务、高纯硅材料、再生金属及制品等固体废物重点新兴产业领域，创新创业人才（团队）最高可得300万元启动资金、高层次人才最高可享受120万元补贴。设立15亿元"许昌英才基金"，积极引进各类高层次人才，其中森源集团相继引进院士、教授和博士等高层次人才500多名，万里交科引进长安大学教授团队。召开全市科技创新暨"许昌英才计划"表彰大会，累计拿出2.07亿元奖励创新型企业和高层次人才。组建新锐创业者促进会，持续加强对节能环保等领域年轻一代民营企业家的培养教育。

3. 强化技术创新

将固体废物资源利用作为许昌市科技计划项目备案征集的重要方向之一，引导支持企业与高校及科研院所开展深度合作。金汇集团与中南大学合作成立了中南再生资源研创中心，并获批成为国家博士后科研工作站，主要在固危废资源化利用、废钢冶炼优化、新产品开发、信息化平台建设等方面开展研发工作。金欧特集团建设"河南省低碳环保道路材料工程技术研究中心"，推动环保型高性能道路桥梁材料技术创新和产业化应用，实现废旧轮胎、旧沥青混合料、农作物秸秆、建筑垃圾等固体废物在道路桥梁材料方面的再生利用。许昌市固体废物企业围绕再生金属、煤焦化、建筑垃圾处理、节能环保装备及服务等主导产业链布局创新链，通过和省内外高校、科研院所的专家团队合作，共计创新开展建筑固体废物振动搅拌（图6-4）、机械化秸秆还田、煤焦油再生利用等10余项技术示范探索。

4. 强化合作发展

以"无废城市"试点建设为载体，深化对德合作，累计吸引对德战略和技术合作项目11个、投资32亿元。金汇集团与德国汉高集团开展无硝酸酸洗和新型酸回收技术工业化集成合作，实现了酸洗过程中酸的自动化循环利用，每年可为金汇集团降低生产成本近千万元。大张过滤引进德国克林高公司的隔膜滤板反冲洗等技

图 6-4 振动搅拌设备

术，破解了生产难题。平煤隆基引进德国光伏电池生产技术，推动了煤化工产业转型升级。亚丹家居引进德国迪芬巴赫秸秆板生产线，推动了产品品质全面提升，每年可消耗 18 万 t 农作物秸秆。

（三）以"领军企业"为支点，引领固废市场发展

许昌市充分发挥固体废物"领军企业"的自身优势，提出"制定一套标准、探索一种模式、落地一个产业"的总体要求，突出创新引领、开放发展，不断提升固体废物产业发展水平，增强绿色经济竞争力。

1. 培育一批优势骨干企业

积极鼓励固体废物企业参与生活垃圾、建筑垃圾、危险废物及工业固体废物处理处置和产业集聚区循环化改造。旺能环保采用德国马丁炉排技术，建成许昌第二代垃圾焚烧项目，尾气排放达到欧盟 2000 标准。金科公司在建筑固体废物资源化高效综合利用方面，走在全国前列，打造了建筑固体废物处理"许昌模式"。德通振动通过技术创新研发，在振动搅拌领域具有显著优势，专利技术全国领先，企业产品和服务在建筑垃圾再生领域具有较强竞争力。大张过滤与中国科学院宁波材料技术与工程研究所合作，研发的滤板材料耐温、耐压性能处于国际先进水平，被评定为国家科技型中小企业。

2. 建设一批产业集群

依托各行业"领军企业"，促进各产业集群蓬勃发展。长葛市大周再生金属循环产业集聚区年回收加工废旧金属 400 万 t 以上，成为长江以北最大的再生金属基地，建成了再生不锈钢、再生铝、再生铜、再生镁四大产业集群，初步形成了从废旧金属回收、冶炼、简单加工、精深加工到销售完整的循环经济产业链条。建安区节能环保装备和服务产业园围绕生产移动式、固定式建筑垃圾资源化再生利用成套设备、粉尘处置设备、绿色骨料成套设备及装配式建筑 PC 装备等重点发展，打造

建筑固体废物处理领域环保产业链（图6-5）。禹州环保装备产业园以大张过滤为龙头，成为国内中西部生产规模最大的压滤行业环保装备产业基地，聚集压滤行业企业50余家，形成产值50亿元的环保装备产业链。

图 6-5　环保装备产业园

3. 引进一批技术先进项目

紧抓国家"一带一路"倡议机遇，深入开展对德合作，借助中德（许昌）中小企业合作示范区平台，谋划引进德国百菲萨年处理11万t电炉除尘灰、欧绿保餐厨废弃物处理等项目，目前已完成年度投资6.94亿元，项目达产后年处理电炉除尘灰11万t，餐厨废弃物3.65万t。与万容集团合作，探索在许昌筹建环保装备制造基地及产业示范基地，并同步建设固体废物收集处置"三岛两网"（蓝岛、绿岛、能源岛和逆向物流网、大数据信息网）模式。

（四）以精准服务为支撑，优化固废市场营商环境

许昌市紧盯固体废物回收利用处置企业遇到的难点、困点，精准施策，强化服务，为"无废经济"市场体系建设提供有力支撑。

1. 积极落实财税激励政策

积极落实污染防治第三方企业税收优惠政策，目前已在全市污水排放大户、重点污染企业和产业集聚区全面实行差别化污水处理费收费机制。再生能源上网电价严格执行国家政策，国网许昌公司按标杆电价0.3779元/度价格结算。实施财政奖补政策，按照《许昌市加快制造业高质量发展的若干政策》，对相关企业奖励资金1404万元。积极争取中央、省财政农村畜禽粪污资源化利用整县推进、农村环境整治、生态文明建设、资源综合利用、环境污染防治等专项资金1.6亿元，用于我市大气污染防治、农村环境整治等工作，统筹支持"无废城市"建设试点工作。

2. 全力解决发展难题

围绕节能环保产业发展，建立市领导任组长、各相关部门共同参与的产业发展联席会议制度，各产业集聚区设立办事机构，专题解决产业发展难点堵点。建立节能环保装备、再生金属及制品、智能电力装备三个产业专班，重点项目实施动态管理、考核奖惩机制，形成产业推进工作合力。持续开展"四个一百"专项行动，采取切实有效措施支持民营企业发展。共计为 590 家节能环保企业解决 2900 多个问题。

3. 着力优化营商环境

坚持"企业办好围墙内的事、政府办好围墙外的事"，着力深化"放管服"改革，全面深化"一网通办"前提下的"最多跑一次"改革，推进政务服务标准化和政务流程再造，持续压缩审批事项、优化审批程序、提高审批效率。许昌市 1225 项政务服务事项实现"最多跑一次"，实现率达到 99%，"零跑动"事项达 233 项，占比 19.27%。市、县两级政务服务事项办理时限压缩比分别达到 80.2%、66.85%。企业开办时间由 3 个工作日压缩至 1 个工作日。百菲萨电炉除尘灰、欧绿保餐厨垃圾等重点项目建设全流程审批时限，全部压减至法定时限的 50%以上。

三、取得成效

试点建设以来，许昌市通过"无废经济"市场体系建设，有效弥补了在固体废物收集处理方面的短板，提升了固体废物减量化、资源化、无害化水平，带来了较大的经济效益、环境效益和社会效益。按照"短板弱项既是项目"原则，统筹谋划了 63 个工程项目，总投资 160.57 亿元。试点期需完成的项目任务 30 项已全部完成，总投资 67.4 亿元。引入德国欧绿保、德国百菲萨、美欣达集团、万容集团等一批国内外知名企业项目落地许昌。一般工业固体废物综合利用率达 95.7%，全市建筑垃圾资源化利用率达 92.3%。

四、推广应用条件

许昌市"无废经济"市场体系建设模式对于我国建设高标准"无废经济"市场体系具有重要借鉴意义，在民营经济较为发达、营商环境良好的城市可进行推广。

结合许昌经验，其他同类城市在推广应用过程中需注意以下问题：一是要结合当地固体废物产业的特色，坚持顶层设计，统筹规划固体废物产业布局；二是要充分利用当地固体废物"领军企业"的自身优势，以市场为主体，激发企业活力，培育优势骨干企业，并结合当地短板弱项，积极实施项目建设；三是要坚持要素跟着项目走，加大金融、人才、技术等要素对固体废物产业的支持力度，做到精准服务，打造良好的营商环境。

（供稿人：许昌市生态环境局副局长　谷明川，许昌市生态环境局副局长　董常乐，许昌市"无废城市"建设试点工作推进小组办公室组长　王志远，许昌市"无废城市"建设试点工作推进小组办公室组长　肖文娟，许昌市发展和改革委员会科长　王俊磊）

创新实施"三统筹" 破解融资难题

——徐州市循环经济产业园建设融资模式

一、基本情况

徐州是全国典型的老工业基地和资源枯竭型城市，随着城市工业的快速发展，危险废物、建筑垃圾、大件及园林垃圾、污水污泥急剧产生，对徐州地区的地表水、地下水、大气等环境产生较大风险。为解决生态环境问题，提高资源循环利用效率，2018年徐州市开始谋划于铜山区大彭镇建设循环经济产业园，总面积约8295亩，规划建设固体废物处理、资源再生利用、环保装备制造、科研宣教、新能源等五个功能板块。其中一期建设2365亩，总投资约60亿元，包含生活垃圾焚烧发电、餐厨垃圾处理、危险废物处置、饱和废活性炭再生利用等11个环保项目，"中国无废城市文化"展示馆、"中国循环经济产业"博览馆、国家级工程技术研发中心等3个科研宣教类项目，以及相关配套工程（图6-6）。

图6-6 徐州市循环经济产业园起步区鸟瞰图

针对产业园中各项目"小而散、选址难、公益性强"导致融资难的问题，徐州市提高政治站位，改进机制体制、融资困局及产业规划布局等局限，发挥新盛集团国资平台融资优势，加强与国开行对接，利用"无废城市"建设试点、长江大保护、江苏省全域生态提升等国家和地区重大战略契机，创新性提出统筹建设内容、还款来源、增信方式的"三统筹"融资模式，解决了产业园起步区建设资金需求，有力推进了徐州市"无废城市"建设。

二、主要做法

按照"项目系统规划、资源充分整合、园区分步建设、收益整体平衡"的原则，通过构建"环保产业+公共服务配套"的方式，推动项目一体化实施。徐州市循环经济产业园项目由新盛绿源公司负责统筹融资、建设、运营、还款；每个环保子项由入园企业专业化经营；建立扎实有效的资金归集机制，通过现金流控制，将项目收益统一归集至新盛集团子公司新盛绿源公司，保障项目还款，新盛集团作为股东承担部分差额补足偿债义务（图6-7）。

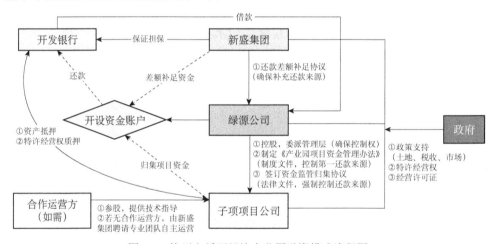

图6-7 徐州市循环经济产业园融资模式流程图

（一）突破"融资困局"，创新融资模式

徐州市循环经济产业园起步区涉及环保项目、宣教基地、基础设施建设以及影响区村庄搬迁安置等工程，整体投资较大，但配套基础设施建设自身收益水平较低，居民搬迁安置无收益，若以基础设施建设或影响区村庄搬迁安置项目单独申请贷款，均不满足金融机构融资评审要求；而环保项目收益能力相对较强，均可单独融资，但必须完成起步区基础配套设施及影响区村庄搬迁安置，才能为环保项目建设运营创造前提。因此，新盛绿源公司与国家开发银行研究对接，创新性提出了统筹建设内容、统筹还款来源、统筹增信方式的"三统筹"融资模式，解决了徐州市循环经济产业园起步区建设资金需求。

一是统筹建设内容。突破传统贷款项目不得与不相关其他项目建设内容捆绑申请的限制，即污水处理、建筑垃圾处理等环保项目、园区基础设施建设项目与影响区居民搬迁安置项目之间，无直接关联性，项目互相独立，在融资方案设计中，将上述互相独立的板块、项目以起步区建设的名义打包作为一个整体，推进贷款评审工作。

二是统筹还款来源。综合材料处置、污水处理、建筑垃圾处置等环保项目自身具有较好收入现金流，符合银行贷款评审政策，但园区基础设施建设项目及影响区居民搬迁安置项目现金流较弱，难以满足银行贷款评审政策。因此，将上述项目以起步区建设的名义整体打包后，各子板块的现金流汇总成为起步区建设项目的整体收入，并作为贷款的第一还款来源，同时以母公司新盛集团的综合现金流作为有效补充，突破传统贷款中项目自身收入必须覆盖贷款本息的限制，使得打包后的项目在收入能力上符合贷款评审要求。

三是统筹增信方式。本次纳入贷款范畴的环保项目建设、园区基础设施建设及影响区居民搬迁安置三个板块实施内容中，仅环保产业项目具有可抵押的土地或房产，符合贷款评审合规性要求，基础设施建设具有较少量可供抵押的土地及房产，影响区居民搬迁安置项目无可供抵押的土地或房产资源，均不满足贷款评审合规性要求，在贷款方案设计中，将三个板块涉及的所有土地、房产、机器设备统一作为抵押物向国家开发银行提供贷款抵押，并增加母公司新盛集团担保，使得项目整体具有自我抵押增信的能力，同时增加了新盛集团 AAA 级信用评级的担保增信，满足贷款评审增信要求，突破项目自身资产评估抵押价值必须覆盖贷款本息的限制。

（二）创新"体制机制"，强化顶层设计

徐州市在设立产业园之初，打破传统园区设立"管委会"的模式，实施"政企职责明确、企业管理为主"的市场化运作模式，引入与国家战略高度契合的项目，突出绿色循环，强调"物质循环""项目协同""产业联动"，依据功能划分，分期分步实施。

一是高起点规划。按照建设"国内领先、世界一流"循环经济示范区和环保生态园定位，委托清华大学环境学院，以大宗工业固体废物、主要农业废弃物、生活垃圾和建筑垃圾、危险废物为重点，编制《徐州"无废城市"建设试点实施方案》。

二是高标准建设。按照《国家发改委关于推进资源循环利用基地建设的指导意见》，徐州市循环经济产业园立足徐州市安全、集中、高效处置城市废弃物的重要功能区定位，围绕已建成的餐厨垃圾处理厂和生活垃圾焚烧发电厂，将新建的危险废物处理等污染较重的子项规划在中心，新建的大件及园林垃圾处理等污染较小的子项规划在周边，结合现场高压走廊对地块的切割，在高压走廊下规划景观绿化作为环境缓冲，外围建设科研教育基地，打造工业旅游、生态景观园区，破解"邻避效应"。

三是高水平打造。项目充分考虑系统性、长远性和操作性等因素，通过整体规

划各建设项目集约化至徐州市循环经济产业园区，解决环保项目规模小、实施散等问题，同时，达到产业聚集、资源循环利用的目标。

（三）突出"绿色循环"，延伸产业链条

一是科学调整城市产业布局。结合循环经济产业园的规划建设，着力构建环保设计中心、国际化技术转移和研发中心、环保新材料和环保设备制造业等，延伸产业链，围绕徐州市循环经济产业园，科学调整大彭镇及周边地区的工业布局，尽快形成特色鲜明、结构优良、竞争力强的产业体系，在技术流、资金流上实现产业的"模式化、效益化"循环，努力抢占循环经济发展的制高点。

二是夯实起步区固体废物板块。产业园起步区固体废物板块，以市政处置类、危废处置类等城市托底项目为主，配套建设科研宣教类设施项目，作为城市的"绿色出口"，实现废弃物之间的"无害化、减量化"循环。

三是强化产业项目协同。统筹考虑产业园各板块、各产业项目间的协同共生关系，细分产业项目的产废种类，以单个产业项目为单元，各单元间又互为彼此的共生基质、共生能量，形成互补资源，在项目物质流、能量流上实现"资源化、协同化"循环，形成项目共生的"循环体系"。

三、取得成效

经国家开发银行总行授信批准，循环经济产业园项目最终获授信贷款约 45.5 亿元，期限 20 年，有效解决了产业园融资难题，成为国家开发银行系统内资源循环利用产业园类项目"首例"获批的贷款项目。

目前，360 万 t/a 餐厨垃圾处置项目 2018 年已投产运营，3750 万 t/a 生活垃圾焚烧发电一期项目 2020 年 7 月份投产运营，8 万 t/a 危险废弃物处置一期项目、2 万 t/a 废活性炭再生利用项目、1 万 t/a 医用废塑再生利用项目等正在建设，3 万 t 危险废物处置一期项目、2 万 t/a 废活性炭再生利用项目已运行。医用废塑料项目已建成，计划 2022 年初运行。同时，循环经济产业园二期已启动规划，重点引入资源再生类、环保装备制造类、环保新材料类项目，积极培育优势产业链，构建循环经济"生态圈"，打造"国内领先、世界一流"的循环经济产业园。

四、推广应用条件

该模式普遍适用于大中城市资源循环利用产业园类项目建设。在推广应用中应注意以下几个方面问题。

（一）坚持市场化运作，培育建设运营主体

其商业模式实施思路：一是不增加政府债务，确保项目市场化方式合规建设运营；二是分工明确，实现风险利益分摊；三是强化监管，以产业聚集方式优选先进运营企业，避免逐利推责，增强项目运营效率和社会责任。

（二）集约整合资源，发挥"银政企"合作优势

新盛集团作为徐州市循环经济产业园的投资建设方，主动承担地方国企责任，并发挥国家开发银行融资融智作用，将融资方案与项目整体规划相结合，统筹平衡。政府要充分发挥行政优势，建立顶层协调推进机制，提供政策保障与支持。企业充分发挥市场化主体和管理运营优势，为项目引进、运作打好坚实基础。

（三）坚持依法合规，给予优惠政策及保障措施

在项目前期，印发《关于印发支持徐州市循环经济产业园建设发展优惠政策的通知》（徐政办〔2019〕70号），给予借款人和项目的全面扶持政策；在项目融资推进过程中，出具"影响区居民搬迁安置补偿方案"，确保符合国家对垃圾处理项目的邻避要求及有关规定。指导新盛集团制定《循环经济产业园项目资金监督管理办法》，明确各方收益的监管、归集。

（供稿人：徐州新盛绿源循环经济产业投资发展有限公司董事长　胡建钰，徐州新盛绿源循环经济产业投资发展有限公司总经理　石　峰，徐州新盛绿源循环经济产业投资发展有限公司经理　郭　军，徐州新盛绿源循环经济产业投资发展有限公司副经理　周松山）

动态更新名录　建设固体废物信息管理平台

——北京经开区工业固体废物数字化管理模式

一、基本情况

北京经开区是北京实体经济主阵地，是先进制造业的聚集区。现有工业企业500余家，每年约产生20万t一般工业固体废物。根据国家现行的《一般工业固体废物名录》及统计途径和分类方法，北京经开区依托每年的环境统计工作，对企业产生的工业固体废物进行统计分析，主要包括污泥和其他两大类，一般工业固体废物的细化分类无法体现；北京经开区一般工业固体废物综合利用率一直处于高位，一定程度上说明了工业固体废物中的高值废物占比较大；企业根据市场规律自主选择工业固体废物的交易方式和交易价格，不利于掌握区内工业固体废物的流向以及固体废物交易市场的长期健康发展。

"精确统计工业固体废物种类、实时掌握工业固体废物流向、精准掌握固体废物的用途"是"无废城市"试点建设对工业固体废物管理提出的更高要求。为进一步改善营商环境，满足《固体废物污染环境防治法》对一般工业固体废物的管理要求，同时解决企业存在的相关问题，北京经开区建立起了服务于固体废物资源交易、便于固体废物管理的综合性管理平台，同时开展区域的物质流向分析，逐渐探索服务于工业固体废物全生命周期的数字化管理模式。

二、主要做法

"服务工业固体废物全生命周期的数字化管理模式"（图6-8），即以动态更新一般工业固体废物名录、建设固体废物信息管理平台为抓手，依托管理平台，构建起"一规完善分类、一网数据尽统、一单全程跟踪、一键资源匹配、一表分级评价"的服务于工业固体废物全生命周期的数字化管理模式。从而最大限度地优化控制一般工业固体废物流向，促进源头减量、提升循环利用效率，并不断为北京经开区产业布局规划、政策决断提升参考数据和判断依据。

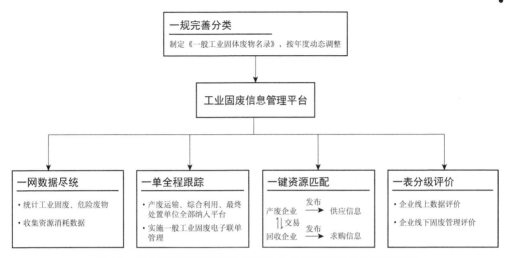

图6-8　北京经开区服务工业固废全生命周期的数字化管理模式

（一）一规完善分类

北京经开区根据辖区产业特点，选取一般工业固体废物产生量较大和行业特点鲜明的 70 余家企业开展调研，深入摸底企业一般工业固体废物产生的种类以及处理情况。从便于企业自身统计管理和符合再生资源市场交易习惯的角度出发，制定了符合北京经开区产业特点的一般工业固体废物分类名录，并根据产业发展和企业需求按年度进行动态调整。通过细化分类标准、统一固体废物计量标准等一系列措施，不断提升一般工业固体废物数据统计的精准度和科学性。

在制定分类标准时，北京经开区以工业固体废物再利用和再交易为原则，按照行业特性、通用属性和物质分类的优先顺序进行废物分类。在充分听取企业意见的基础上制定出了涉及 14 大类、81 小类的《北京经济技术开发区一般工业固体废物分类名录》。同时，结合工业固体废物的国标分类原则，制定了一般工业固体废物的 6 位分类代码：ISW-××-××-××，其中 ISW 为一般工业固体废物类别，第 1～2 位为环统中的一般工业固体废物种类代码；第 3～4 位为一般工业固体废物小类；第 5～6 位为一般工业固体废物小类别内编号。通过规范一般工业固体废物的分类，形成统一名称、统一单位、统一计量的统计口径，为北京经开区全面摸清固体废物底数、服务企业交易、优化废物流向奠定了良好基础。

（二）一网数据尽统

在动态更新一般工业固体废物名录的基础上，北京经开区在政务云上部署建设工业固体废物信息管理平台，同步搭建了手机 APP 和网页云服务两种应用场景，并配置了数据统计和分析的日常管理端以及动态填报和数据下载的企业服务端。平台共有 30 余项主功能和 120 余项子功能（图 6-9），在实现统一工业固体废物和危废数据统计的同时，同步掌握企业原材料、能源、水等资源消耗数据，并可提供多年数据累计统计和对比分析服务。

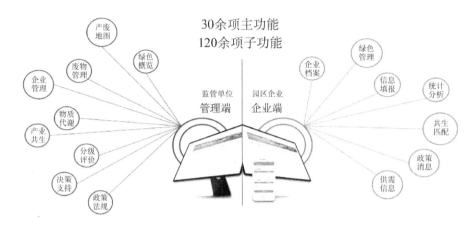

图 6-9 北京经开区工业固体废物信息管理平台功能介绍

企业可根据自身数据，通过工艺改进、精细管理和减量工程等措施实施工业固体废物源头减量。行政主管部门可以根据全区数据，分析工业固体废物产生环节、减量空间、制定引导性政策，约束企业减少工业固体废物的产生，指导企业实施工业固体废物综合利用，在区域内引进相应的处置企业、配套相应的基础设施，从而实现工业固体废物的精细化管理（图 6-10）。

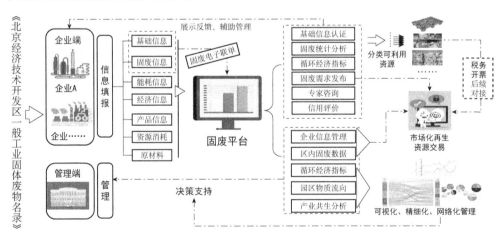

图 6-10 北京经开区工业固体废物信息管理平台架构介绍

（三）一单全程跟踪

针对企业对工业固体废物台账式管理以及资源综合利用评价等需求，系统将产废单位、运输单位、综合利用单位以及最终处置单位全部纳入统计平台。产废企业可根据自身生产周期，随时发起工业固体废物转运联单，在说明产废种类、重量等信息后，即可通过平台向运输单位提出转运要求。运输企业可根据平台信息调度安排车辆运输，并将固体废物信息向下游传递，最终由资源利用单位或处置单位接收工业固体废物后关闭联单。一般工业固体废物的电子联单制管理（图6-11），实现了运用信息技术手段对工业固体废物从产生、运输、再利用到最终处置的全过程记录，满足了企业的台账式管理和信息公开需求，同时还可帮助行政主管部门分析区域高值工业固体废物的利用途径和低值废物的处置方式，特别是可以动态清晰地掌握一般工业固体废物的流向和用途，对关注重点、强化过程监督发挥了积极作用。2020年下半年北京经开区通过电子联单转移工业固体废物近5万t，占全区年转移量的1/4，企业反馈工业固体废物积压、无处可转等问题得到了一定程度缓解，平台试运行状况良好。目前，利用联单制实现对一般工业固体废物全生命周期管理的目的已初步实现。

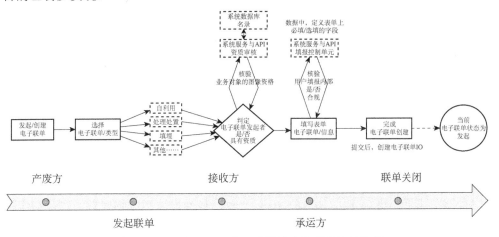

图6-11　北京经开区一般工业固体废物联单管理流程

（四）一键资源匹配

为促进固体废物资源的区内流转，实现最优化配置，在工业固体废物信息管理平台上搭建了工业固体废物资源交易信息对接渠道。产废企业和回收企业可以根据固体废物产生情况和市场需求在平台上发布供求信息，通过平台的交易匹配功能，实现固体废物资源的一键匹配。

对于企业而言，这不仅为高值工业固体废物的再生交易匹配最优处置资源，为低值工业固体废物集中收集转运提供议价空间，也打破了行业信息壁垒，畅通了多元化交易途径，实现了固体废物资源交易的市场化、透明化和公平化。对于行政主管部门而言，可以通过大数据掌握全区工业固体废物的处置需求、处置周期、处置数量、物质流向、资源化利用水平等重要数据，配套构建产业共生网络，为区内产业链招商、新项目招商提供决策支持。

（五）一表分级评价

为确保辖区企业规范使用工业固体废物信息管理平台，并以平台各项功能、数据为依据，提升自身固体废物管理水平，实现固体废物源头减量和资源化利用。工业固体废物信息管理平台系统引入了"一表分级评价"机制，通过对产废企业和回收利用企业进行线上数据填报和线下固体废物管理的双重评价，对企业的相关信用予以评级。评价结果在系统内进行公示，有效期两年。线上数据填报评价主要以周、月、季度、年为基准，主要对数据的完整度和真实度进行评价；线下固体废物管理评价则主要针对产废企业的固体废物管理制度、减量化措施、存储场所管理、转移与处置管理等内容，以及回收利用企业的固体废物管理情况、运输情况、储存场所管理等内容进行综合评价。"一表分级评价"机制的运行，最大限度地确保了企业对平台系统的规范使用，也将平台系统对于企业的服务功能发挥到实处，特别是对信誉好、管理水平高、运营规范的固体废物运输企业和回收利用处置企业，从市场导向上促成固体废物交易，促进区内资源综合利用行业整体的规范化运行。

三、取得成效

北京经开区通过"目录+平台+联单"的管理模式，充分利用信息化手段，构建服务工业固体废物全生命周期的数字化管理模式。一是实现了区域工业固体废物在统一标准下的全口径统计。2020 年工业固体废物信息管理平台累计统计产废企业 312 家，年产一般工业固体废物 20 万余吨，基本摸清了废物底数。二是初步搭建了工业固体废物资源交易信息对接渠道，最大程度上实现了资源市场化优化配置。2020 年下半年，功能投入使用后已有应用一般工业固体废物电子联单产废企业 102 家，物资回收或资源综合利用企业 41 家，共发起电子联单 2247 单，联单关闭 1353 单，转移量约 5 万 t。三是利用平台的大数据分析功能，逐步构建产业共生网络，分析废物流向，核算区内工业固体废物资源化利用水平，已经为 2020 年引进的部分产业项目提供了同行业数据分析，为区内产业链招商、新项目招商决策提供了基础数据支撑。

四、推广应用条件

北京经开区"服务工业固体废物全生命周期的数字化管理模式"以服务城市管理决策为导向，以信息化手段为支撑，在开展"无废城市"试点建设中起到重要作用，对其他城市和地区具有较强的借鉴意义。在开展辖区内固体废物管理工作时应注意以下问题：

（1）深入调研、精准制定一般工业固体废物分类名录，为固体废物的精细化管理打下良好的基础。

（2）建立科学实用的工业固体废物管理系统，对生产全过程的数据进行有效分析汇总，为园区决策管理提供支撑。

（3）强化数据整合功用，有效打通各类数据的获取途径，促使综合评价应用更为广泛。

（4）平台的建设应同时兼顾企业需求和监管需要，让企业在日常工作中切实应用平台的各项功能，从而使产生的大数据库更加真实有效。以引导企业更好落实固体废物污染防治主体责任为原则，切莫生硬要求企业按时填报，这会对后续数据分析和对接功能产生较大的不利影响。

（供稿人：北京经济技术开发区"无废城市"建设工作专班总干事　李　英，北京经济技术开发区"无废城市"建设工作专班副总干事　姚　静，北京经济技术开发区"无废城市"建设工作专班干部　梁　超，北京经济技术开发区"无废城市"建设工作专班干部　付　铠，北京经济技术开发区"无废城市"建设工作专班干部　石　娜，北京经济技术开发区"无废城市"建设工作专班干部　刘竞方）

第七篇

培育"无废文化"

"五个结合"构建"无废城市"全民行动体系

——重庆市社会宣传教育模式

一、基本情况

与水、大气等相比,固体废物污染防治宣传教育手段不足、力度不够,缺乏持续性和有效性。社会公众对固体废物污染认识不到位,对固体废物减量、分类及资源化利用意识淡薄,主动参与积极性不高、获得感不强。为提升"无废城市"建设宣传教育的覆盖范围,丰富宣传手段,增强宣传实效,引导政府、企业、社会组织和公众共同参与"无废城市"建设,重庆市以"五个结合"推动构建"无废城市"建设的全民行动体系(图7-1)。

"五个结合"构建"无废城市"建设全民行动体系

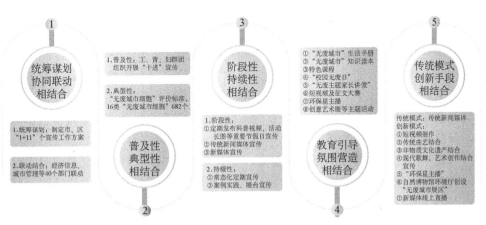

图7-1 五个结合构建"无废城市"建设全民行动体系

二、主要做法

一是统筹谋划与协同联动结合。制定市、区"1+11"个宣传工作方案，明确宣传时间、宣传重点，细化新闻宣传、社会宣传具体安排，落实各级各部门职责分工，以试点宣传统领各领域工作宣传，做到系统谋划、整体推进，增强宣传工作的整体性、系统性。将试点宣传与循环经济、绿色生产、垃圾分类、光盘行动、塑料污染治理、农膜回收、绿色快递等有机结合，整合经济信息、城市管理、住房城乡建设、农业农村、邮政管理等部门及各试点区宣传资源，将试点宣传融入各部门、各领域日常宣传中，既各司其职，又形成合力。

二是普及性与典型性结合。针对不同对象策划不同的宣传内容和形式，充分发挥工、青、妇等群团组织作用，聚焦多群体，采取多形式，实施差异化宣传，深入开展"无废城市"宣传"十进"、有奖手机答题、手抄报征集、环保设施公众开放等，把"无废城市"建设试点的宣传科普内容以多种形式送进机关、家庭、学校、社区、工地、商场、企业、酒店、医院、交通、乡村、景区，提升"无废城市"的知晓度。立足生产生活常见情景，与绿色创建活动有机结合，突出垃圾分类、绿色办公、废物循环利用等"无废"元素，制定"无废城市细胞"评价标准，创建16类"无废城市细胞"680余个，覆盖衣食住行各领域，集中力量打造典型性、代表性强的"无废公园""无废医院""无废菜市场""无废学校"等精品细胞，以小带大，示范带动，提升影响力。"无废医院"实现医疗废物从科室、病房、医院暂存间到收集、转运全过程闭环监管，拟在全市其他医疗卫生机构推广；"无废菜市场"日处理果蔬等餐厨垃圾约 5 t，制备营养土 0.75 t，实现餐厨垃圾不出"场"；"无废学校"将"无废理念"贯彻教学全过程，公共区域不设垃圾桶、自制环保垃圾袋、不使用一次性纸杯，用自然装扮校园；"无废 4S 店"补齐汽车行业循环产业链在销售环节的"无废"链条；"无废公园""无废景区"利用枯枝落叶制备有机肥，使用废弃品制作手工艺品，实现废物资源再利用；"无废饭店"，每晚定时打折促销剩余食材、菜品，并将咖啡吧残渣制作绿植肥料赠送客户，大幅减少了食材剩余，绿植肥料成为酒店独特风景。

三是阶段性与持续性结合。在春节、双十一、世界环境日等重要时间节点以及"美丽中国我是行动者"、"百镇千村万户"农村环保大宣讲等重点主题活动，围绕热点话题，集中开展"无废城市"美陈巡展、快递物流包装物回收、医疗废物处置、废弃电器电子产品回收拆解、废旧衣服回收加工利用、生活垃圾分类等宣传报道，组织主题志愿服务活动 1500 余次。同步发动重庆日报、重庆电视台、上游新闻、华龙网等相关媒体以及微博、微信等互联网平台集中报道，并在首次宣传后，剪辑短片、短视频等，通过抖音等自媒体向手机端和网络推送，开展二次传播，保持宣传热度，最大限度扩大覆盖面和影响力。把试点宣传作为一个长期性、常态化工作，把"无废理念"贯彻宣传工作的全过程，把握宣传节奏，维持宣传热度，定期发布科普视频、活动长图等宣传试点进度、试点成效，针对同一主题多层面深挖案例实践，宣传活动尽可能采用再生可循环利用材料搭建舞台和展区，不提供一次性纸杯、矿泉水，不配发实体宣传品等，不断深化"无废城市"在公众心中的印象，提升宣传的长效性。

四是教育引导与氛围营造结合。发挥课堂教学主渠道作用，编制"无废城市"生活手册、无废重庆——中小学生"无废城市"知识读本等。将"无废文化"作为生态文明教育重要内容，与学科教学紧密结合，实现课堂传授、课后练习、专题教育、实践体验、课题研究、论文撰写、文化打造等全过程、全方位、全链条无缝对接。引导师生树立绿色发展理念，养成低碳环保的生活习惯，并通过家、校、社协作，以学校为主、家庭为辅、社区为媒的良好模式。创设"一修复、二循环、三创作，变废为宝"等特色课程、开展"校园无废日""无废主题家长讲堂"等校园活动，探索"普及—提升—自律"的教育引导路径（图 7-2 至图 7-4）。坚持减量化、资源化、无害化的"无废理念"，结合区域特点，先后组织开展短视频及征文大赛、环保星主播、创意艺术展等主题活动（图 7-5），并与"无废城市细胞"创建活动紧密结合，营造良好氛围。短视频及征文大赛持续 3 个多月，先后在 30 余个中小学校、青少年之家、景区（基地）开展现场活动，5 万余师生和青少年参与，征集短视频及征文 10 000 余个，媒体宣传 40 余次，网络传播量超过 200 万次。环保星主播活动在长嘉汇开展，知名主播和艺术家影响力、号召力充分发挥，活动现场及吃得文明展示区、资源再创站、低碳生活体验馆等展区吸引近千人参与，图文直播吸引约 60 万人次"云"端互动。创意艺术展依托重庆高新区大学城科教资源丰富、艺术气息浓厚氛围优势，既面向高校专业人员，也面向社会普通大众。

图 7-2 垃圾分类飞行棋体验和环保袋 DIY

图 7-3 利用废弃物品制作的作品和环保时装秀表演

图 7-4 小小志愿者介绍环保作品和"无废城市"
主题节目表演

图 7-5 重庆市"无废城市 绿色生活"
短视频大赛暨重庆市青少年加强生态
环保教育、创建"无废学校"新学期
第一课主题活动

　　五是传统模式与创新手段结合。通过报纸、电视、广播、网络、客户端、机场车站等平台，以新闻发布、专家访谈、现场采访、线上讲座、张贴配发宣传品等方式，全方位、多层次宣传"无废城市"建设试点。特别是邀请专家从什么是"无废城市"、为什么建"无废城市"、怎么建"无废城市"等十个方面进行深度解读。发起全国首个"无废城市"线上公益讲座，四期讲座累计吸引 8000 余人次收看，让公众对"无废城市"认识更到位，理解更深刻。突破固有思维，线上线下联动，将"无废城市"宣传与短视频制作、传统曲艺、非物质文化遗产、现代歌舞、艺术创作等结合，聘请知名主播和艺术家作为"环保星主播"，在自然博物馆环境厅创设"无废城市展区"，通过广播、抖音、快手、微视等建立传播媒介综合平台及自制微信小程序开展线上直播，向全社会传递"无废城市"建设的重要性和成果成效，营造全社会共同参与"无废城市"建设的浓厚氛围。

三、取得成效

一是营造了浓厚的宣传氛围。试点工作启动以来，各类媒体共报道逾百次，其中中央媒体报道20多次，重庆日报整版刊发《重庆"无废城市"建设试点10问》，微信、微博、抖音等平台发布消息500余条，制发短视频、漫画、街头采访等新媒体产品20余个，点击量达600万，主题活动参与人数累计超过200万人次，营造了全社会共同参与的浓厚氛围。

二是提升了社会的无废理念。坚持减量化、资源化、无害化的理念，倡导绿色低碳的生活方式，向社会公众传递践行"光盘行动"、减少一次性纸杯和塑料制品使用等理念，普及"无废城市"、重庆"无废城市"建设成效、普通市民如何参与"无废城市"建设等知识，无废理念逐步得到社会认同。

三是创新了宣传的手段措施。突破固有思维，将环保宣传与传统曲艺、非物质文化遗产、现代歌舞等文化结合，邀请知名主播和艺术家作为"环保星主播"，通过抖音、快手、微视等建立传播平台，发挥影响力和号召力。

四是无废城市细胞覆盖社会生活各领域。截至2020年底，全市共创建16类682个"无废城市细胞"，其中市级176个，区级506个，覆盖社会生活各领域。按创建类别分为：无废学校168个，无废小区143个，无废公园47个，无废商圈18个，无废饭店49个，无废景区20个，无废机关171个，无废医院38个，无废工厂、无废企业、无废油库、无废4S店各5个，无废机场、无废菜市场各1个、无废村庄4个、无废社区2个。

四、推广应用条件

该模式适用于各类城市构建"无废城市"建设全民行动体系。在运用和推广过程应注意：一是制定系统高效的宣传教育方案，联合相关部门，结合各部门情况，整合资源共同开展宣传工作；二是加强社会组织和公众参与的力度，将工青妇、社团组织、学校、企业等调动起来，更好地参与形成公众共治的"无废城市"建设全民行动体系；三是宣传方式应接地气，可以结合地方特色、民间艺术、新传媒方式等开展宣传，通过和城市文化底蕴的结合，拓展宣传教育形式和渠道，使得"无废理念"深入人心，为"无废城市"建设打下坚实的群众基础。

（供稿人：重庆市生态环境局固体处处长 吕俊强，重庆市生态环境局固体处干部 蒋颜平，重庆市生态环境局宣教国合处干部 陈 娟，重庆市固体废物管理中心副主任 张曼丽，重庆市固体废物管理中心干部 卓 丽）

全方位"无废"旅游场景
多渠道"无废"理念传播

——三亚市旅游行业绿色转型升级模式

一、基本情况

三亚市是典型的旅游城市，常住人口约 78.25 万，2019 年接待游客高达 2294 万人次。旅游是三亚市的支柱产业，旅游品牌形象直接影响游客对三亚市的印象。据统计，2019 年三亚市第一产业、第二产业、第三产业对全市生产总值贡献率的比例为 6.4：8.9：84.7，旅游总收入为 581 亿元，约占全市生产总值的 85.7%。"无废城市"建设的重要任务之一是在全社会范围内推行"无废"理念，推动绿色生活和消费方式，实现全民共治模式的建立。"无废城市"建设试点过程中，依托旅游产业优势（图 7-6），三亚市通过全方位"无废细胞工程"建设，树立绿色旅游品牌形象，建立面向旅游人口的"无废"理念宣贯体系，以旅游人口作为绿色生活和绿色消费模式的传播主体，打造"无废城市"宣传窗口，扩大"无废城市"建设在全国、全世界的辐射力和影响力。

二、主要做法

（一）以制度建设为基础，树立旅游行业"无废"标准

结合三亚市实际，制定并印发《三亚市"无废机场"实施细则》《三亚市"无废酒店"实施细则》《三亚市"无废旅游景区"实施细则》《三亚市"无废岛屿"实施细则》《三亚市大型酒店固体废物产生、处理和减量计划的申报制度》《关于创建绿色商场工作的通知》等制度文件，明确细胞工程创建标准，建立评价指标体系，为细胞工程创建提供标准引领。

（二）以"无废细胞"为抓手，推动旅游产业绿色升级

开展旅游行业全产业链"无废细胞工程"建设，全方位打造"无废机场""无

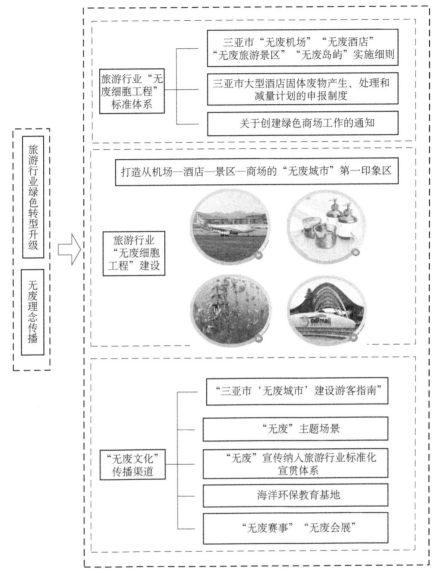

图 7-6　"无废"旅游场景和"无废"理念传播示意图

废酒店""无废旅游景区""无废岛屿""无废渔村""无废赛事""无废会展"、绿色
商场等细胞工程，建立生活垃圾分类体系，全面落实"禁塑"，推动可循环利用物
品使用，促进固体废物减量化、资源化、无害化处理。"无废城市"建设试点期
间，各景区积极推动固体废物相关基础设施建设，改善园区环境，提升旅游品质。
通过细胞工程创建，落实企业主体责任，树立绿色旅游品牌，推动旅游产业发展，
建立基于生态环境改善的旅游产值效益提升战略。

（三）以旅游行业为媒介，打造"无废文化"传播渠道

一是制定《三亚市'无废城市'建设游客指南》，在机场、码头、酒店、景区、商场等重点区域发放，提升游客对三亚市"无废城市"建设的知晓度。二是利用各种媒体资源在机场、码头、酒店、景区等游客聚集区域广泛宣传"无废城市"建设举措，设定"无废"主题场景，打造从机场—酒店—景区—商场的"无废城市"第一印象区（图7-7），提升游客对"无废城市"建设的知晓度和参与度。三是将"无废文化"宣传教育纳入旅游行业标准化宣贯体系，提升旅游从业人员环保宣传水平，在做好服务的同时，向游客宣传绿色生活、绿色消费理念，促进游客环保意识提升。四是打造海洋环保教育基地，分别在大东海、蜈支洲岛、西岛、梅联村建立海洋环保教育基地，开展海洋环境保护的常态化宣传教育，提升公众参与的便捷性和积极性。五是以大型赛事和会展为媒介，鼓励嵌入"无废"理念，编制《无废会议及赛事指导手册》，建立"无废赛事""无废会展"要求，打造从入会到离会的全过程"无废"体验模式，促进跨区域传播，提升三亚市"无废城市"建设的国内外影响力。

图7-7 从机场—酒店—景区—商场—海岛的第一印象区打造

三、取得成效

（一）旅游行业"无废细胞"标准基本建立

制定并印发"无废细胞工程"实施细则、评定办法和创建通知等共计 11 项，

覆盖从机场—酒店—景区—商场—海岛的细胞工程创建，基本建立基于旅游行业的"无废细胞工程"标准体系。

（二）"无废细胞工程"创建数量显著提升

截至目前，三亚凤凰国际机场开展"无废机场"建设，全市31家4星级以上酒店全部开展"无废酒店"建设，8家4A级以上景区全部开展"无废旅游景区"创建，西岛开展"无废岛屿"建设，梅联村开展"无废渔村"创建，三亚免税店在内的4家大型商场积极创建绿色商场，30个农业园区开展休闲农业旅游，基于旅游行业的"无废细胞工程"数量上升至76个，辐射游客上千万人次。

（三）固体废物减量和资源化成效显著

"无废细胞工程"全面落实不使用一次性不可降解塑料袋和塑料餐具的"禁塑"要求；通过"无废机场"建设，三亚凤凰国际机场80%的航线废物得以回收再利用；蜈支洲岛景区的园林垃圾实现全量化利用，生活垃圾回收利用率达到三亚市"无废城市"指标体系中25%的目标值；"无废酒店"取消六小件主动供应，一次性废物产生量下降，企业成本也随之降低；西岛全岛居民积极参与"爱岛"行动，村内环保中心回收各类再生资源累计3700 kg；梅联村通过"无废渔村"建设，健全渔村垃圾清运体系，使海滩沉积垃圾得到有效清理。

（四）绿色旅游品牌和生态红利逐渐显现

伴随着"无废渔村""无废岛屿""无废旅游景区""无废酒店"等绿色品牌的建立，公众对生态环境改善带来的获得感逐渐提升。疫情环境下，2020年下半年，三亚市旅游人数和收入逆势上升，实现了环境效益到经济效益的高质转化。以"无废岛屿"建设的西岛为例，废船改造的海上书房、废物再造文创馆成为网红打卡和综艺直播聚集地。以"无废渔村"的梅联村为例，通过村内垃圾整治、海漂垃圾打捞、海洋渔场建设，形成渔业社区共管机制，渔村环境大幅改善，游客人数显著提升，社区居住人口在旺季高达2万人，带动民宿从1家上升至100多家，渔民年均收入由2013年打鱼所得的4000元增加至现在的12 000元。

（五）"无废文化"传播效益不断增强

基于旅游行业的"无废文化"传播模式基本形成，"无废"理念普及率达到85%以上，绿色生活、绿色消费理念在全社会范围内得到普遍推行。据三亚市环保产业协会初步估计，公众"无废城市"参与度达到80%以上。

四、典型案例

（一）案例1：西岛——环保与文创有机融合，共建"无废岛屿"

天涯区西岛与三亚市主城隔海相望，岛上居民世代打渔为生，是海南省沿海第二大岛屿，总面积 2.86 km²，常住人口约 4200 人。常年的海洋捕捞活动，造成海洋生态破坏，鱼类资源逐年减少，居民环保知识淡薄，各类固体废物随意丢弃，严重危害海洋环境。

为解决突出的环境问题，西岛于 2020 年启动"无废岛屿"建设（图 7-8），提出了"蓝色祖宗海、绿色子孙岛"的口号，创新性地建立了固体废物回收与艺术再加工相结合的模式，成立了环保中心，为全岛居民免费办理"爱岛卡"，居民可以将日常生活中收集的废纸箱、塑料瓶、玻璃瓶等废物送至西岛环保中心，称重后算积分存入"爱岛卡"，积分可兑换香皂、毛巾、电饭煲等生活用品，以此助力垃圾分类。环保中心牵头国内外艺术家，通过"艺术进村"的"再加

图 7-8　西岛"无废岛屿"建设场景

工",将居民回收的塑料垃圾变身为文创摆件,废纸加工成纸质礼品或包装纸,废布料加工成特色环保衣服,废旧船舶彩绘后变成渔岛特色风景。通过对废物的艺术再加工,西岛打造了一道道网红风景线,吸引了大批明星、国内外游客前来打卡,也间接带动了西岛民宿业的发展,生态红利逐渐显现,岛内居民对生态环境改善的获得感显著提升。

环保中心还深入岛内学校、社区为公众普及固体废物污染防治知识、推动居民开展生活垃圾分类、减少塑料制品使用,同时定期组织学生、岛民、游客开展"净滩"活动,普及海洋环境保护知识,减少固体废物对海洋环境的污染。目前,西岛已形成海上游玩+生态观光+休闲度假为一体的绿色精品旅游线路,不断向公众输出"无废"环保理念。

(二)案例 2:梅联村——"无废渔村"建设,推动海洋环境保护

梅联村位于三亚市崖城镇最西部,南临南海、北毗青山,西接乐东县九所镇交界,是梅山革命老区的四个村庄之一,也是全国社会主义新农村示范点。

梅联村有 303 户人家,常住人口大约 1300 余人。之前,一半村民在附近企业打工,另一部分依靠打鱼为生,面临着环境和生态污染、自然资源遭到破坏、渔民生活收入方式单一、生活条件差等问题。海底拖网、张网、电鱼、炸鱼、禁渔期非法捕鱼等现象时有发生,渔民暴力、落后的捕鱼方式对当地生物多样性造成巨大威胁,年平均出鱼量由 10 年前的 1 t 下降到 500 kg。2013 年,梅联村村民人均年收入仅为 4000 元左右,渔民平均年收入为 3900 元左右。同时,村庄内垃圾遍地,废弃渔网、塑料垃圾在海滩随意堆积。

为解决上述问题,实现人民对美好生态环境的向往,提升居民对幸福生活的获得感,2013 年开始,梅联村村委会不断探索渔业社区共管,致力于"无废渔村"建设(图 7-9),重点解决环境问题。

图 7-9 开展"无废渔村"建设前后梅联村对比图

（1）村委会引入第三方环保协会，组织梅联村所有渔民多次召开会议，推广渔业社区共管模式，环保协会工作人员与村干部挨家挨户上门，得到每一户渔民的支持。

（2）由政府（原三亚市海洋与渔业局）代表、企业（三亚大小洞天发展有限公司）代表、环保协会、梅联村村委会与梅联村 95 户渔民签订环保协议，通过新旧媒体结合方式推广旅游项目，长期有志愿者在梅联村服务。

（3）开展科普进校园活动，使梅联村小学生成为"海洋卫士"，从小培育保护海洋的意识。组织召开系列研讨会、讲座及环保电影放映等活动，提高村民环保意识。

（4）开展海漂垃圾打捞，建设海洋渔场，规范村内垃圾处置，增设垃圾回收装置，减少村内及海滩垃圾污染，改善整体生活环境，反哺海域水质、生物多样性和鱼虾产量提升，增加渔民收入。

（5）通过建设农家乐，推广梅联村生态旅游，提高妇女参与劳动的能力，增加收入。

通过"无废渔村"建设，村内增设垃圾回收装置 160 个；村民的海洋环保意识增强，渔业生物多样性保护力显著提高，渔民年渔获量增加到 1500 kg，特别是稀有鱼类数量增加到 400 kg/a。截至 2019 年 4 月，梅联村的捕鱼船只由 2013 年的 86 艘减少至 55 艘，专职渔民由 2013 年的 86 人减少至 20 余人。生态环境的改善，带来了旅游和民宿业的发展，从 2014 年只有一家民宿发展到 2019 年全村拥有 100 多家民宿，渔民人均收入由 2013 年的 4000 元增加至 2019 年的 12 000 元。

（三）案例 3：蜈支洲岛——"无废景区"建设，推升环境效益为经济效益

蜈支洲岛景区在建设初期即探索建立了生态环境保护与景区协调发展的绿色模式（图 7-10）：建设景区生活垃圾分拣站，产生的各类固体废物实施分类收集、运输和处理，景区生活垃圾回收利用率达到 30%。园林垃圾经粉碎、沤制腐熟后作为园林肥料；餐厨垃圾经两次分拣去除纸巾、贝壳、金属等物品，再下岛处理；建立危险废物暂存间，对产生的有害垃圾分类存放、定期处理。景区建设了国家级海洋牧场 1 个，投入废钢质渔船礁 19 艘，修复海洋生态；实施"五员"文化，景区潜水员、讲解员、售卖员日常都是海岛和海洋环境的清理者和保护者。疫情环境下，2020 年 10 月份以来，蜈支洲岛旅游人次已超过去年同期水平，取得环境效益与经济效益双丰收。

（四）案例 4：阳光壹酒店——"无废酒店"建设，引导绿色生活方式

三亚海棠湾阳光壹酒店管理层组建了关于倡导"无废城市"行动的组织委员会，将人与自然和谐发展的方式融入酒店设计与发展理念，倡导绿色可持续的生活

蜈支洲岛海洋牧场

潜水员也是海洋垃圾清理员

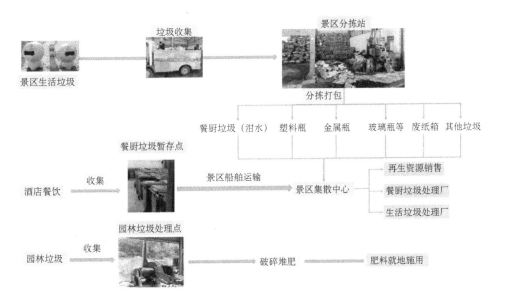

蜈支洲岛垃圾分类收集、分类运输、分类处理体系

图 7-10 蜈支洲岛"无废旅游景区"建设举措

方式。酒店处处彰显"无废"环保理念,让宾客享受身心放松的同时,感受"无废"、人与自然和谐共生的魅力。例如,不主动提供一次性"六小件"用品,在宾客入住时提前告知;为避免影响宾客入住体验,在宾客需要时,提供可循环利用的洗漱制品,可多次分装的大瓶洗发水、沐浴露,可循环利用的牙刷、梳子,并提示宾客在离店时带走、鼓励重复使用;房间内不提供塑料包装矿泉水以及塑料日用品;采用可回收材料装饰酒店,建立节能减排系统,减少纸张和一次性用品使用。

五、推广应用条件

国内以旅游产业为支柱的城市均可推广应用。推广过程中,需建立各种场景

"无废细胞"建设的可操作性标准，并设立一定的激励机制，同时注重推动环境效益向经济效益的转化，以激励和提升企业参与的主动性、积极性和创新性。

（供稿人：三亚市生态环境局副局长　杨　欣，三亚市旅游和文化广电体育局副局长　蒙绪彦，三亚市生态环境局土壤和农村环境管理科科长　陈玫众，三亚市旅游和文化广电体育局行业监督科科长　梁其才，三亚市旅游和文化广电体育局行业监督科四级主任科员　李小亮）

古今辉映　多元参与　社会共治

——许昌市多元融合的"无废文化"传承模式

一、基本情况

"有人，天也；有天，亦天也。"（《庄子》）我国传统文化中的"天人合一"思想认为，人与自然是一个不可分割的整体，二者彼此相通、血肉相连。这与"无废城市"理念高度契合。以创新、协调、绿色、开放、共享的新发展理念为引领，开展"无废城市"建设试点工作是贯彻落实习近平生态文明思想的具体实践。

许昌，古称许州，地处中原腹地，是华夏文化的重要发祥地，文化、政治、经济一直较为发达。许昌人文底蕴丰厚，拥有史前文化系列、汉文化系列、三国文化系列、钧瓷文化系列等。曹魏时期，许昌更是成为中国北方的政治、经济、文化中心。两宋时期，许昌就已建成了较为系统的地下排水设施等市政基础设施，与当前提倡的和谐、环保、低碳"无废"理念古今辉映。

近年来，许昌市全面秉持"绿水青山就是金山银山"的高质量发展理念，致力于生态修复和保护，市区绿化覆盖率达 40%，将许昌建设成了一座生态宜居之城，先后获批了全国文明城市、国家卫生城市、国家森林城市、国家生态园林城市等，为许昌"无废文化"打造和传承提供了有力支撑（图 7-11）。

二、主要做法

（一）挖掘"无废"因子，植入现代活动

许昌的传统文化蕴含着诸多"无废"因子、"无废"元素，在"无废城市"建设试点过程中，既注重积极挖掘传统历史文化的"无废"因子，又注重将其融入现代文化活动中加以传承。

一是充分挖掘"莲文化"内涵。许昌又称"莲城"，种莲历史可追溯至东汉。从"莲精神"中提取"无废"因子，积极将"莲精神"（图 7-12）融入许昌"无废城市"建设过程。在我国传统文化中，莲文化的丰富内涵与当前的"无废"理念高

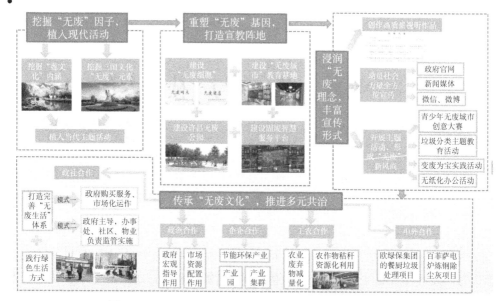

图 7-11　许昌市多元融合的"无废文化"传承模式示意图

度统一，具有很高的文化挖潜价值。古药典《本草纲目》记载："荷也称莲，全身无废也。莲即可食用，也可药用，长年食用可以延年益寿也。"可见，莲"全身都是宝"，能够全部被有效利用，不产生固体废物，天生就具备"无废"的宝贵品质。因此，许昌自古就有"无废"因子，并且传承至今。

图 7-12　水韵莲城

二是挖掘三国文化"无废"元素。协同许昌市三国文化研究会等学术研究机构开展文史研究，不断挖掘许昌三国历史文化中的"无废"因子。公元 196 年，曹操迎汉献帝于许县，"奉天子以令不臣，修耕织以需军资"，雄踞许昌 25 年。《魏书》对曹操之节俭做了记载，"雅性节俭，不好华丽，后宫衣不锦绣，侍御履不二采，帏帐屏风,坏则补纳,茵蓐取温,无有缘饰。攻城拔邑,得靡丽之物,则悉以赐有功,勋劳宜赏,不吝千金,无功望施,分毫不与。四方献御,与群下共之"。在曹操的表率作用下,全朝形成了节俭之风。朝中大臣毛介,上朝时步行,外巡时乘柴车,回家后布衣素食。这是最早有史记载的许昌"无废"生活方式。同时,在考古发掘中,系统收集了两宋时期陶灶、排水暗渠、地下陶排水管、陶厕等文史资料,析出其中的"无废"元素,丰富了许昌"无废城市"文化内涵。

三是将传统"无废"元素植入当代主题活动。借助许昌"曹魏古都"厚重文化氛围,将传统"无废"元素植入"三国文化旅游周"、"禹州钧瓷文化节"和"中原花木交易会博览会"等现代节庆活动,借助"文化和自然遗产日""文明许昌,欢乐中原""世界环境日"等各类主题活动,宣传介绍许昌"无废城市"建设情况,传播"无废"理念,提升公众对"无废城市"建设试点的认知度和认同感。

(二)重塑"无废"基因,打造宣教阵地

一是推进"无废细胞"建设。把"无废细胞"建设作为传播"无废"理念、提升公众生态文明意识、引导简约生产生活方式的有力抓手,组织全社会开展"无废酒店""无废景区""无废商场(超市)""无废学校""无废机关""无废企业""无废小区""无废快递网点"等各类"无废细胞"建设,形成了百个"无废细胞"矩阵,有力促进了社会的广泛参与。机关、事业单位推行节能降耗制度。星级饭店开展白色污染治理,减少酒店一次性消耗品的供应。A级景区开展垃圾分类,优化环境。社会中型以上餐馆和机关、企事业单位食堂倡导"光盘行动"。商场、超市、集贸市场等商品零售等场所,以不销售、不使用一次性不可降解塑料制品为重点,逐步改变人们日常生活购物习惯。

二是建设"无废城市"教育基地。以"永续"为理念,以"无废"为亮点,建设了许昌市第一座特色主题公园——许昌无废公园(图7-13),巧妙地将废弃啤酒瓶、建筑垃圾、木材、石板等融入景观和公园建设,有趣生动、寓教于乐,进一步拓展了市民废物再利用的思想,让市民在游玩中体会生态环境发展理念,接受"无废"科普教育。在许昌科技馆、规划馆设立"无废城市"主题展区(图7-14),组织政府单位、学校、企业等参观学习,展示许昌"无废城市"建设试点的重要意义、指导思想、建设目标、重点任务等,传播"无废"理念,引导教育广大群众了解、支持、参与试点建设。

三是建设固废智慧服务平台。结合打造新型智慧城市,积极推进城市固废智慧服务平台建设,一图全面感知城市固废态势,实现一键全局辅助科学决策、一体化立体运行联动、一屏智享运营指挥,在整合各部门信息化资源的基础上,将"无废城市"建设理念融入"智慧许昌"建设,实现城市固废精准化管理,为"无废文化"注入科技元素,形成智慧"无废"新阵地。

图 7-13　许昌无废公园　　　　　图 7-14　"无废城市"建设主题展厅

（三）浸润"无废"理念，丰富宣传形式

一是创作视听作品，让"无废"理念外化于形。策划拍摄了《"无废城市"离我们有多远》《无废如许1》《无废如许2》系列公益广告片，以正能量传递为主线，涵盖"无废城市"建设的各项领域。创作宣传歌曲《变废为宝》（图 7-15），为许昌市"无废城市"建设发声。举办"无废城市"宣传直播活动，通过线上直播+线下活动的形式，集中展示全市"无废城市"建设试点和高质量发展的创新举措和积极成效，直播活动在线观看量达 10.3 万人次。

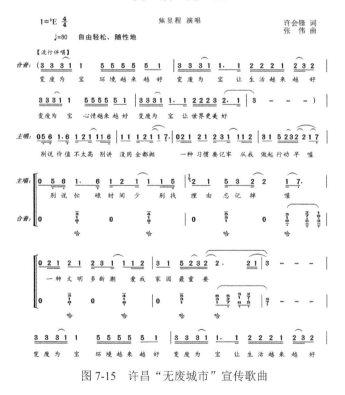

图 7-15　许昌"无废城市"宣传歌曲

二是动员社会力量，进行全方位宣传。在市政府以及各职能部门官方网站、《许昌日报》、许昌网及微信公众号、微博定期进行"无废城市"建设宣传。在景区、商超、酒店等场所，通过电子显示屏滚动播放"无废城市"宣传标语。在学校通过电子屏、班级黑板报、微信群、橱窗、广播站等渠道进行"无废"理念宣传，普及"无废"知识。在社区和街道，组织志愿者就日常资源节约利用、垃圾分类投放、塑料制品使用等方面进行详细讲解，使社区居民积极参与到"无废城市"建设活动中去。编制青少年版和公众版"无废城市"主题教材，在校园和社会全面推广，传播"无废文化"。

三是开展主题活动，形成"无废"新风尚。举办"城市创智中心开放日""资源循环企业参观""企业开放日"等活动，吸引中小学生、普通群众亲身体验变废为宝全过程，深入理解"无废"文化。组织"垃圾分类主题教育活动""光盘行动""无纸化办公活动"'低碳生活 走出健康'健步走""变废为宝实践活动""绿色包装回收活动"，推动生产、生活方式绿色化，引导形成"无废"新风尚。宣传"无废城市"建设试点的最新动态和成果成效，展示建设试点中的可喜变化和感人点滴，生动展现广大干部群众对"无废城市"建设的美好期待和信心干劲。

（四）传承"无废文化"，推进多元共治

一是政企合作，治理城市难点。强化顶层设计引领，发挥政府宏观指导作用，引导激励企业参与，积极发挥市场的资源配置作用。在建筑垃圾这一城市"老、大、难"问题上，按照"政府主导、市场运作、特许经营、循环利用"建筑垃圾处理模式，实现了建筑垃圾的统一清运和综合利用，有效解决了建筑垃圾管理和利用难题。

二是企企合作，形成聚集效应。注重发挥企业合力，着力打造固废产业集群发展。将节能环保产业列入全市九大重点新兴产业进行培育，加快建设长葛市大周再生金属循环产业集群、建安区节能环保装备和服务产业园、禹州市大张过滤产业集群、魏都区环保装备产业集群等。许昌节能环保产业集群被纳入第一批国家战略性新兴产业集群发展工程，成为全国 3 个节能环保产业集群之一。

三是政社合作，践行绿色生活。在城市生活方面，采取"政府购买服务、市场化运作"和"政府主导，办事处、社区、物业负责监管实施"两种运行模式，在全市推进生活垃圾分类，城市面貌不断焕发新生机。祥瑞等社区坚持开展"绿色星期六 资源回收日"活动（图 7-16），践行绿色生活。

四是工农合作，实现环保与经济双赢。在农业生产方面，促进工农合作，构建利益联结机制，激发乡村生态化发展的内生动力。推动农业废弃物减量化，出台废弃地膜、农药包装袋等农业废弃物回收奖励政策，支持废旧地膜再生公司引进先进

机械化装备，回收田间废弃物，打造农膜废弃物回收利用产业链，实现了双赢。推进农作物秸秆的资源化利用，襄城县通过引进德国技术，建成了国内第一条、世界领先的秸秆板连续平压生产线（图 7-17），用秸秆生产高档环保家具，每年可消耗18 万 t 农作物秸秆，为农民创收近亿元。

图 7-16 "绿色星期六 资源回收日"活动

图 7-17 秸秆板连续平压生产线

五是中外合作，弥补短板弱项。以"无废城市"建设试点为载体，紧抓国家"一带一路"倡议机遇，持续深化对德合作，累计吸引对德战略和技术合作项目 11个、投资 32 亿元。在推进餐厨垃圾收运与处置方面，引进德国欧绿保集团投资建设餐厨垃圾处理项目。在工业固废处置方面，引进德国百菲萨电炉炼钢除尘灰项目。

三、取得成效

"无废文化",如春风化雨,浸润着 500 万许昌人民在"无废城市"建设中同向而行,形成了人人支持、参与建设的浓厚氛围。根据国家统计局许昌调查队开展的"无废城市"建设公众问卷调查结果,许昌市"无废城市"建设试点宣传教育培训普及率达 94.3%,政府、企事业单位、公众对"无废城市"建设的知晓程度达95.88%,公众对"无废城市"建设成效的满意度达 91.05%。

四、推广应用条件

许昌市多元融合的"无废文化"传承模式对与许昌具有相似条件的城市开展"无废城市"建设具有借鉴意义,便于形成共建共享良好局面。

在推广过程中,应注意以下问题:一是结合实际,对当地传统文化的"无废"元素挖掘,发扬传统"无废"文化,融入现代生产生活;二是形成"无废"宣传教育阵地,通过开展"无废细胞"建设等各种教育活动,培养绿色生产方式和生活方式,形成浓厚的"无废文化";三是丰富"无废城市"建设宣传形式,通过创作影视、音乐作品等多种形式、多种渠道进行宣传,营造多元参与的社会氛围。

(供稿人:许昌市生态环境局副局长 谷明川,许昌市生态环境局副局长 董常乐,许昌市"无废城市"建设试点工作推进小组办公室组长 张占胜,许昌市文化广电和旅游局科长 张敬德,许昌学院副教授 姬 超)

发挥红色旅游优势，
打造"无废"理念宣传高地
——瑞金市"无废城市"建设宣传模式

一、基本情况

瑞金是著名的红色故都、共和国摇篮、中央红军长征出发地，是全国爱国主义和革命传统教育基地，是中国红色旅游城市，因厚重的红色底蕴而被大家所熟知。

以红色旅游为主的服务业对瑞金经济增长贡献突出。2019 年，瑞金红色教育培训和研学突破 50 万人次，全市旅游总人数达 1756 万人次，比上年增长 35.54%，旅游总收入 101.7 亿元，服务业增加值占 GDP 比重超五成。根据往年旅游人数预测，瑞金市 2020 旅游总人数将突破 2500 万人次，但受疫情影响，实际旅游人数 1227 万人次。全市三星级以上宾馆 17 家（含四星级宾馆 6 家），红色培训教育机构 62 家。市内有革命遗址 115 处、全国重点文物保护单位 36 处。瑞金中央革命根据地纪念馆是全国首批"国家一级博物馆"。由叶坪、红井、二苏大、中华苏维埃纪念园组成的 5A 级共和国摇篮景区，被评为全省最具影响力十大景区和低碳旅游示范景区。

红色旅游是瑞金的一块金字招牌，自 2019 年开展"无废城市"建设以来，瑞金市充分发挥红色旅游优势，以助力"无废城市"建设新长征从瑞金再出发为设计理念，将"无废城市"建设理念融入红色旅游全过程，提升游客、民众对"无废城市"建设的知晓度、参与度，推动"无废城市"建设从瑞金开始追根溯源，全方位打造"无废城市"建设理念宣传高地（图 7-18）。

二、主要做法

（一）大力引进无废红色旅游项目

瑞金市通过招商引资，引入社会资本 2.8 亿元。建设了全省首个大型红色实景实战演艺项目——浴血瑞京景区，该项目通过依托沙洲坝镇两座废弃石灰石矿坑现

图 7-18 瑞金发挥红色旅游优势，全方位打造"无废城市"建设理念宣传高地模式

状（图 7-19），采取山体修复、边坡加固、生态复绿、废石再利用等系列措施进行
无废化改造（图 7-20），搭建的实景演艺 3D 舞台重现了苏区时期党中央艰苦卓绝
的战斗工作与生活场景，既实现了废弃矿山全部资源化利用，又将苏区精神植根到
"无废城市"建设中，开创了"无废红色旅游+矿山修复"新路径（图 7-21），带动
了周边 300 农民就业增收。2020 年 6 月，该景区被评为国家 AAAA 级旅游景区。

图 7-19 2017 年的废弃矿山

图 7-20 2020 年无废化改造后的矿山景区

图 7-21　浴血瑞京景区实景演艺现场

　　除了浴血瑞京项目，瑞金市发挥共和国摇篮及苏区精神主要发源地的特殊优势，围绕打造"无废城市"宣传高地，将"无废城市"理念融入云石山体验园项目建设。该项目总投资 8816.6 万元，建设国家文化公园、长征纪念碑，开展重走长征路等活动，弘扬长征精神，打响文化品牌。项目在建设中始终坚持无废理念、无废元素，如以自然景观、村落作为天然景区不加围墙不做大型建设；4 个旅游厕所均采用装配式建筑，在源头减少建筑垃圾；游步道利用建筑余料为路基打造行军步道；利用自然山体喷涂环保仿石漆打造雪山景观等。项目建成以后，该地成为游客了解中央红军长征出发历史、缅怀革命烈士、弘扬红军长征精神、集观光游览与接受革命传统教育于一体的大型综合性景区。云石山重走长征路体验园开展的重走长征路活动，让人在追溯"无废理念"的根和源过程中感悟苏区精神和长征精神。

（二）提升改造红色景区

　　瑞金市以将红色景区打造为"无废理念"宣传高地为目标，以红色旅游引领绿色生活，使各红色景区形成绿色低碳、文明健康的旅游模式。成立瑞金中央革命根据地纪念馆"无废城市"创建工作小组，制定《瑞金中央革命根据地纪念馆创建"无废城市"实施方案》（瑞馆字〔2019〕53 号）；对红井景区、叶坪景区、二苏大景区等红色景区进行全方位软硬件升级；对中央革命根据地历史博物馆的陈列馆展区进行改展升级，再现苏区时期克勤克俭、厉行节约的精神，追溯"无废理念"的根和源。各景区根据实际情况，完善分类垃圾桶设置，对景区内的垃圾进行分类、废弃物回收再利用；通过将无废元素渗入到景区显示屏、发放宣传单、讲解员的解说词以及培养红色小导游等多种方式提升游客对"无废城市"建设的知晓率（图7-22 和图 7-23）；引导各景区内商家、店铺不免费提供一次性用品，推广使用可循环利用物品和旅游产品绿色包装，同时在旧址维修建设中和消防安防设施建设推广使用绿色材料、再生产品，着力将"无废景区"打造成传播无废理念的宣传高地。截至 2020 年底，4 家旅游景区成功创建"无废景区"，共购置分类垃圾桶 200 余

个，共接待游客量 600 多万人次，向游客发放《"无废城市"建设宣传手册》2000
余份、《瑞金市"无废城市"建设旅游指南》2000 余份。

图 7-22 景区配套的垃圾桶及宣传标识

图 7-23 景区显示屏宣传、宣传画

（三）实施无废细胞工程

瑞金市充分考虑自身条件，以点带面，开展无废细胞工程创新，以游客接待
量最大的瑞金宾馆、瑞金荣誉国际酒店、瑞金海亚国际酒店作为"无废宾馆"试
点。在酒店大堂内外 LED 屏幕播放"无废城市"宣传标语、酒店大堂及房间醒
目位置放置"无废城市"宣传手册和垃圾分类收集桶、酒店房间内提供可循环使
用的洗漱用品、拖鞋等物品，提倡旅客减少一次性用品的使用，助推全社会绿色
生活方式。

以瑞金宾馆为例：

瑞金宾馆建于 1958 年，素有江西的"钓鱼台国宾馆"之称，有客房 170 间，床位 260 张，成功接待了历任党和国家领导人及众多国内外知名人士，是瑞金市最主要的接待场所。

瑞金宾馆在全市宾馆中率先开展垃圾分类试点，聘请瑞金市垃圾分类管理中心技术人员，对员工开展垃圾分类知识培训。宾馆在工作例会中，积极融入垃圾分类知识宣传（图 7-24）。

图 7-24　瑞金宾馆垃圾分类培训及垃圾分类知识宣传

为营造生活垃圾分类宣传氛围，宾馆陆续制作宣传展板 30 余块，配置垃圾分类和减量工作宣传册 300 余本，在客房设置垃圾分类温馨提示 293 块（图 7-25），并利用 LED 屏等媒介播放垃圾分类歌曲和宣传片。

图 7-25　客房垃圾分类

为确保员工和宾客践行垃圾源头分类，宾馆大力推进分类设施配置，共设置一个垃圾分类收集亭，配置了 240 L 分类垃圾桶 25 个，不锈钢两分类桶 3 组，大厅和走廊共配置两分类桶 40 组，客房共配置分类桶 40 组（图 7-26），客房共配置分类桶 293 组。

图7-26　大厅四分类、室内两分类、室外两分类

宾馆客房的分类垃圾，会由各楼层保洁人员分类收集并投放到宾馆的垃圾分类收集亭内。收集亭配置了一名垃圾分类督导员，每天确保一个小时上岗时间，对垃圾分类收集亭周边卫生做好保洁，并清洗垃圾分类收集桶，关注垃圾收运情况，关注各楼层分类情况，以便在工作例会上通报及推进各楼层分类工作。

截至2020年底，瑞金市6家宾馆成功创建"无废宾馆"，共接待游客量20余万人次，通过限制使用一次性用品，推广使用可循环利用物品，洗衣袋改使用可重复利用的布袋等措施，废物产生量减少30%；将一次性拖鞋改为可多次使用的高档拖鞋，客人不仅使用起来感到舒适，还可降低50%费用。

三、取得成效

瑞金市发挥红色旅游优势，通过大力引进无废旅游项目、提升改造红色景区、实施无废细胞工程，将"无废"理念逐步融入红色旅游全过程，不仅营造了以红色旅游引领绿色生活，商家游客共创"无废城市"的良好氛围，提高了游客和群众环保意识，促进了绿色低碳文明健康旅游方式的形成；同时，改善了景区环境，提升了游客体验质量，促进旅游参观人数增加，带动周边农民就业，增加农民收入。

四、推广应用条件

该模式对于我国经济欠发达、财政紧张、以特色旅游为主的城市或旅游景区有很好的示范作用。其他城市在推广应用过程中应注意结合当地旅游资源、产业特点，突出本地特色元素，开发具有当地特色的模式或项目，避免盲目跟风建设。同时政府相关部门要建立有效的管理和考核机制，对新开发项目给予一定的优惠政策扶持。

（供稿人：江西省生态环境厅水生态环境处处长　董良云，赣州市瑞金生态环境局局长　何　为，赣州市瑞金生态环境局副局长　刘小年，赣州市瑞金生态环境局副局长　钟建华，赣州市瑞金生态环境局"无废办"负责人　刘书俊）